中职中专电类专业共建共享系列教材

单片机技术及应用

韩光勇　主　编

邓银伟　张云龙

王　莉　熊　祥　副主编

辜小兵　主　审

科学出版社

北京

内 容 简 介

本书以 3 个模块 9 个项目为载体，主要讲述单片机控制 LED 灯光、单片机控制显示器件、单片机控制智能小车运动等内容，对单片机控制程序的编写和编程语言（C 语言）进行讲解，让学生从零基础开始学习单片机的应用技术，做中学，学中做，逐步提高职业技能。

本书配套有课堂教学设计和 PPT、操作视频、配套练习、题库（包括纸质书和网络考试平台上的习题）、实训套件等教学资源，读者可以从 www.abook.cn 下载使用。

本书可作为电子技术应用专业，电气技术应用专业、电子电器应用与维修专业等电类专业的教材，也可作为初中起点的五年一贯制大专电类专业教材，还可作为相关电类专业工程技术人员的岗位培训教材。

图书在版编目（CIP）数据

单片机技术及应用 / 韩光勇主编. —北京：科学出版社，2019.11
（中职中专电类专业共建共享系列教材）
ISBN 978-7-03-053298-5

Ⅰ.①单⋯ Ⅱ.①韩⋯ Ⅲ.①单片微型计算机－中等专业学校－教材
Ⅳ.① TP368.1

中国版本图书馆 CIP 数据核字（2017）第 127055 号

责任编辑：陈砺川 赵玉莲 / 责任校对：王万红
责任印制：吕春珉 / 封面设计：东方人华平面设计部

科 学 出 版 社 出版

北京东黄城根北街16号
邮政编码：100717
http://www.sciencep.com

新科印刷有限公司 印刷

科学出版社发行 各地新华书店经销

*

2019年11月第 一 版   开本：787×1092 1/16
2019年11月第一次印刷   印张：17 3/4
字数：374 000

定价：56.00 元
（如有印装质量问题，我社负责调换〈新科〉）

销售部电话 010-62136230 编辑部电话 010-62135397-1028

中职中专电类专业共建共享系列教材
编写委员会

主任兼丛书主编：

周永平　重庆市教育科学研究院副研究员、博士后

副主任：

辜小兵　重庆工商学校特级教师，研究员

杨清德　重庆市垫江县第一职业中学校特级教师，研究员

漆　星　重庆富淞电子技术有限公司总经理

辜　潇　重庆特奈斯科技有限公司总经理

张蓉锦　重庆中鸿意诚科技有限公司总经理

委　员：

陈　勇	程时鹏	邓银伟	丁汝玲	高　岭	辜小兵	辜　潇	胡立山	胡　萍
黄　勇	康　娅	雷菊华	李　杰	李命勤	李小琼	李晓宁	李永佳	刘宇航
刘　钟	鲁世金	罗朝平	韩光勇	彭贞蓉	马晓芳	漆　星	邱堂清	谭定轩
谭云峰	田永华	王　函	王　英	王鸿君	王建云	韦采风	吴吉芳	向　娟
阳兴见	杨清德	杨　鸿	杨　波	杨卓荣	姚声阳	易兴发	易祖全	尹　金
周永平	张　川	张　恒	张波涛	张　军	张蓉锦	张秀坚	张云龙	赵顺洪
赵争召	钟晓霞	熊　祥						

成员单位：

重庆市教育科学研究院	重庆工商学校
重庆市龙门浩职业中学校	重庆市渝北职业教育中心
重庆市农业机械化学校	重庆市北碚职业教育中心
重庆市黔江区民族职业教育中心	重庆市綦江职业教育中心
重庆市九龙坡职业教育中心	重庆市永川职业教育中心
重庆市育才职业教育中心	重庆市江南职业学校
重庆市巫山县职业教育中心	重庆市经贸中等专业学校
重庆市云阳职业教育中心	重庆市轻工业学校
重庆市梁平职业教育中心	重庆市石柱土家族自治县职业教育中心

重庆能源工业技师学院　　　　　　　　　重庆市巫溪县文峰职业中学校

重庆彭水职业教育中心　　　　　　　　　重庆市潼南恩威职业高级中学校

重庆市荣昌区职业教育中心　　　　　　　重庆市南川隆化职业中学校

重庆市垫江县职业教育中心　　　　　　　重庆市丰都县职业教育中心

重庆市奉节职业教育中心　　　　　　　　重庆中鸿意诚科技有限公司

重庆市秀山县职业教育中心　　　　　　　重庆富淞电子技术有限公司

重庆市垫江县第一职业中学校　　　　　　重庆特奈斯科技有限公司

重庆市武隆县职业教育中心　　　　　　　重庆市闻慧科技有限公司

本书编写委员会

主　　编　韩光勇

副主编　邓银伟　张云龙　王　莉　熊　祥

主　　审　辜小兵

参　　编　陈　伟　廖选戎　王　丹

本书根据教育部最新颁布的《中等职业学校专业教学标准》，依照《重庆市中等职业教育单片机技术及应用课程标准》的要求，并参考有关国家职业技能标准，综合重庆市 30 余所职业院校的共建共享教学资源编写而成。本书在编写过程中，认真贯彻落实"以服务为宗旨，以就业为导向，以学生为主体"的职教办学思想，以服务于学生全面发展，提高学生综合职业能力为宗旨，对理论和实践相结合的教学模式进行了积极探索。

职业技术教育与普通教育的区别在于，专业技能的实践性和专业技能转变为职业能力的可持续性。为了更好地体现职业教育以能力为本位，学生在做中学习，教师在做中教的教学精髓，本书精心设计了一个智能小车模型，全书 3 个模块、9 个项目均是在此开发板上完成的，主要包括灯光控制、按键控制、数码管显示控制、继电器控制、直流电动机控制、步进电动机控制、汉字点阵显示、串行通信、模数转换、单片机液晶应用、单片机控制智能小车等内容，让学生从多角度、多方位学习单片机技术及应用。每个项目的学习过程都是以完成具体工作任务进行的，体现以工作过程为导向的编写理念。

本书在编写时严格依据课程标准的要求，努力体现以下特色。

1. 通过任务实践来训练学生的操作能力，用"想一想"来搭建师生互动平台，用"项目评价"来考查学生知识技能的掌握情况，用"检测与反思"来增强学生的自信心，感悟学习的快乐。

2. 紧扣中职学生实际基础，充分考虑和照顾理论基础较差但有一定动手能力、理论基础一般但有一定学习主动性、理论基础较好且有高考升学愿望三个层次的学生的个性发展需要，从学生的职业素养、职业基础、职业能力、职业习惯和职业规范等方面组织教学内容。"拓展提高"栏目是有高考升学愿望的学生应学习掌握的内容。"检测与反思"部分分为 A 组、B 组、C 组，A 组为三个层次的学生都应完成的习题，B 组为有一定学习主动性和有高考升学愿望两个层次的学生应完成的习题，C 组为有高考升学愿望的学生应完成的习题。

3. 本书素材来源于生产和维修第一线，体现了教材的科学性、先进性。内容贴近生活、贴近岗位、实用性强。

全书参考学时为 102 学时。如果分散排课，建议每周 6 学时。如果集中排课，建议用 3 周时间。学时具体分配见下表。

学时分配表

模块	项目	任务	学时
单片机控制 LED 灯光	点亮 LED 灯	单片机开发基础知识	2
		使用位定义实现 LED 灯点亮	6
	控制 LED 灯亮灭	使用按键手动控制 LED 灯亮灭	4
		使用按键自动控制 LED 灯闪烁及蜂鸣器鸣叫	6
		控制车辆大灯延时关闭	10
	控制多个 LED 灯动态工作	控制流水灯	6
		控制花样灯	6
单片机控制显示器件	控制数码管显示	控制单个数码管显示数字	4
		控制 4 位数码管显示数字	4
	控制点阵显示	点亮一个点	2
		控制点阵显示字符	4
	控制 LCD1602 显示	控制 LCD1602 显示两行字符	4
		LCD1602 显示数字时钟设计	4
	控制 LCD12864 显示	制作 LCD12864 欢迎界面	4
		LCD12864 显示图片	6
单片机控制智能小车运动	控制智能小车方向	控制智能小车进退	4
		控制智能小车转向	4
		控制智能小车循迹运动	4
	控制智能小车安全行驶	控制智能小车自动避障	4
		控制智能小车超温制动	4
机动			10
合计			102

本书有配套的课堂教学设计、电子教案、操作视频、题库（包括纸质书和网络考试平台的习题）等教学数字资源，方便教师教学和学生学习使用。本书可作为三年制中职电子技术应用、电气技术应用等电类专业教材，也可作为初中起点的五年制大专电类专业教材，还可作为相关专业工程技术人员的岗位培训教材。

本系列教材由重庆市教育科学研究院组织重庆市内国家级中职示范校、重庆市级中职示范校等 30 余所学校联合编写，周永平博士担任丛书主编。本书由重庆工商学校韩光勇担任主编并统稿，邓银伟、张云龙、王莉、熊祥担任副主编，辜小兵研究员担任主审。其中，项目 1 由重庆工商学校韩光勇、熊祥编写，项目 2 由重庆市龙门浩职业中学校廖选戎编写，项目 3 由重庆市黔江区民族职业教育中心陈伟编写，项目 4 ～项目 6 由重庆市渝北职业教育中心王莉、王丹编写，项目 7 由重庆市育才职业教育中心张云龙编写；项目 8 和项目 9 由重庆市轻工业学校邓银伟编写。

　　本书在编写过程中，得到重庆市教育科学研究院、重庆富淞电子技术有限公司、重庆中鸿意诚科技有限公司以及各参编学校和科学出版社等单位领导的高度重视和大力支持，重庆市闻慧科技有限公司为本书提供了全部配套的实训套件，重庆能源工业技师学院邱堂清主任为本书实训操作部分的编写提供了精心指导，在此一并表示感谢。本书参考了部分教材及文献资料，在此向原作者致以诚挚的感谢。

　　由于编者水平有限，书中难免有不妥之处，恳请各位专家和广大读者批评指正。

编　者

2019 年 11 月

模块 1 单片机控制 LED 灯光

模块 2　单片机控制显示器件

模块 3　单片机控制智能小车运动

模块 1
单片机控制LED灯光

📋 模块概述

　　光，有这样的魅力，让人类不畏艰难、坚持不懈地走在追寻它的漫漫长路上。灯的出现，为人们点亮了前进道路，告别黑暗，让黑夜变得更舒适、美丽和安全。在灯与光的世界里，经过人们持续不断地改进，灯成为了科学和艺术的完美结合物，灯的发展史是人类文明历史的见证。在灯具的发展历史中，LED灯光源具有节能、减排和环保的优势，LED产业在世界各国得到大力推广。随着灯光技术的进步，对灯光控制的要求也越来越高，人们不再只满足传统的开关功能，而是希望通过控制灯光，实现美化夜景，感受生活的美好和多姿多彩的愿望。本模块将通过同一个小车模型，完成点亮LED灯、手动/自动控制LED灯亮灭、控制多个LED灯动态工作等三个项目多个任务，使读者了解如何使用单片机实现对LED灯光的控制。

📋 教学目标

知识目标

(1) 理解LED灯工作原理。

(2) 理解单片机控制原理。

(3) 掌握单片机编程方法。

(4) 掌握相关软件的安装和使用方法。

(5) 掌握单片机控制LED灯光方法。

(6) 掌握单片机C语言基础。

技能目标

(1) 会正确使用单片机编程软件。

(2) 会编写单片机控制LED灯光程序。

📋 安全须知

(1) 在操作过程中，注意用电安全。

(2) 在编程过程中，注意电脑使用安全。

(3) 安装电池的极性必须正确，电池容量要符合要求。

(4) 每次使用结束，将智能小车模型妥善保管。

项目 1　点亮 LED 灯

项目说明

　　汽车的使用已经越来越普及，汽车照明系统是汽车安全行驶的必备系统之一。它主要包括外部照明灯具、内部照明灯具、外部信号灯具、内部信号灯具等。本项目将介绍如何用单片机控制车辆灯光不同的状态，实现车辆灯光的开启控制。图 1-1 为 LED 灯在汽车上的应用。

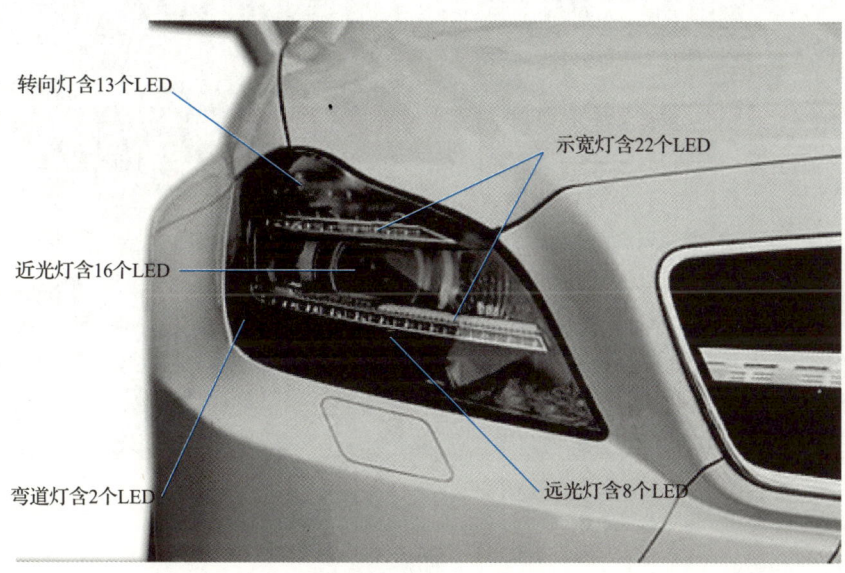

转向灯含13个LED

示宽灯含22个LED

近光灯含16个LED

弯道灯含2个LED

远光灯含8个LED

图 1-1　汽车 LED 灯

教学目标

知识目标

（1）理解 LED 灯工作原理。

（2）理解单片机控制原理。

技能目标

（1）会正确使用单片机编程软件。

（2）会编写各种单片机控制 LED 灯光亮的程序。

📖 项目描述

　　某汽车工厂要生产一辆新型节能汽车，为了检验新车中 LED 灯光的正确性和稳定性，节约生产成本，先将该车辆的所有控制电路做成实验模型，如图 1-2 所示，再在实验模拟电路上检测控制能力和运行稳定性，以便发现问题并能及时修正。根据该小车模型上对应的功能模块，绘制出本项目所用的电路原理图，如图 1-3 所示，使用单片机控制核心对 LED 灯进行点亮控制。

图 1-2　汽车实验模型

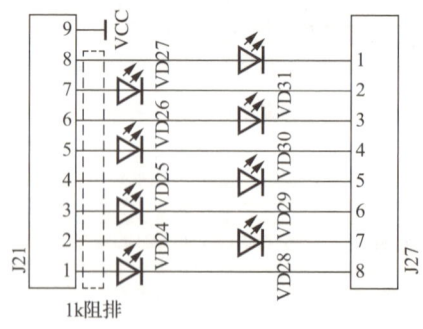

图 1-3　LED 灯控制电路原理图

任务 1.1　单片机开发基础知识

任务描述

本任务介绍开发单片机的基本操作，包括单片机基础知识和编程软件的使用方法，通过完成该任务，掌握单片机开发应用。

1.1.1　单片机基础知识

1. 何谓单片机

中文"单片机"是由英文 single chip microcomputer 直接翻译而来的。又称为微型控制器（microcontroller），是一种集成电路芯片，采用超大规模集成电路技术把具有数据处理能力的中央处理器 CPU、随机存储器 RAM、只读存储器 ROM、多种 I/O 端口和中断系统、定时器 / 计数器等（可能还包括显示驱动电路、脉宽调制电路、模拟多路转换器、A/D 转换器等电路）集成到一块硅片上构成的一个小而完善的微型计算机系统。

2. 单片机控制原理

单片机依靠程序进行控制，可以通过修改程序实现不同的控制，且利用程序改变单片机的各个端口的电平。

以如图 1-4 所示电路为例，当 P0.0 端口被程序修改为低电平时，电流流过 LED 使 LED 发光工作；当 P0.0 端口被程序修改为高电平时，没有电流流过 LED，从而 LED 不发光。

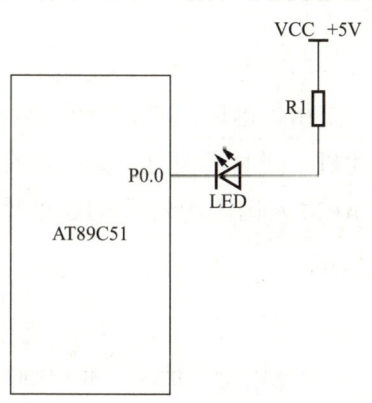

图 1-4　单片机控制原理图

3. 单片机的种类及应用范围

单片机的应用已渗透到人们生活的各个领域，几乎很难找到没有单片机踪迹的领域。单片机的种类繁多，一般按单片机数据总线的位数进行分类，主要分为 4 位、8 位、16 位和 32 位单片机。单片机广泛应用于仪器仪表、家用电器、医用设备、航空航天、专用设备的智能化管理及过程控制等领域。导弹的导航装置，飞机上各种仪表的控制，计算机的网络通信与数据传输，工业自动化过程的实时控制和数据处理，广泛使用的各种智能 IC 卡，民用豪华轿车的安全保障系统，录像机、摄像机、全自动洗衣机的控制，以及程控玩具、电子宠物等，这些都离不开单片机，更不用说自动控制领域的机器人、智能仪表、医疗器械了。单片机的分类、特点及应用如表 1-1 所示。

表 1-1　单片机的分类、特点及应用

分类	特点及应用
4 位单片机	4 位单片机结构简单，价格便宜，非常适合用于控制单一的小型电子类产品，如 PC 用的输入装置（鼠标、游戏杆）、电池充电器、遥控器、电子玩具、小家电等
8 位单片机	8 位单片机是目前品种最为丰富、应用最为广泛的单片机。目前，8 位单片机主要分为 51 系列和非 51 系列单片机。51 系列单片机以其典型的结构、众多的逻辑位操作功能，以及丰富的指令系统著称，堪称一代"名机"
16 位单片机	16 位单片机操作速度及数据吞吐能力在性能上比 8 位机有较大提高。目前，应用较多的 16 位单片机有 TI 的 MSP430 系列、凌阳 SPCE061A 系列、Motorola 的 68HC16 系列、Intel 的 MCS-96/196 系列等
32 位单片机	与 51 单片机相比，32 位单片机运行速度和功能大幅提高，随着技术的发展以及价格的下降，将会与 8 位单片机并驾齐驱。32 位单片机主要由 ARM 公司研制，因此，提及 32 位单片机，一般均指 ARM 单片机

4. 单片机外形

单片机种类繁多，发展也是相当迅速，从 20 世纪 80 年代起，由当时的 4 位、8 位发展到现在的各种高速单片机；同时涌现出一大批拥有代表性单片机的厂商，如 Atmel、TI、ST、MicroChip、ARM 及国内的宏晶 STC 单片机等。下面就一起从外形来认识一下单片机，如图 1-5 所示。

5. 单片机引脚

在外形上观察单片机，它有很多引脚。那么这些引脚是怎样分布的？又有什么作用呢？图 1-6 所示详细标示出了 AT89C51 单片机的引脚分布及其作用。

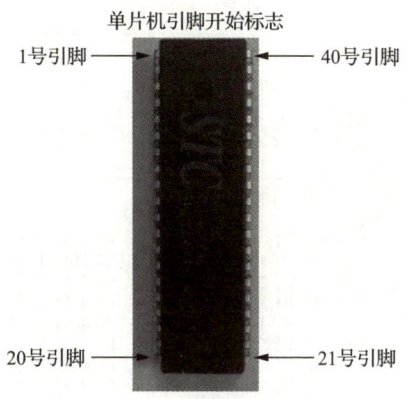

图 1-5　单片机正面图

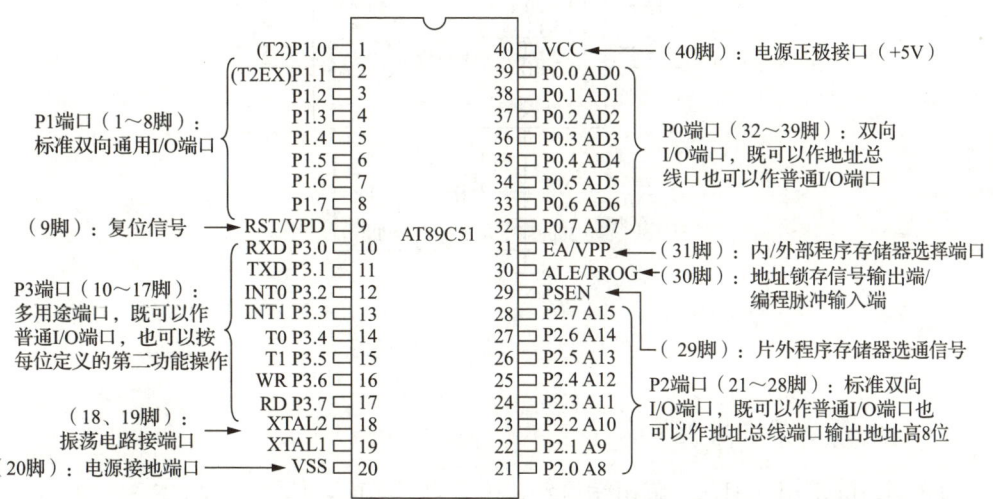

图 1-6　单片机的引脚分布及作用图

6. 单片机最小控制系统

单片机是通过最基本的外部电路来实现自身控制作用的。单片机最小控制系统如图 1-7 所示。

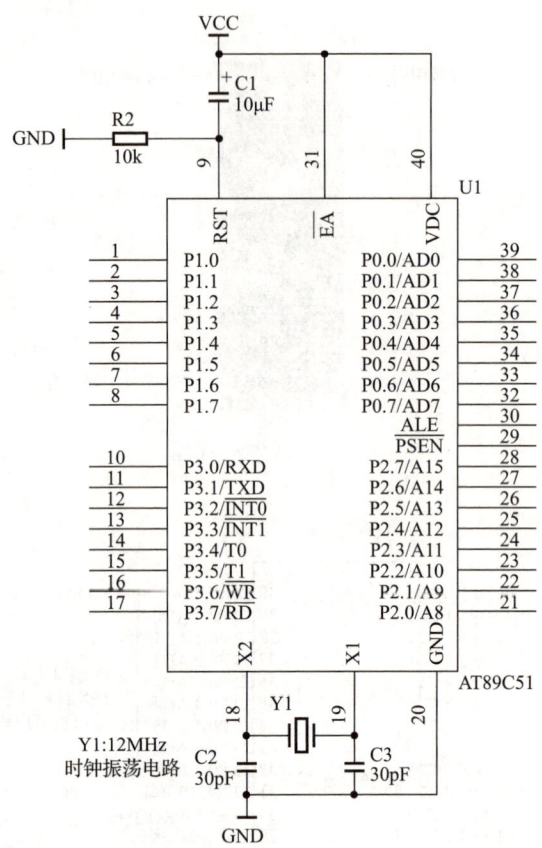

图 1-7　单片机最小控制系统

7．P3 端口第二功能

P3 端口除常用的输入、输出端口外，还有第二功能，如表 1-2 所示。

表 1-2　P3 端口第二功能表

口线	特殊功能	信号名称
P3.0	RXD	串行输入端口
P3.1	TXD	串行输出端口
P3.2	$\overline{INT0}$	外部中断 0 输入端口
P3.3	$\overline{INT1}$	外部中断 1 输入端口
P3.4	T0	定时器 0 外部输入端口
P3.5	T1	定时器 1 外部输入端口
P3.6	$\overline{WR}$	写选通输出端口
P3.7	$\overline{RD}$	读选通输出端口

8．复位原理

当操作复位按键时，按键开关把芯片的 RST 电压强制从高电位拉到低电位。相当于给 RST 脚一个低电位。当 RST 脚是低电位时芯片就进入复位状态，停止当前的所有动作恢复到初始状态。当释放复位按键后，RST 脚又恢复到高电位，芯片重新开始程序操作。

1.1.2　单片机通信知识

1．串行接口

串行通信是指数据一位一位地顺序传送，其特点是通信线路简单，只要一对传输线就可以实现双向通信（可以直接利用电话线作为传输线），从而大大降低了成本，特别适用于远距离通信，但传送速度较慢。串行通信的距离可以从几米到几千米；根据信息的传送方向，串行通信可以进一步分为单工、半双工和全双工三种。

2．RS232 接口

RS232 是计算机外部设备的一种串行接口标志。协议规定了硬件和软件标准。硬件接口的结构为 D 型插座。分为 9 针和 25 针，其中 9 针为 DB9，25 针为 DB25。电气标准以及传输率和数据标准为 6 ～ 8 位数据格式，1 ～ 2 位的停止位，1 位起始位。

1.1.3　编程软件的使用

1．启动编程软件

单片机功能强大，而且应用广泛，那单片机是怎样实现对其他设备的控制呢？

下面先来学习单片机的编程软件 Keil C51 及其启动方法。在电脑桌面上双击如图 1-8 所示图标启动该软件。

进入 Keil C51 时，会出现如图 1-9 所示启动界面。

几秒钟后出现操作界面，如图 1-10 所示。

图 1-8　软件启动桌面

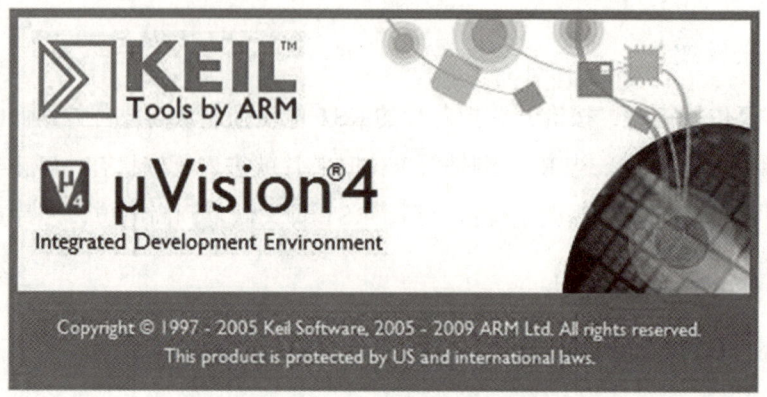

图 1-9　启动 Keil C51 时的界面

图 1-10　进入 Keil C51 后的操作界面

 **想一想**

还有其他的启动方法吗？

启动完成后就可以开始编程。首先应建立一个工程。建立工程的方法如下。

2．建立工程

1）单击"工程"菜单，在弹出的下拉菜单中选择 New μVision Project 命令，如图 1-11 所示。

2）弹出工程保存对话框，在此选择新工程需保存的目标路径。此处选择"桌面→C51"，将工程命名为"LED 点亮"，单击"保存"按钮，如图 1-12 所示。

3）这时会弹出一个对话框，在此选择芯片"AT89C51"。右侧窗格出现相应的芯片说明，如图 1-13 所示。

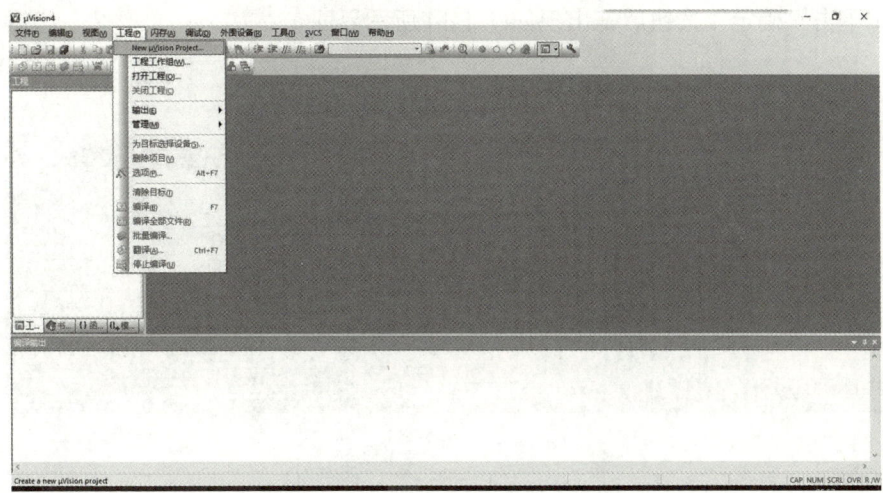

图1-11 软件工程建设界面

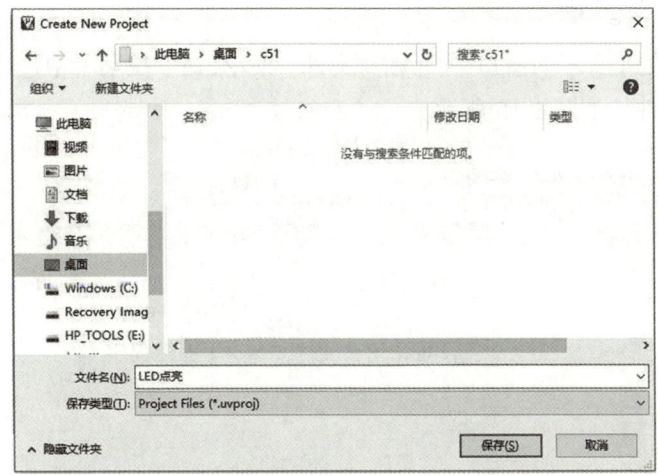

图1-12 工程保存为文件界面

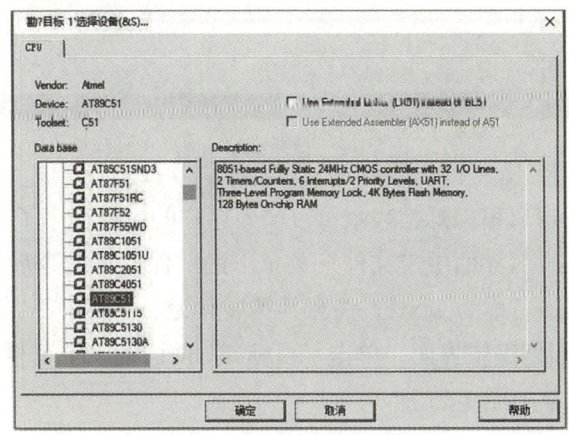

图1-13 工程选择型号界面

4）单击"确定"按钮后，出现如图 1-14 所示界面。

图 1-14　工程建立完成

至此工程就建立好了，但这只是程序的框架，下面学习如何在工程里添加工程文件。

3．添加工程文件

1）在如图 1-14 所示的窗口中，单击"文件"菜单，在下拉菜单中选择"新建"命令，即可添加工程文件，如图 1-15 所示。

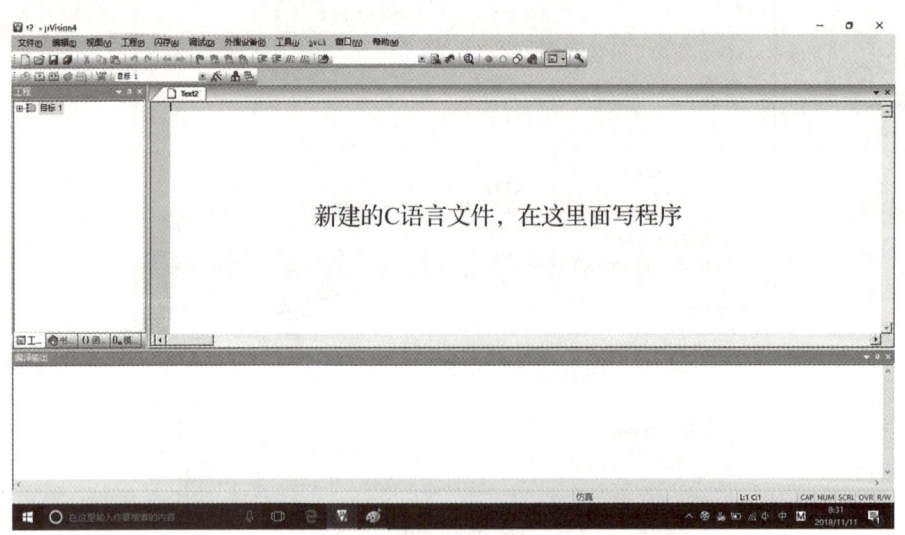

图 1-15　程序输入界面

此时光标在编辑窗口里闪烁，表示可以输入用户的应用程序了。

2）单击图 1-15 所示界面中"文件"菜单下的"保存"命令后，弹出如图 1-16 所示的对话框，输入程序名称为 Text1，注意其扩展名为 .c。

3）保存文件后回到编辑界面，单击"目标 1"前面的"＋"号，然后在"源组 1"上右击，弹出下拉菜单如图 1-17 所示。

4）单击"添加文件到组'源组 1'"命令后，弹出如图 1-18 所示对话框。

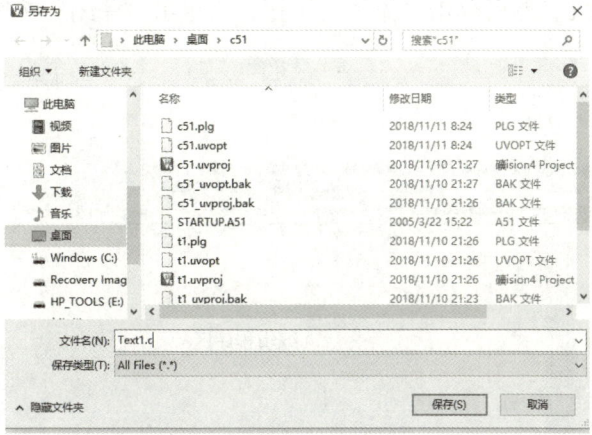

图1-16　保存文件界面

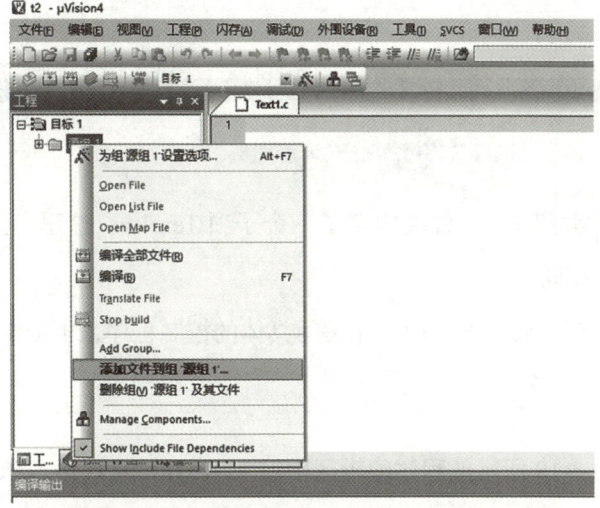

图1-17　添加程序文件操作界面

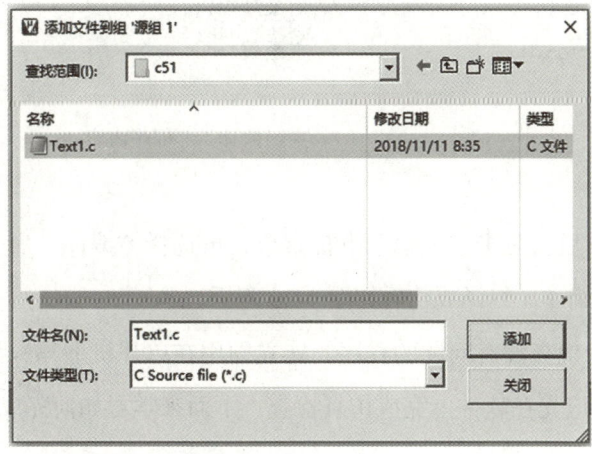

图1-18　程序文件选择界面

5）选中 Test1.c，然后单击"添加"按钮，再单击"关闭"按钮弹出如图 1-19 所示界面。

图 1-19　完成添加后的界面

可以注意到"源组 1"文件夹中多了一个子项 Text1.c。这里，子项的多少与所增加的源程序的多少相同。

工程文件添加完成后，就可以开始编写具体的控制程序，下面学习程序的编写。

4．程序编写

现在，在如图 1-19 所示的程序编辑区中输入 Text1.c 的 C 语言源程序。

```
#include <regx51.h>           // 调用函数
sbit   led1=P1^0;            // 定义灯端口
void   main(void)            // 主函数
{
 led1=0;                     // 主函数体     程序内容
}
```

程序输入完毕后，单击"工程"下拉菜单，再选择"编译"命令（或者使用快捷键 F7），程序开始编译。编译成功后如图 1-20 所示。

通过编译初步检查没有问题的程序，能立即用在单片机上吗？为了防止程序出错烧毁实际的电路，应先在软件上完成仿真检查，下面来学习如何完成仿真调试。

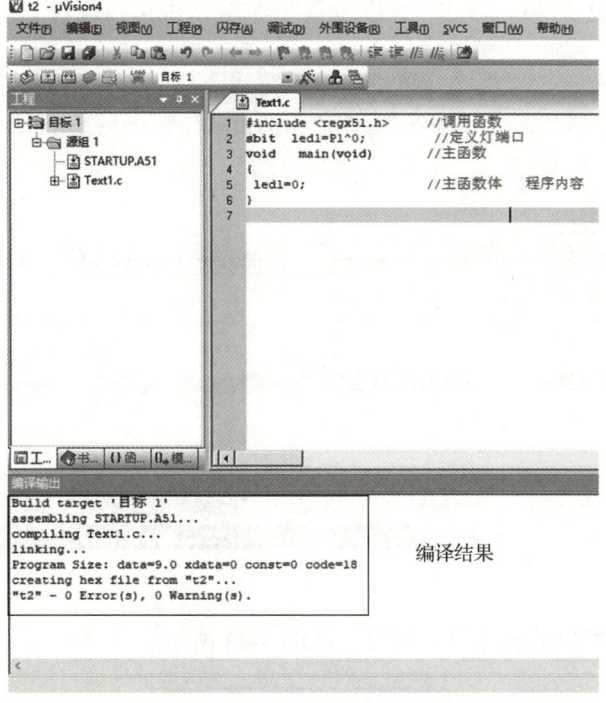

图 1-20　程序输入完成界面

5. 仿真调试检查

1）程序编译成功后，单击"调试"菜单，选择"启动/停止仿真调试"命令（或者使用快捷键 Ctrl+F5）后的界面如图 1-21 所示。

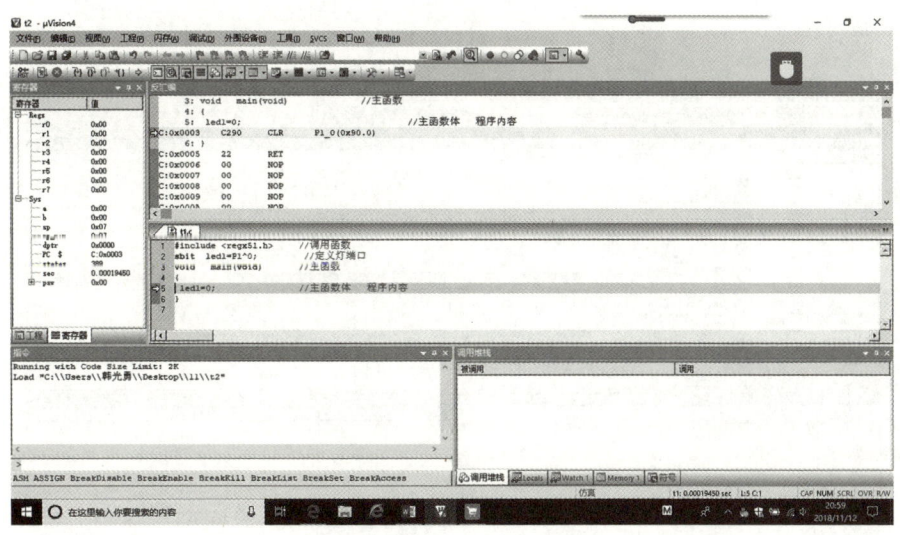

图 1-21　程序调试界面

2）调用外围设备端口，单击"外围设备"菜单，从中选择端口 Port1，如图 1-22 所示。

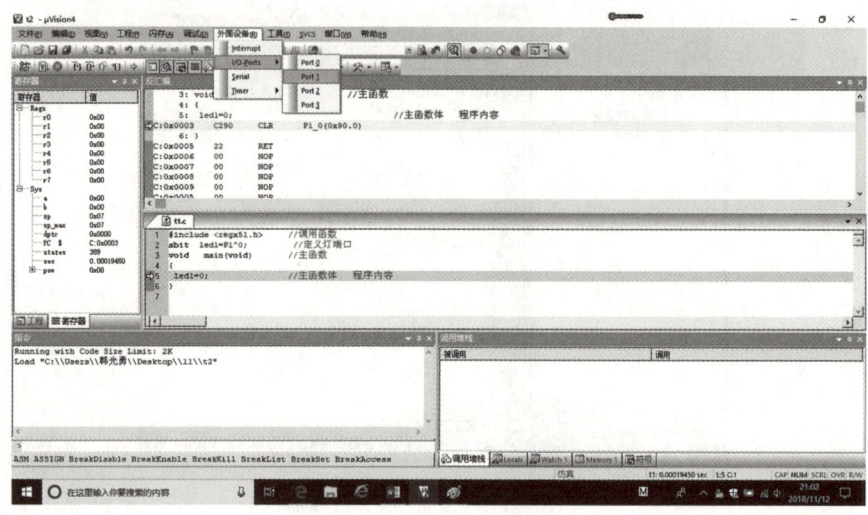

图 1-22　控制端口选择界面

3）此时弹出端口的状态显示窗口，如图 1-23 所示。

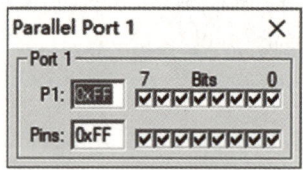

图 1-23　端口 1 状态图

4）进入调试端口模拟操作，单击"程序运行"按钮观察端口的变化情况，如图 1-24 所示。

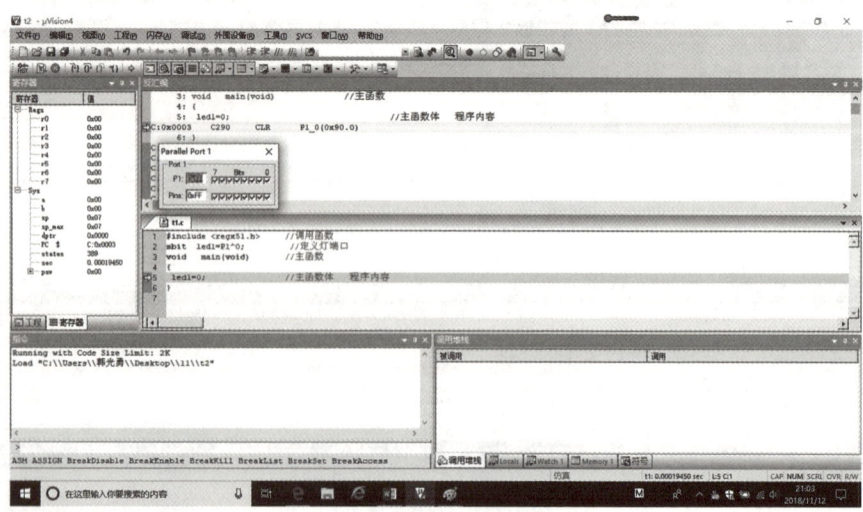

图 1-24　端口调试界面

5）程序运行后界面如图 1-25 所示，发现端口 1 末位状态发生了变化。这说明程序仿真成功。

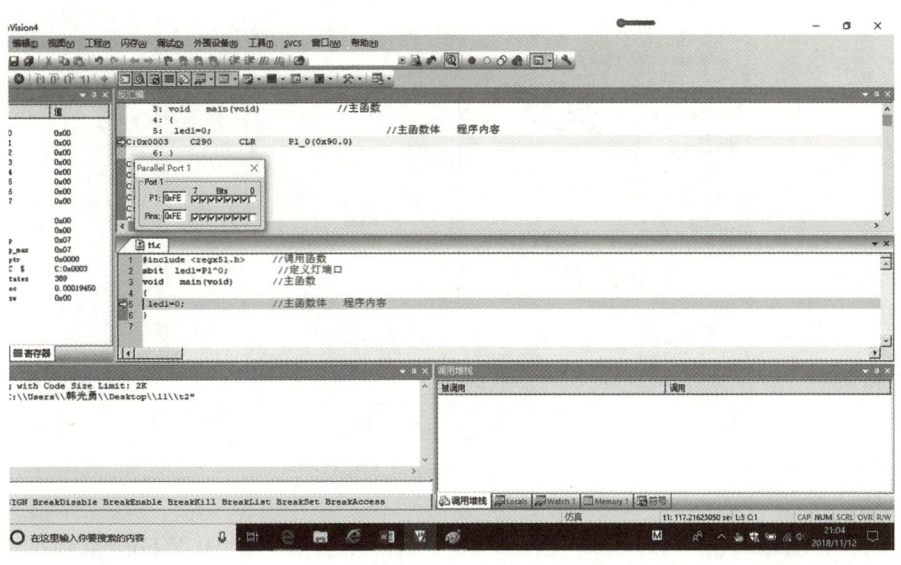

图 1-25　程序与端口调试结果界面

仿真检查没有问题的程序，要应用到实际控制电路中，还需要将程序转换为单片机能够运行的可执行 hex 文件。

6. 编译生成 hex 文件

生成可执行文件供单片机烧录软件使用，把可执行文件下载到 AT89C51 单片机中。

1）单击"工程"菜单，选择"为目标目标 1 设置选项"命令如图 1-26 所示。

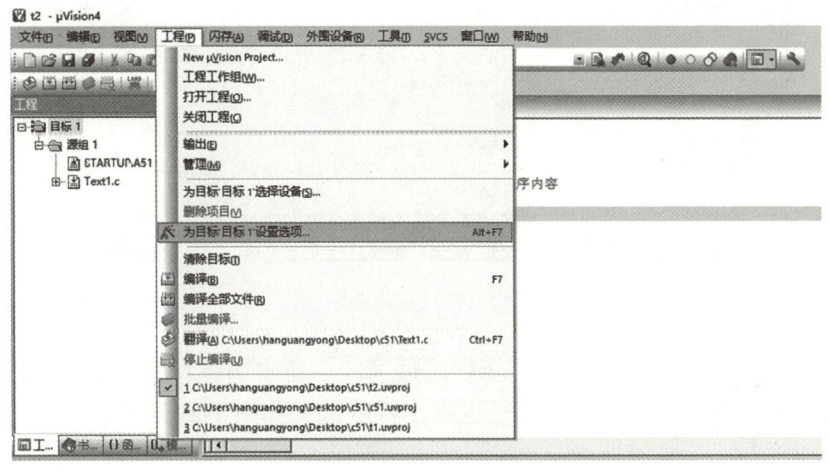

图 1-26　执行文件命令操作界面

2）在弹出如图 1-27 所示的对话框的 Device Target 选项卡中，将 Xtal 设置为 12。

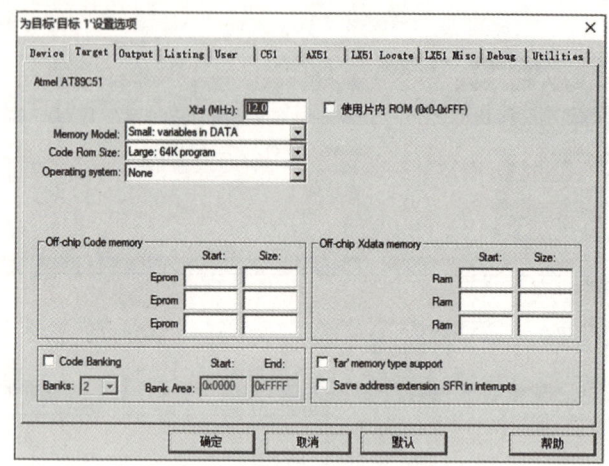

图 1-27　晶振频率选择界面

3）打开 Output 选项卡，选中 Create HEX File 复选框，在 HEX Format 后的下拉菜单中选择 HEX-80，再单击"确定"按钮，如图 1-28 所示。

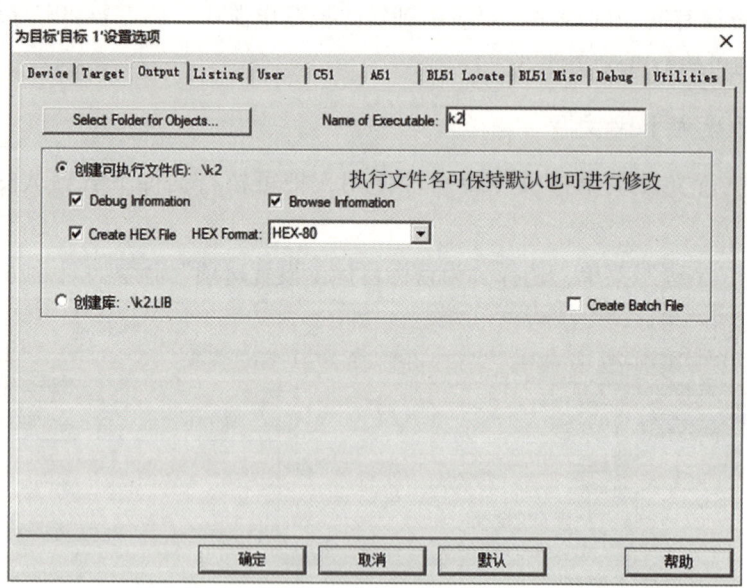

图 1-28　输出执行文件选项设置界面

4）单击"工程"菜单，选择"编译全部文件"命令编译程序并生成可执行文件，"编译输出"窗口提示可执行文件已经生成，名为 k2，如图 1-29 所示。

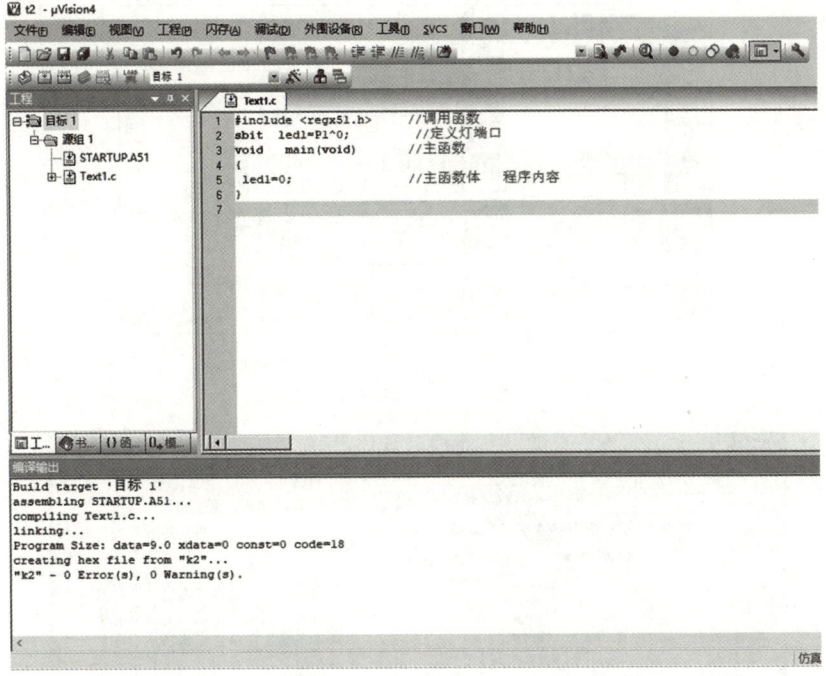

图 1-29 执行文件生成完成界面

在本任务中我们知道了单片机能控制其他设备是由程序来实现的。程序的编写使用的是 Keil 8.05 软件。在软件的使用过程中我们学会了安装软件、建立项目工程文件、添加程序文件和生成执行文件。

文件生成以后，那具体的运行效果要怎样检测呢？方法是需要将编写好的文件通过单片机烧录软件写入单片机芯片中，这样单片机才能控制外部设备工作，检验出编写的程序是否正确。

1.1.4 单片机烧录软件的使用

1. 安装单片机烧录软件

单片机烧录软件是绿色软件，不需要进行安装，将软件包复制粘贴就可以直接使用。如图 1-30 所示是粘贴成功的软件包，双击其中的可执行文件图标，运行烧录软件包的可执行文件。

2. 使用烧录软件

1）可执行文件运行后弹出如图 1-31 所示操作界面。找到 MCU Type 下拉列表。

2）在此下拉列表中，选择需要烧录程序的芯片 STC89C5xRC/RD+ 系列，如图 1-32 所示。

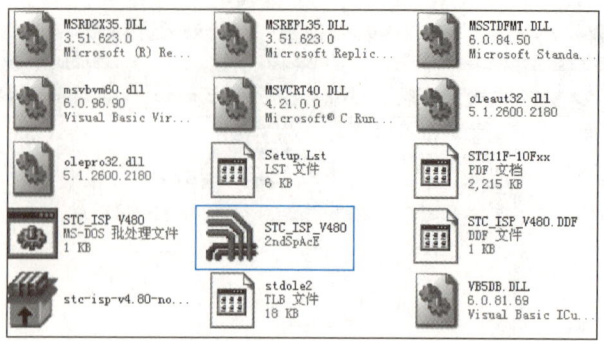

图 1-30　烧录软件包

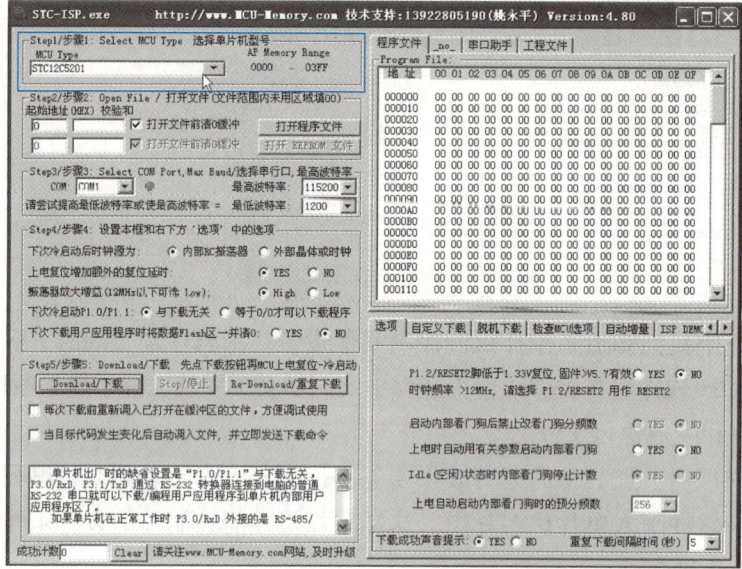

图 1-31　烧录软件操作界面

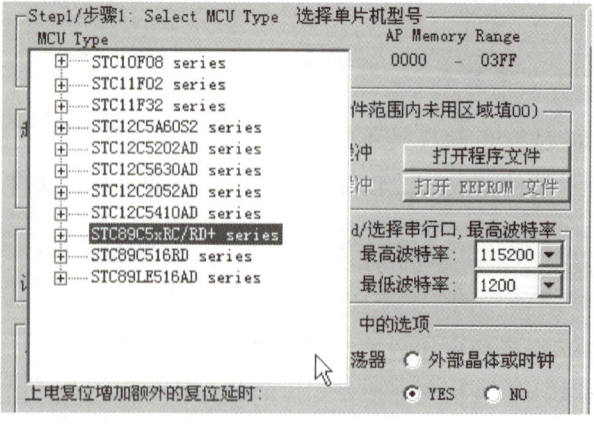

图 1-32　芯片选择界面

3）双击 STC89C5xRC/RD+Series 或者单击它旁边的"+"号，进入具体芯片选择界面，根据使用芯片的类型选择具体的芯片，如使用的是 C51 就选择第一个，如果是 C52 就选择第二个，如图 1-33 所示。

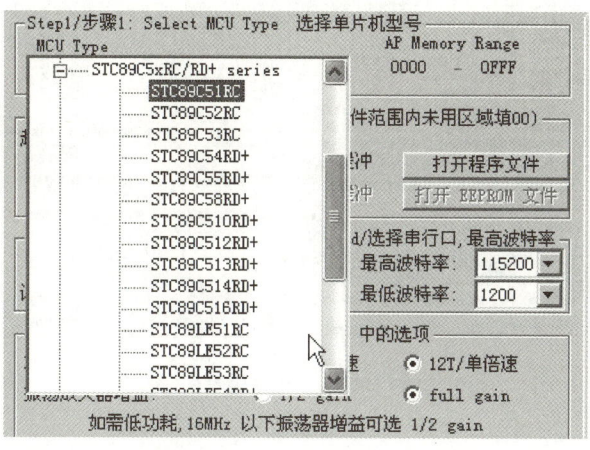

图 1-33　选择具体芯片

4）单击如图 1-31 所示对话框中的"程序文件"按钮，弹出如图 1-34 所示对话框，找到可执行文件 k2.hex 并单击，"文件名"文本框中出现 k2，单击"打开"按钮即可。

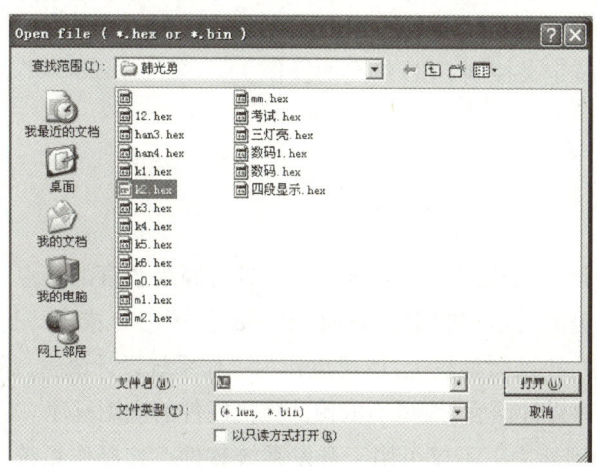

图 1-34　打开可执行文件

5）在 COM 下拉列表中，选择下载端口为 COM1，如图 1-35 所示。

6）端口设置好后，其余选项可保持默认设置。直接单击"Download/ 下载"按钮对文件进行下载，把写好的程序烧录到单片机。这样单片机就能控制外部设备按照程序进行工作了。

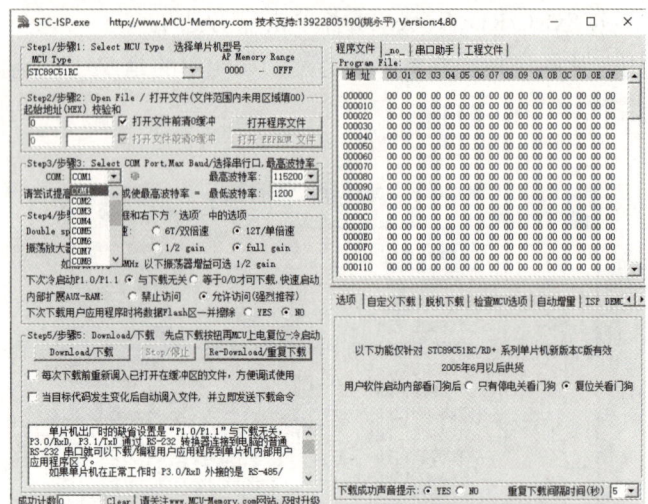

图 1-35　端口设置界面

任务 1.2　使用位定义实现 LED 灯点亮

任务描述

本任务通过编写程序实现对 8 盏 LED 灯的点亮控制。通过完成该任务，掌握 C 语言基本知识和使用位定义控制 LED 灯亮的操作。

1.2.1　C 语言知识

1. C 语言

C 语言是一种计算机程序设计语言，它既具有高级语言的特点，又具有汇编语言的特点。C 语言由美国贝尔实验室的 D.M.Ritchie 于 1972 年推出。自 1978 年后，它已先后被移植到大、中、小及微型机上，既可以作为工作系统设计语言，编写系统应用程序，也可以作为应用程序设计语言，编写不依赖计算机硬件的应用程序。它的应用范围广泛，具备很强的数据处理能力，不仅可用于开发系统软件，如操作系统、驱动程序和数据库等，也可用于应用软件开发，如办公软件、图形图像软件、二维或三维游戏、单片机和嵌入式软件开发。

2. 书写程序规则

从书写清晰，便于阅读、理解、维护的角度出发，在书写 C 语言程序时应遵循以下规则。

1）一个注释或一个语句占一行。

```
#include<reg51.h>        // 头文件
```

2）用 {} 括起来的部分，通常表示程序的某一层次结构。{} 一般与该结构语句的第一个字母对齐，并单独占一行。

```
void main( )
{
        LED=0;              // 点亮 LED
        while(1);           // 无限循环
}
```

3）低一层次的语句或说明可在高一层次的语句或说明缩进若干格后书写，使层次看起来更加清晰，增加程序的可读性。

```
{ 一层
    { 二层
        {
            ......
        }
    }
}
```

3. C 语言后缀名

C 程序的头文件以 ".h" 为后缀。

以下是假设名称为 graphics.h 的头文件。

```
#ifndef GRAPHICS_H// 作用：防止 graphics.h 被重复引用
#define GRAPHICS_H
#include<...>// 引用标准库的头文件
...
#include"..."// 引用非标准库的头文件
...
void Function1(...);// 全局函数声明
...
inline();//inline 函数的定义
...
classBox// 作用：类结构声明
{
...
};
```

从以上例子可以看出，头文件一般由四部分内容组成：①头文件开头处的版权和版本声明；②预处理块；③ inline 函数的定义；④函数和类结构声明等。在头文件中，

ifndef/define 结构产生预处理块，用 #include 格式来引用库的头文件。头文件的这种结构是利用 C 语言进行软件开发通常所具备的，属于公有知识。

4．hex 文件

hex 文件格式是可以烧录到单片机中，被单片机执行的一种文件格式，生成 hex 文件的方式有很多种，可以通过不同的编译器将 C 语言程序或者汇编语言程序编译生成 hex 文件。

5．关系运算符和关系表达式

所谓"关系运算"实际上是将两个值进行比较,并判断比较结果是否符合给定条件。关系运算的结果只有两种可能，即"真"和"假"。例如 5<6 的结果为真，而 5>6 的结果为假。

（1）C 语言的关系运算符

C 语言提供了 6 种关系运算符（见表 1-3）。

表 1-3　关系运算符的功能介绍

序号	符号	功能	优先级
1	<	小于	优先级相同（高）
2	<=	小于等于	
3	>	大于	
4	>=	大于等于	
5	==	等于	优先级相同（低）
6	!=	不等于	

说明：

① 前 4 种关系运算符（<、<=、>、>=）优先级相同，后两种（==、!=）也相同，前 4 种优先级高于后两种。

② 关系运算符的优先级低于算术运算符。

③ 关系运算符优先级高于赋值运算符。

例如：

c<a+b　等效于 c<（a+b）
a>b!=c　等效于 (a>b)!=c
a==b<c　等效于 a==（b<c）
a=b>c　等效于 a=（b>c）

④ 关系运算符的结合性为左结合。

（2）关系表达式

用关系运算符将两个表达式连接起来的式子，称为关系表达式。例如，a>b;a+b>b+c;(a=5)>=(b=5) 等，它们都是合法的关系表达式。

关系表达式的值只有两种可能，即"真"和"假"。在 C 语言中，没有专门的逻辑型变量，如果运算的结果是"真"，用数值 1 表示；而运算的结果是"假"，则用数值 0 表示。

例如：

```
x1=4>3;
```

其结果 x1=1；因为 4>3 的结果为"真"，用 1 表示，再把结果 1 赋值给变量 x1，所以 x1 的结果为 1。

6. 选择语句 if

if 语句是用来判定所给定的条件是否满足，并根据判定的结果（"真"或"假"）对给定的两种操作选择执行。if 语句可有以下三种表达情形。

（1）if 语句情形一

```
if ( 表达式 )  语句
```

如果表达式的值为真，则执行语句，否则不执行。执行过程如图 1-36 所示。

例如：

```
if(x>0)  y=3;
```

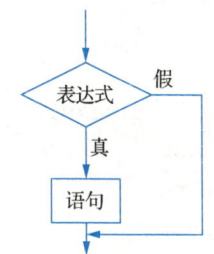

图 1-36　if 语句情形一

（2）if 语句情形二

```
if ( 表达式 )
语句 1
else
语句 2
```

如果表达式的值为真，则执行语句 1，否则执行语句 2。执行过程如图 1-37 所示。

例如：

```
if(x>0)y=3;
else y=x+1;
```

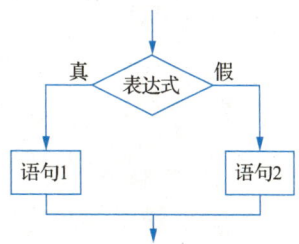

图 1-37　if 语句情形二

（3）if 语句情形三

```
if ( 表达式 1)
    语句 1
    else if ( 表达式 2)
    语句 2
    else if ( 表达式 3)
    语句 3
```

......
else if(表达式 m)
语句 m
else
语句 n

如果表达式 1 的结果为"真",则执行语句 1,并退出 if 语句;否则去判断表达式 2,如果表达式 2 为"真",则执行语句 2,并退出 if 语句;否则去判断表达式 3……最后表达式 m 也不成立,就去执行 else 后面的语句 n。else 和语句 n 也可省略不用。执行过程如图 1-38 所示。

例如:

```
if(a>=3)
c=10;
else if(c>=2)
c=20;
else if(c>=1)
c=30;
else
c=0;
```

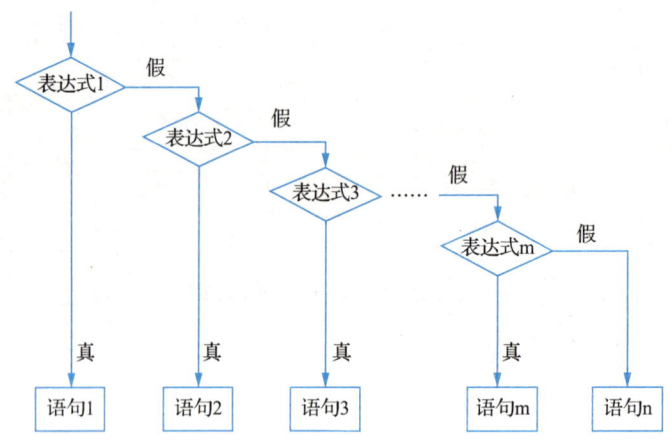

图 1-38　if 语句情形三

1.2.2　分析 LED 驱动电路原理图

本任务要实现对 LED 灯的点亮控制,所需电路原理图如图 1-3 所示。

从图中可以知道,LED 灯正极都接到电源正极上,只需让 LED 灯负极处于低电位,LED 灯就会有电流流过,此时 LED 灯就发光。

1.2.3　编写点亮 LED 灯控制程序

1．程序流程图

点亮一盏 LED 灯按如图 1-39 所示流程图执行程序。

2．位定义

在 AT89C51 单片机的内部数据存储器中，20H ～ 2FH 为位操作区域，其中每位都有自己的位地址，可以对每一位进行位操作。也可以对 P0 ～ P3 每一端口进行位定义。

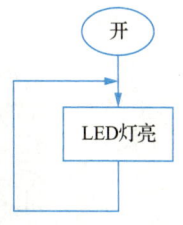

图 1-39　程序流程图

3．编写源程序

```
#include<reg51.h>   // 头文件。调用文件名为 reg51.h 的文件。include 为调用指令
sbit   LED1=P1^0;    // 定义 P1.0 端口为 LED。sbit 是位定义指令
void main (void)     // 是主函数的函数名，表示这是一个主函数。每一个 C 源程序都必
                     须有，且只能有一个主函数
{
       LED1=0;       //P1.0 端口置低电平，当为低电平时电流流过 LED，使 LED 点亮
}
```

程序编写并编译生成可执行文件 C51，完成后，如图 1-40 所示。

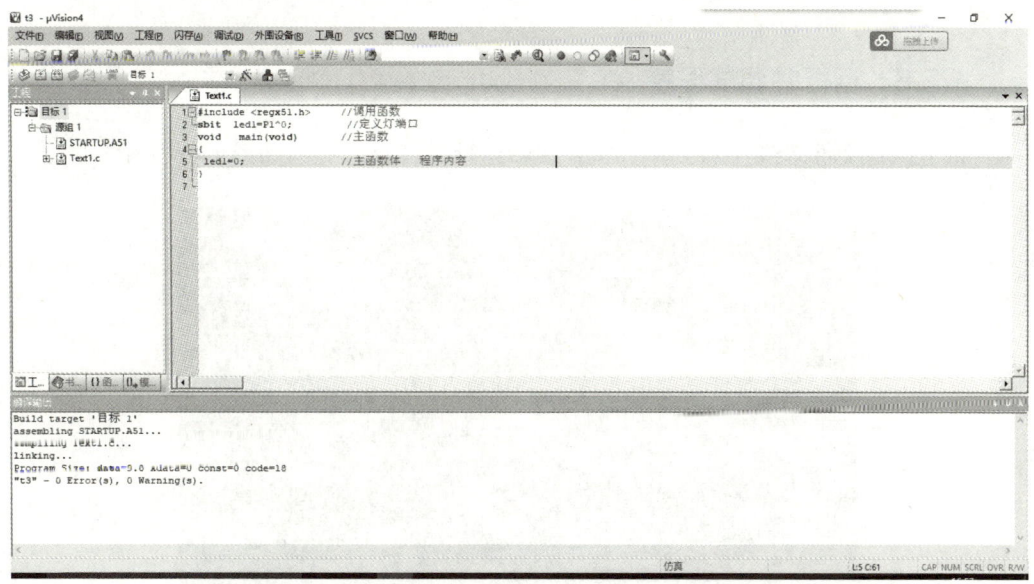

图 1-40　点亮 LED 灯程序完成

1.2.4　连接线路

将单片机的 P1.0 端口和 LED 进行连接。对应关系如表 1-4 所示。

表 1-4　电路连接

单片机控制端口	LED 所在连接位置	程序代号	实现功能
P1.0	VD24	LED1	灯光工作

完成后，连接上 USB 电源，接通电源后，电路连接如图 1-41 所示。

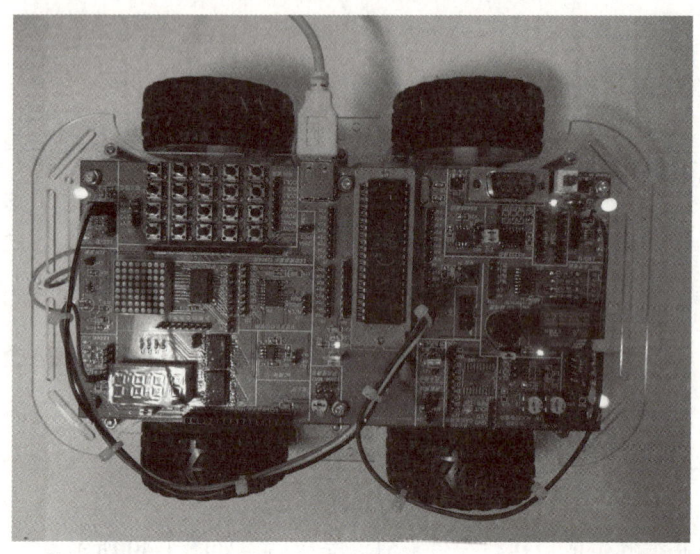

图 1-41　电路连接图

1.2.5　运行并调试程序

将可执行文件 C51 下载到单片机，实际运行，LED 灯亮，如图 1-42 所示。

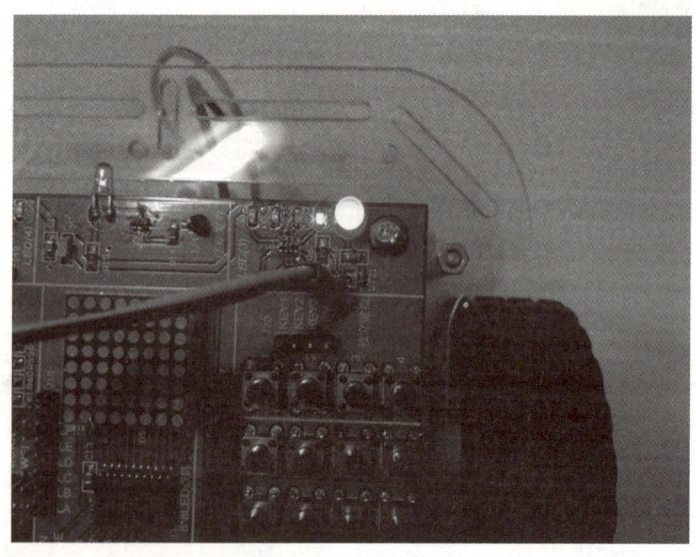

图 1-42　运行效果图

 导师说

改变位定义端口，可实现点亮任意一个 LED。

1.2.6 LED 灯点亮仿真

1. 绘制电路图

Proteus 软件是英国 Lab Center Electronics 公司出品的 EDA 工具软件。该软件不仅具有其他 EDA 工具软件的仿真功能，还能仿真单片机及外围器件。它是目前比较好的仿真单片机及外围器件的工具。Proteus 可以从原理图布图、代码调试到单片机与外围电路协同仿真，一键切换到 PCB 设计，实现了从概念到产品的完整设计。在编译方面，它也支持 IAR、Keil 和 MATLAB 等多种编译器。

运行 Proteus 的 ISIS，进入仿真软件的主界面，如图 1-43 所示。主界面分为菜单栏、工具栏、模型显示区、模型选择区、元件列表区等。

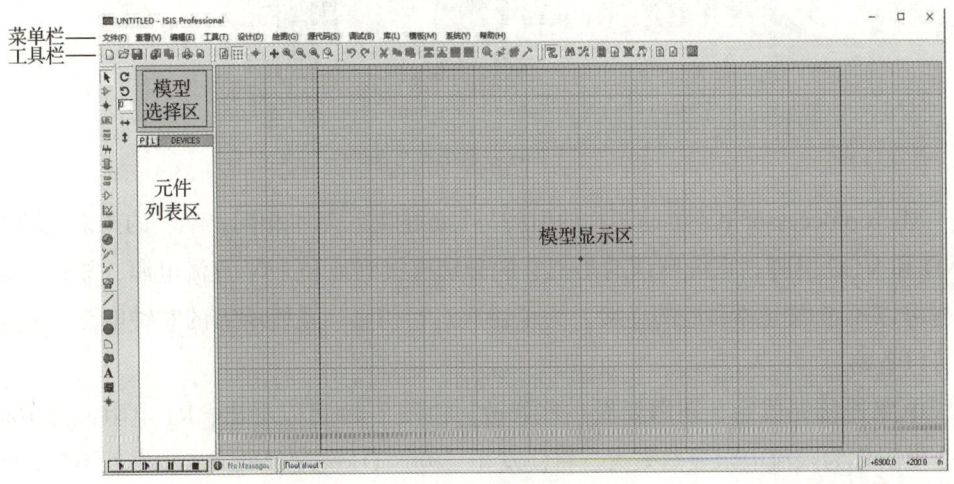

图 1-43　ISIS 启动界面

通过左侧工具栏区的 P(从库中选择元件) 命令，在模型选择区中选择系统所需元器件，还可以选择元器件的类别、生产厂家等。本例所需主要元器件有 AT89C51 芯片、LED-YELLOW、MINRES10K，详见表 1-5。

表 1-5　元器件清单

元器件名称	所属类	描述
AT89C51	Microproccessor ICs	AT89C51 单片机
LED-YELLOW	Optoelectronics	黄色 LED 灯
MINRES10K	Resistors	10kΩ 限流电阻

选择元器件后连接如图 1-44 所示电路。

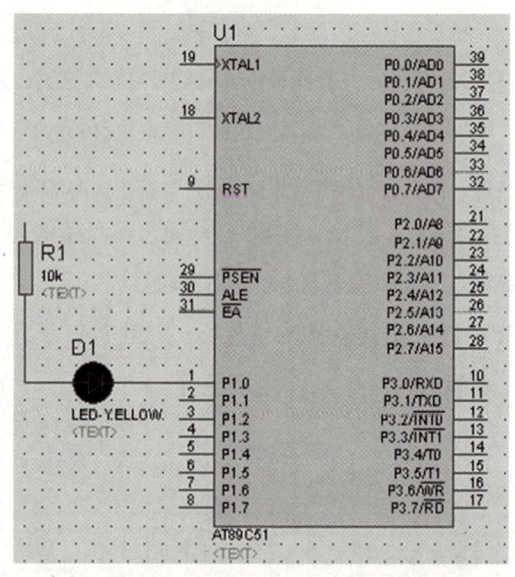

图 1-44　电路原理图

Microproccessor ICs 类的芯片的引脚与实际的芯片基本相同，唯一的差别是隐去了 GND 和 VCC 引脚，系统默认的是把它们分别连接到地和 +5V 直流电源，故在电路连线时可以不考虑电源和地的连接。为了快速进行仿真，系统所需的时钟电路、复位电路可以省略。

电路连接完成后，还需要做一些修改。由图 1-44 可以看出，R1 电阻值为 10kΩ，这个电阻作为限流电阻显然太大，将使发光二极管 D1 亮度很低或者根本就不亮，影响仿真结果，所以要进行修改。修改方法如下：首先双击电阻图标，这时软件将弹出"编辑元件"对话框，对话框中的"元件参考"是组件标签之意，可以自定义填写，也可以取默认，但要注意在同一文档中不能有两个组件标签相同；可以在"电阻"文本框中根据需要填入相应的电阻值。填写时需注意其格式，如果直接填写数字，则单位默认为 Ω；如果在数字后面加上 K 或者 k，则表示 kΩ 之意。这里填入 270，表示 270Ω。完成修改的电路原理图如图 1-45 所示。

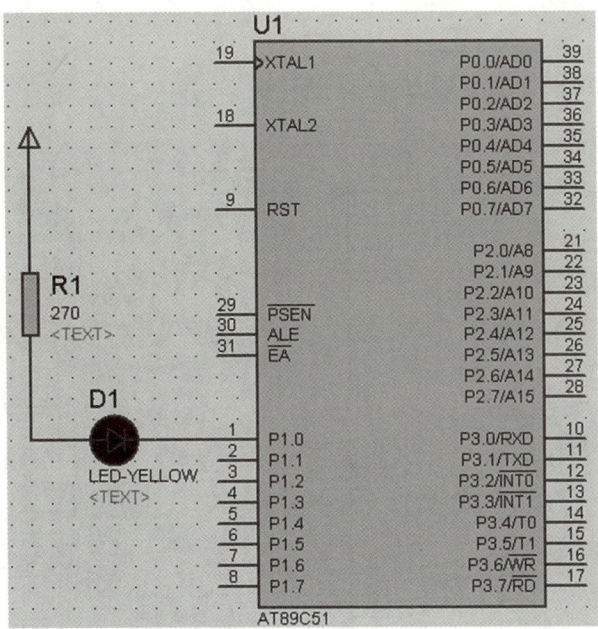

图 1-45 修改后的电路原理图

2．设置单片机

选中 AT89C51 后单击，打开"编辑元件"对话框，如图 1-46 所示，可以直接在 Clock Frequency 后进行频率设定，设定单片机的时钟频率为 12MHz。在 Program File 栏中选择已经生成的 data.hex 文件，把在 Keil 编写的程序导入 Proteus，然后单击"确定"按钮保存设计，至此就可以进行单片机的仿真。

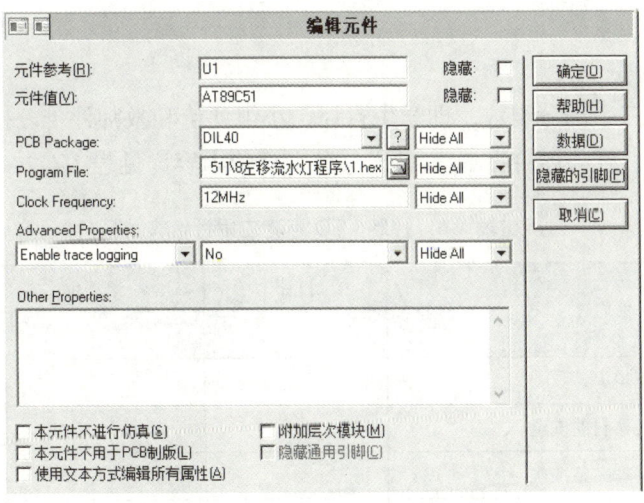

图 1-46 单片机属性的设置

3. 仿真运行

单片机的仿真结果如图 1-47 所示。

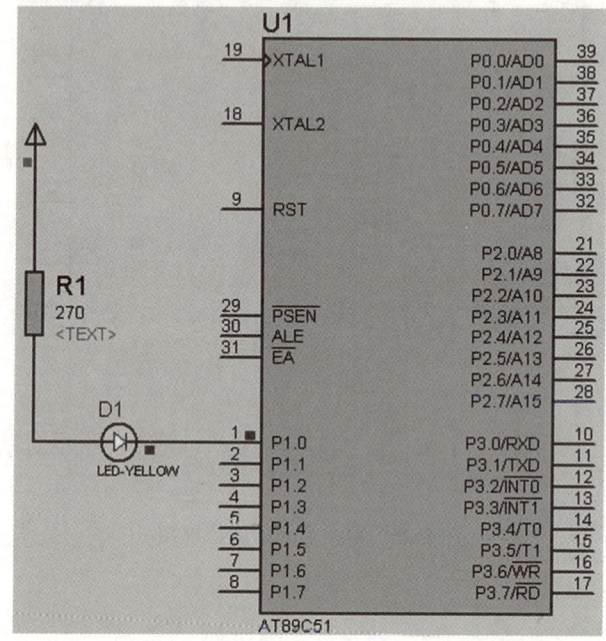

图 1-47　仿真结果

在仿真的过程中每个管脚旁边会出现一个小方块,红色的方块表示高电平,蓝色的表示低电平。通过方块颜色的变化可以很方便地知道每个管脚电平的变化,从而能对系统的运行有更直观的了解,这对程序的调试有很大帮助。

📑 项目评价

项目评价由三个部分组成,即学生自评、小组评价和教师评价。按照自评占 20%,小组评价占 30%,教师评价占 50% 计入总分。评价内容详见表 1-6。

表 1-6　控制 LED 点亮应用评价表

评价内容		自评	小组评价	教师评价
		优☆　良△　中√　差×		
职业素养	(1) 安全用电			
	(2) 设备及器材的安全			
	(3) 记录整理完整准确			
	(4) 符合 6S 管理理念			

续表

评价内容		自评	小组评价	教师评价
		优☆　良△　中√　差×		
知识与技能	（1）建立工程文件			
	（2）添加工程文件			
	（3）程序编写			
	（4）仿真调试检查			
	（5）编译并生成可执行文件			
	（6）将程序烧录至单片机并运行实现控制功能			
汇报展示	（1）作品展示（可以为实物作品展示、PPT汇报、简报、作业等形式）			
	（2）语言流畅，思路清晰			
评价等级				
完成任务最终评价等级（评价参考：自评20%、组评30%、师评50%）				

拓展提高

1．系统概述

Keil C51是美国Keil Software公司出品的51系列兼容单片机C语言软件开发系统，与汇编语言相比，C语言在功能上、结构性、可读性、可维护性上有明显的优势，因而易学易用。用过汇编语言后再使用C语言来编程，体会更加深刻。

Keil C51软件提供丰富的库函数和功能强大的集成开发调试工具，全Windows界面。另外重要的一点是，只要看一下编译后生成的汇编代码，就能体会到Keil C51生成的目标代码效率非常之高，多数语句生成的汇编代码很紧凑，容易理解。在开发大型软件时更能体现高级语言的优势。

2．Keil C51单片机软件开发系统的整体结构

Keil C51工具包的整体结构，其中μVision与Ishell分别是Keil C51 for Windows和Keil C51 for Dos的集成开发环境(IDE)，可以完成编辑、编译、连接、调试、仿真等整个开发流程。开发人员可用IDE本身或其他编辑器编辑C语言或汇编源文件。然后分别由C51及A51编译器编译生成目标文件(.OBJ)。目标文件可由LIB51创建生成库文件，也可以与库文件一起经L51连接定位生成绝对目标文件(.ABS)。ABS文件由

OH51 转换成标准的 Hex 文件，以供调试器 dScope51 或 tScope51 使用进行源代码级调试，也可由仿真器使用直接对目标板进行调试，也可以直接写入程序存储器如 EPROM 中。

使用独立的 Keil 仿真器时，注意事项如下。

1）仿真器标配 11.0592MHz 的晶振，但用户可以在仿真器上的晶振插孔中换插其他频率的晶振。

2）仿真器上的复位按钮只复位仿真芯片，不复位目标系统。

3. Keil 软件优势

Keil 提供了包括 C 语言编译器、宏汇编、连接器、库管理和一个功能强大的仿真调试器等在内的完整开发方案，通过一个集成开发环境（μVision）将这些部分组合在一起。

4. Keil 软件运行环境

Keil 软件支持 Windows XP、Windows 7、Windows 8 等操作系统。

检测与反思

练习题 A

一、填空题

1. AT89C51 系列单片机共有 _____ 只引脚，其中 VCC 是 _____，VSS 是 _____。

2. AT89C51 系列芯片的晶振引脚是 _____ 和 _____。

3. AT89C51 系列芯片的复位和存储器选择是 _____ 和 _____ 引脚。

4. AT89C51 系列芯片一共有 _____ 输出端口。

二、判断题

1. 单片机是高电平工作。　　　　　　　　　　　　　　　（　　）

2. 单片机能执行的文件后缀名是 .hex。　　　　　　　　　（　　）

3. 用 C 语言编写单片机程序时应该建立一个后缀名为 .C 的文件。（　　）

4. 外加晶振频率越高，系统运算速度也就越快，系统性能也就越好。（　　）

5. 单片机的 CPU 主要的组成部分为运算器和控制器。　　　（　　）

6. 单片机 8051 的 XTAL1 和 XTAL2 引脚是外接晶振引脚。　（　　）

练习题 B

1. 请在 D 盘 C51 目录下安装 Keil 程序。
2. 建立以 "点亮一个 LED" 为名称的工程文件。
3. 建立以 LED 为名称的 C 语言程序文件。
4. 建立以 LED1 为名称的汇编语言程序文件。
5. 请画出 AT89C51 系列芯片的引脚分布图。

练习题 C

1. 在 "下载程序" 文件中输入以下程序；并进行编译调试后下载到单片机。

```
#include <reg51.h>
sbit BZ=P3^5;
void delay()
{int j;
    for(j=0;j<1000;j++);
}
void main()
{ while(1)
    {    BZ=0;
         delay();
         BZ=1;
         delay();
    }
}
```

2. 生成以 LED 命名的可执行文件。
3. 把 "蜂鸣器" 可执行文件下载到芯片中。
4. 建立以 BZ 为名称的汇编语言程序文件。
5. 请画出 AT89C51 系列芯片的 P3.5 控制发光二极管图。

项目 2　控制 LED 灯亮灭

项目说明

当汽车在夜间行驶的时候需要驾驶员打开灯光，在白天行驶的时候要关闭灯光。本项目将利用项目 1 中的小车模型，介绍以单片机为控制核心，实现车辆灯光的开启和关闭控制。

教学目标

知识目标

(1) 掌握 C 语言基础知识。
(2) 了解独立按键的工作原理。
(3) 理解按键软件延时消抖的原理。
(4) 掌握按键检测原理及按键次数判断方法。
(5) 理解单片机控制 LED 闪烁和蜂鸣器鸣叫原理。
(6) 理解定时器中断原理及相关寄存器设置。
(7) 掌握定时初值的计算方法。

技能目标

(1) 会编写单片机控制 LED 灯亮灭的程序。
(2) 会绘制按键控制 LED 灯闪烁和蜂鸣器鸣叫电路图。
(3) 会编写单片机控制 LED 灯闪烁和蜂鸣器鸣叫程序。
(4) 会正确设置寄存器的初值。
(5) 会编写单片机控制 LED 灯延时关闭的程序。

项目描述

本项目以汽车灯光为控制载体，使用单片机控制 LED 灯的亮灭，学习独立按键的工作原理，以及在编写程序时所用到的 C 语言相关知识。小车模型上对应的按键原理图如图 2-1 所示。

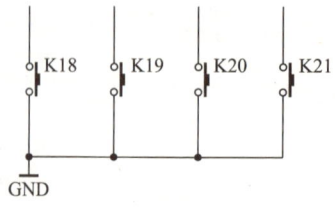

图 2-1　按键原理图

→ 任务 2.1 使用按键手动控制 LED 灯亮灭

任务描述

本任务利用按键实现编写程序对 LED 灯亮灭的控制。通过对该任务的实践，最终掌握按键知识和使用按键控制 LED 灯亮灭的操作。

2.1.1 独立式按键工作原理

1. 按键硬件电路

独立式按键是直接用单片机的 I/O 线构成的按键检测电路，其特点是每个按键单独占用一个 I/O 端口，每个按键的工作不会影响其他 I/O 线的工作状态。独立式按键的典型接法如图 2-2 所示。

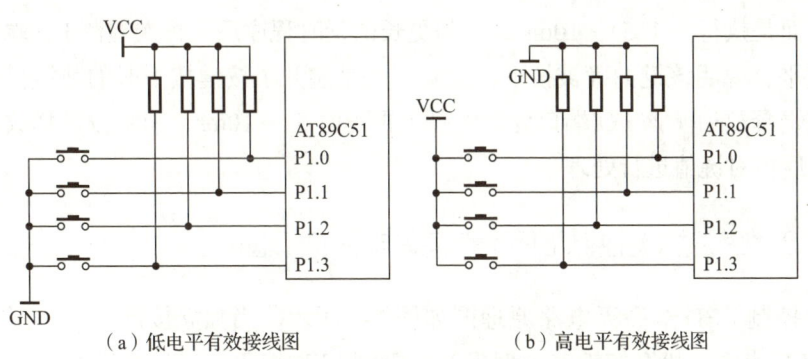

（a）低电平有效接线图　　　　　　　　（b）高电平有效接线图

图 2-2　独立式按键的典型接法

2. 按键的工作原理

单片机系统中一般由软件来识别键盘上的闭合键，图 2-2 所示是单片机独立式按键的典型接法。在图 2-2（a）中，单片机引脚作为输入使用，首先置 1。当按键没有按下时，单片机引脚上为高电平；而当按键按下去后，引脚接地，单片机引脚上为低电平。通过编程即可获知是否有键按下，被按下的是哪一个键。独立式按键电路配置简单，但每个按键必须占用一个 I/O 端口，因此按键较多时，因占用较多 I/O 端口而不宜采用。

3. 按键消抖控制

目前常用的按键大部分都是机械式按键，由机械触点构成，通过机械触点的闭合与断开，实现电压信号的高低输入。在键按下及松开瞬间均有抖动过程，抖动过程如图 2-3 所示，抖动时间的长短与开关的机械特性有关，一般为 5 ～ 25ms。为使单片机能正确读出键盘所接的 I/O 端口状态，对每一次按键只响应一次，必须考虑如何去除抖动。常用的去抖方法有两种，硬件消抖和软件消抖。

硬件消抖：可在按键输出端加 R-S 触发器（双稳态触发器）或单稳态触发器构成去抖电路。如图 2-4 所示，当触发器一旦翻转，触点抖动不会对波形产生任何影响。

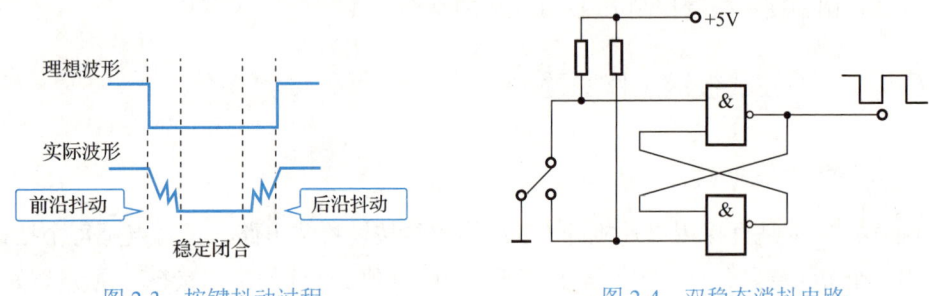

图 2-3　按键抖动过程　　　　　　　　　图 2-4　双稳态消抖电路

软件消抖：在单片机检测到有按键的 I/O 端口为低电平时，不是立即认定该键已被按下，而是执行一个 5 ～ 10ms 或时间更长的延时程序后，再次检测 I/O 端口，如果仍为低电平，说明该键的确被按下，这实际上是避开了按键按下时的前沿抖动；而在检测到按键释放后（该 I/O 端口为高电平）再延时 5 ～ 10ms，消除按键释放时的后沿抖动，然后再对键值进行处理。

2.1.2　分析按键控制 LED 灯亮灭电路原理图

按键控制 LED 灯亮灭电路原理图如图 2-5 所示。当独立按键 Key 按下时，发光二极管 LED 点亮，松开按键 Key 时发光二极管 LED 熄灭。这里采用低电平有效的接线方法。

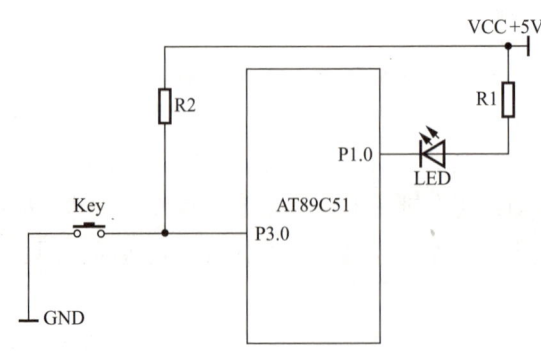

图 2-5　按键控制 LED 灯亮灭电路原理图

2.1.3　编写按键手动控制 LED 灯亮灭控制程序

1. 理解程序流程图

按键控制 LED 灯亮灭依据如图 2-6 所示流程执行程序。

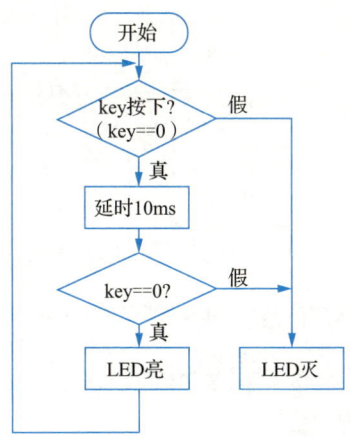

图 2-6　程序流程图

2. 程序设计

```
#include<reg51.h>              // 头文件，调用文件名为 reg51.h 的文件
#define uint unsigned int      // 定义 uint=unsigned int（无符号整型）
#define uchar unsigned char    // 定义 uchar=unsigned char（无符号字符型）
sbit led=P1^0;                 // 定义符号 led 为单片机的 P1.0 引脚
sbit key=P3^0;                 // 定义符号 key 为单片机的 P3.0 引脚

/* 延时函数 */
void delayms(uint x)  // 当晶振为 12MHz 时，延时 xms；当晶振为 11.0592MHz 时，延时
                         12x/11ms
{
    uchar i;
    while(x--)
    for(i=0;i<123;i++);
}

/* 主函数 */
void main()
{
  while(1)
```

```
{
  if(Key==0)                    // 检测按键 Key 有无按下
  {
    delayms(10);                // 延时 10ms，消除按键前沿抖动
    if(Key==0)                  // 再次检测按键有无按下
    {
      led=0                     // 发光二极管 LED 亮
    }
  }
  else                          // 按键 Key 没有按下时
  led=1;                        // 发光二极管 LED 灭
  }
}
```

程序编写并编译无误后，生成"按键控制 LED 亮灭 .hex"文件，如图 2-7 所示。

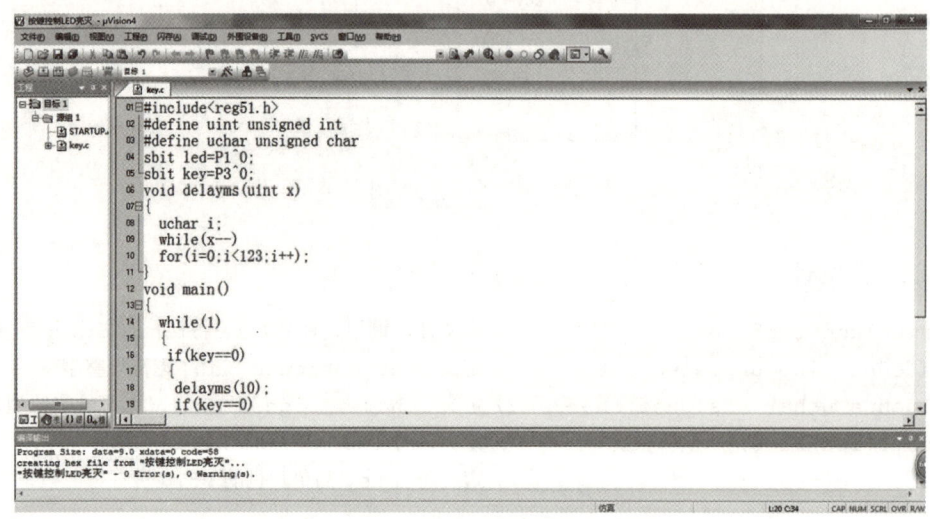

图 2-7　程序编辑完成图

2.1.4　连接线路

将单片机的 P1.0 端口和 LED 进行连接，P3.0 端口与 Key 连接，在小车模型上的对应关系如表 2-1 所示。

表 2-1　电路连接

单片机控制端口	元件所在连接位置	实现功能
P1.0	VD26	LED 灯光工作
P3.0	Key	按键

完成后，连接上 USB 电源，接通电源后，如图 2-8 所示。

图 2-8 电路连接图

2.1.5 运行并调试程序

将可执行文件下载到单片机，实际运行的效果如图 2-9 所示。

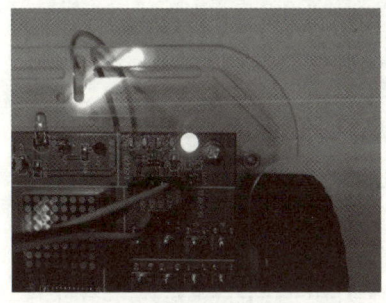 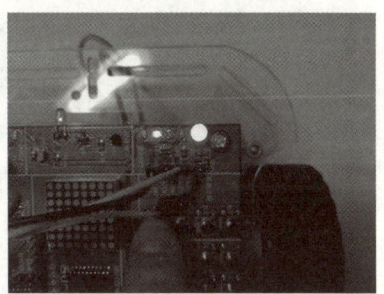

（a）未按按键时灯灭 （b）按下按键后灯亮

图 2-9 按键控制灯亮灭

👥 **导师说**

　　在硬件电路不变的情况下，通过改写软件可以实现按键控制 LED 灯的开关，即按一下按键，LED 亮，再按一次，LED 灭。

2.1.6 使用按键手动控制 LED 灯亮灭仿真

1. 绘制电路图

启动 Proteus 软件，单击左侧的工具栏中的 P 命令，选择系统所需元器件。本例所需主要元器件有 AT89C51 芯片、LED-YELLOW、MINRES5K、按钮开关等，详见表 2-2。

表 2-2 元器件清单

元器件名称	所属类	描述
AT89C51	Microproccessor ICs	控制芯片
LED-YELLOW	Optoelectronics	黄色 LED
MINRES5K、270	Resistors	限流电阻
SWITCHES	Button	按键开关

把所需元器件放置好后，修改元器件参数，把 R1 修改成 270Ω，R2 为 5kΩ，最后连接电路，完成后的电路原理图如图 2-10 所示。

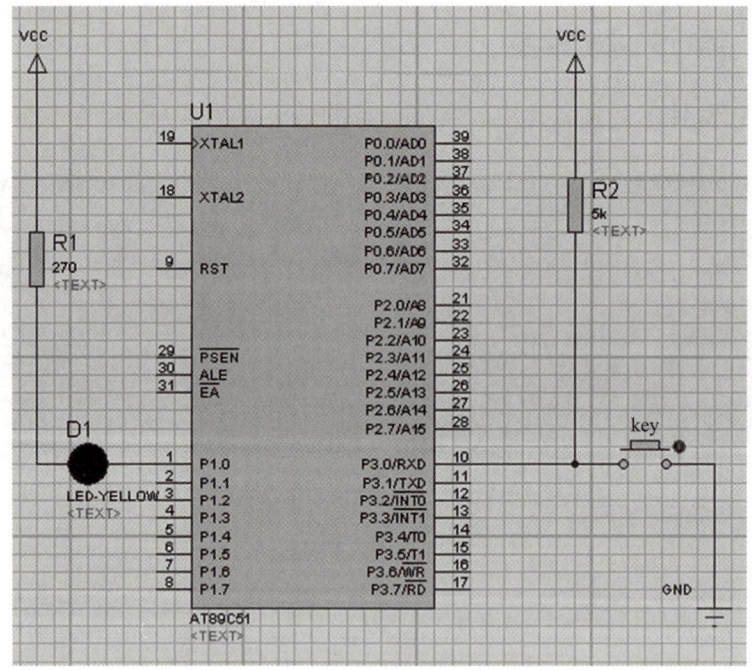

图 2-10 电路原理图

2．设置单片机

选中 AT89C51 后单击，打开如图 2-11 所示 "编辑元件" 对话框，可以直接在 Clock Frequency 后进行频率设置，设置单片机的时钟频率为 12MHz。在 Program File 栏中调用已经在 Keil 中生成的 "按键控制 LED.hex" 文件，导入单片机中，然后单击 "确定" 按钮保存设计，至此就完成了对单片机的设置。接下来可以进行单片机的仿真。

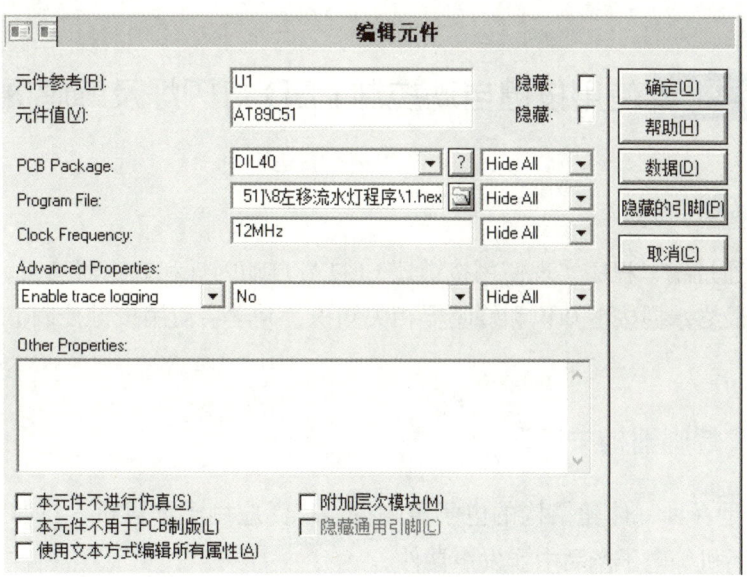

图 2-11　单片机属性的设置

3. 仿真运行

仿真结果如图 2-12 所示。

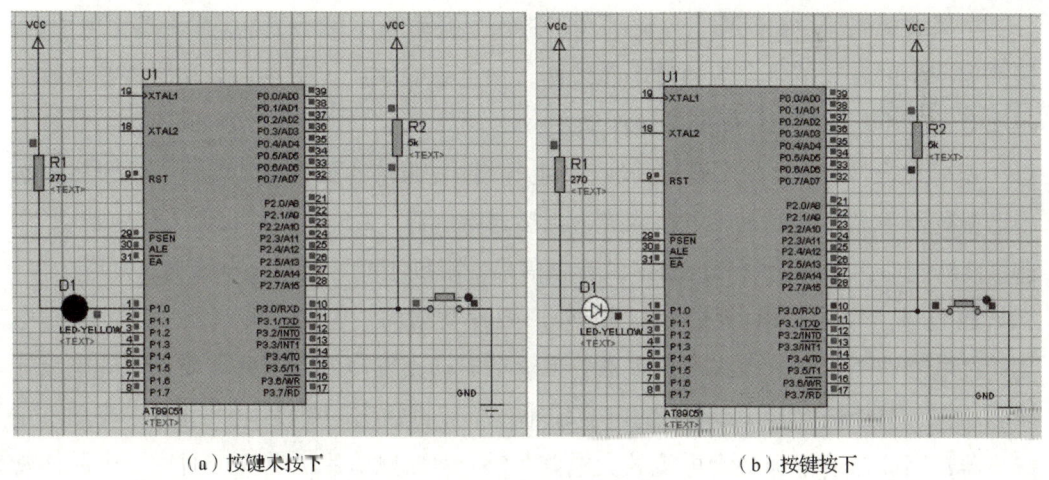

（a）按键未按下　　　　　　　　　　　　（b）按键按下

图 2-12　仿真结果

当按键按下时，LED 灯亮，当按键没有按下（松开）时，LED 灯灭。在仿真的过程中每个管脚旁边会出现一个小方块，红色的方块表示高电平，蓝色的表示低电平。通过方块颜色的变化可以很方便地知道每个管脚电平的变化。在硬件电路不变的情况下，可以试着修改程序，完成其他功能的仿真。

任务 2.2　使用按键自动控制 LED 灯闪烁及蜂鸣器鸣叫

任务描述

本任务通过编写程序实现使用按键让 LED 灯自动闪烁和蜂鸣器鸣叫。通过对该任务的实践，最终掌握按键知识和蜂鸣器相关知识，并学会使用按键控制 LED 灯自动闪烁的操作。

2.2.1　蜂鸣器相关知识

蜂鸣器是一种一体化结构的电子讯响器，广泛应用于计算机、打印机、复印机、报警器、电话机等电子产品中作发声器件。

根据结构原理，蜂鸣器分为压电式蜂鸣器和电磁式蜂鸣器。两种蜂鸣器都有有源蜂鸣器和无源蜂鸣器之分。

注意："有源"是指蜂鸣器本身内含驱动，直接给它一定的电压就可以响；"无源"是指需要靠外部的驱动才可以响，这里的"源"并不是指电源。

电磁式蜂鸣器由振荡器、电磁线圈、磁铁、振动膜片及外壳等组成。接通电源后，振荡器产生的音频信号电流通过电磁线圈，使电磁线圈产生磁场，振动膜片在电磁线圈和磁铁的相互作用下，周期性地振动发声。

压电式蜂鸣器主要由多谐振荡器、压电蜂鸣片、阻抗匹配器及共鸣箱、外壳等组成。多谐振荡器由晶体管或集成电路构成，当接通电源后（1.5 ～ 15V 直流工作电压），多谐振荡器起振，输出 1.5 ～ 2.5kHz 的音频信号，阻抗匹配器推动压电蜂鸣片发声。

如图 2-13 所示是电磁式蜂鸣器的外形图片及结构。电磁式蜂鸣器发声原理是电流通过电磁线圈，使电磁线圈产生磁场来驱动振动膜发声的，因此需要一定的电流才能驱动它，单片机 I/O 引脚输出的电流较小，单片机输出的 TTL 电平基本上驱动不了蜂鸣器，因此需要增加一个电流放大电路。S51 增强型单片机实验板通过一个晶体管 C8550 来放大驱动蜂鸣器，原理图如图 2-14 所示。

如图 2-14 所示，蜂鸣器的正极接到 VCC（+5V）电源上面，负极接到晶体管的发射极 E，晶体管的基极 B 经过限流电阻 R1 后由单片机的 P3.7 引脚控制，当 P3.7 输出高电平时，晶体管 VT1 截止，没有电流流过线圈，蜂鸣器不发声；当 P3.7 输出低电平时，晶体管导通，这样蜂鸣器的电流形成回路，发出声音。因此，可以通过编写程序控制 P3.7 引脚的电平来使蜂鸣器发出声音和关闭。

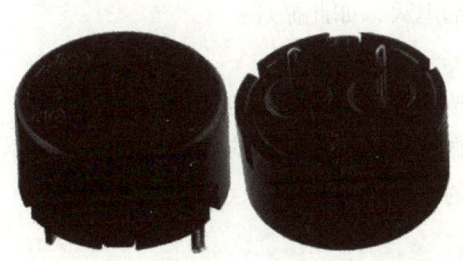

图 2-13　电磁式蜂鸣器实物图

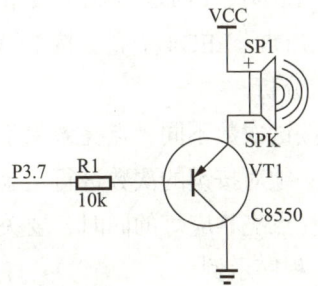

图 2-14　单片机实验板蜂鸣器驱动原理图

　　进一步地，程序中改变单片机 P3.7 引脚输出波形的频率，就可以调整控制蜂鸣器音调，产生各种不同音色、音调的声音。另外，改变 P3.7 引脚输出电平的高低电平占空比，则可以控制蜂鸣器的声音大小。

2.2.2　C 语言相关知识

1. 按键次数判断方法

下面通过一个单片机应用例子来说明按键次数的判断方法。

（1）电路图

电路图如图 2-15 所示。

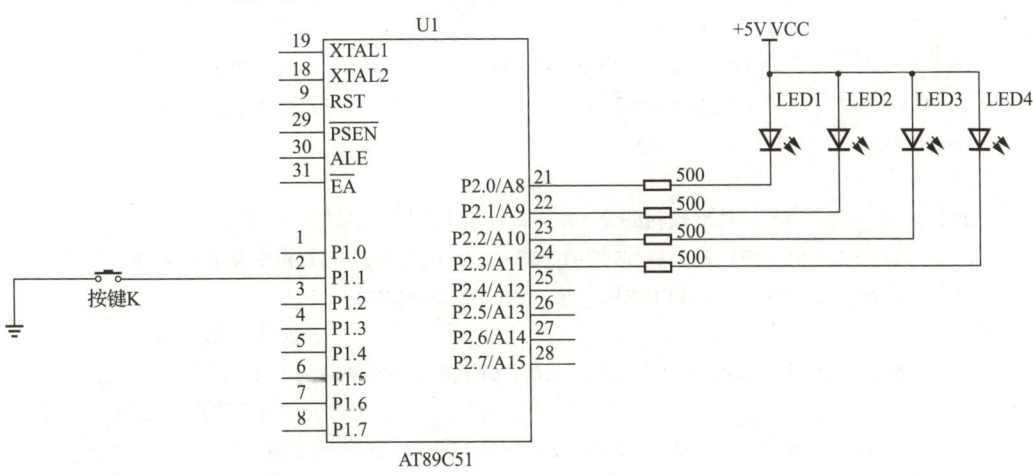

图 2-15　按键次数判断方法应用电路图

（2）要求

要求：

① 开机时 LED1 点亮 1s，然后熄灭，其他灯均熄灭。

② 按键 K 按下第一次，LED1 点亮；按下第二次，LED1、LED2 点亮；按下

第三次，LED1、LED3 点亮；按下第四次，LED1、LED4 点亮；按下第五次，LED1、LED2、LED3、LED4 全亮；按下第六次，全部熄灭，如此循环。

（3）分析

1）按键次数不同，点亮效果不同，所以按键程序必须消除抖动的干扰。

2）必须对按键的次数进行记录，以便根据次数选择点亮相应的 LED 灯。

3）在点亮相应灯的同时，要关掉不该亮的灯。

（4）程序示例

```
1.#include <REGX51.H>
2.#define on 0
3.#define off 1
4.sbit k=p1^1;
5.sbit LED1=P2^0;sbit LED2=P2^1;sbit LED3=P2^2;sbit LED4=P2^3;
6.void delay(unsigned int i){while(i--);}          // 延时函数
7.main(){
8.      unsigned char kCount=0;                      // 按键计次数变量
9.      LED1=on;LED2=LED3=LED4=off;                  // 开机 LED1 点亮
10.     delay(55550);delay(55550);                   // 延时 1s 左右
11.     while(1){
12.             /* 按键处理部分 */
13.     if(k==0){
14.             delay(200);                           // 按键延时消抖
15.             if(k==0){
16.             kCount=(kCount+1)%6;                   // 循环加 1
17.             while(k==0);                           // 等待按键释放
18.             }
19.         }
20.             /* 灯功能控制部分 */
21.     if(kCount==0){LED1=LED2=LED3=LED4=off};   // 初始及第六次全熄灭
22.     else if(kCount==1){LED1=on;LED2=LED3=LED4=off};
                                                  // 按第一次，LED1 点亮
23.     else if(kCount==2){LED1=LED2=on;LED3=LED4=off};
                                                  // 按第二次点亮 LED1、LED2
24.     else if(kCount==3){LED1=LED3=on;LED2=LED4=off};
                                                  // 按第三次点亮 LED1、LED3
25.     else if(kCount==4){LED1=LED4=on;LED2=LED3=off};
                                                  // 按第四次点亮 LED1、LED4
26.     else if(kCount==5){LED1=LED2=LED3=LED4=on};   // 按第五次，点亮全部
27.     }
    }
```

（5）解释

1）主循环里分为两个部分，13～19行为按键处理部分，21～26行为灯功能控制部分。变量 kCount 的值计算按键按下的次数，控制功能部分根据这个值来选择不同的程序段实现灯的开关控制。

2）9～10行：实现开机 LED1 亮 1s 功能。9行，用"连等"的形式同时给多个变量赋值。

3）13、15行：两次进行键按下确认，消除抖动干扰。

4）16行："%"是取余法。kCount 加 1 后再取余，效果是 kCount 的值只能是0～5循环。因为加 1 后如果是 6，取余为 0，这是做循环加法的一个技巧。例如电子钟，秒只取 0～59，只要 S=（S+1）%60 即可实现加 1 循环。

5）17行：等待按键释放。必须等待按键释放，否则程序很快就执行到 27 行，再返回到 11 行，按键还是按下状态，又会执行 16 行。16 行被反复执行，直到放开按键。这时 kCount 计数了多少次就不清楚了，造成混乱。

6）21～26行：测试 kCount 的值，选择不同的亮灯效果。

本例定义了一个字符串计数变量 kCount，然后采用取余法将计数变量赋给计数变量，程序根据计数变量不同的数值，实现 LED 灯的各种点亮效果控制。

2．整型数据

在程序设计中，离不开对数据的处理，Keil C51 编译器所支持的基本数据类型有位类型 bit 数据，字符串型数据 char，整型数据 int，长整型数据 long，浮点型数据 float 等。下面简单介绍一下整型数据 int。

int 型数据长度为 2 个字节（16 位），用于存放一个双字节数据，分有符号整型数 signed int 和无符号整型数 unsigned int 类型。signed int 表示的数值范围是 −32768～+32767，字节中最高位表示数据的符号，0 表示正数，1 表示负数。unsigned int 表示的数值是 0～65535。

3．while 循环语句

while 是条件"真"循环指令。
格式：

```
1. while(条件表达式)
2. 程序语句组；
```

while 指令执行流程如图 2-16 所示：当条件成立时，执行紧跟其后程序语句组，执行完毕返回到 1 行，再次判断条件；如果条件还是成立，继续执行其后语句组，形成循环；如果条件不成立，程序跳过程序语句组，执行后续语句。

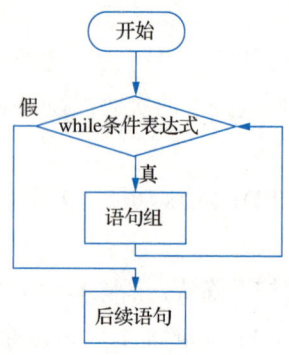

图 2-16   while 指令执行流程

while 循环有以下几种形式。

形式一：

while（条件）；// 只有条件，没有语句，常用来等待一个"信号"

形式二：

while（条件）语句；// 只有一条语句，省略花括号

形式三：

```
while （条件）
{
    语句 1；
    语句 2；
    ……
    语句 n；// 包含若干条语句
}// 花括号外面没有分号
```

程序中，比较数值、变量、表达式是否相等或谁大、谁小的式子，称为关系表达式。将一个或者多个关系表达式的逻辑组合放入 while 的圆括号中，就构成条件表达式。条件表达式所表示的条件成立，叫作"真"，其值为 1；条件不成立，叫作"假"，其值为 0。

关系有以下几种。

==：等等于。测试是否相等。如 2==3，测试 2 等等于 3，结果不等，假关系值为 0。

!=：不等于。如 2!=3，成立，结果为 1（真）。

>：大于。如 a>10，假设 a 的值为 5，则为假关系；若 a 的值为 11，则为真关系。

<：小于。如 i<k+100，真假取决于 i,k 的值。

>=：大于或等于。如 2>=2，3>=2，都为真。

<=：小于或等于。如 2<=2，为真；3<=2，为假。

说明：程序语句组，就是用花括号括起来的一组程序语句。花括号里可以有多条语句；也可以只有一条语句；还可以没有语句，只有一个分号。当程序语句组里，只有一条语句或者只有分号时，花括号可以省略。程序语句组里面还可以包含其他语句组。

4. 自增自减运算符与表达式

自增自减运算符都是单目运算符，例如，表达式 ++i 表示把 i 的值加 1，--i 则表示把 i 的值减去 1，因此，它们的作用就是分别使变量的值增 1 或减 1。但是，用户需要注意运算符和操作数的位置关系，有以下两种情况。

1）++i 与 --i 是指在使用 i 之前，先把 i 的值加 1 或减 1。

2）i++ 与 i-- 则是指在使用 i 之后，再把 i 的值加 1 或减 1。

为解释清楚上面两者之间的区别，下面给出一个运算程序示例。

定义一个变量，求它自增自减表达式的值的变化及这个变量值的变化。

```
1. #include<stdio.h>
2. void main()
3. {int i=3;                    /* 给变量 i 赋值为 3 */
4.  int j=i++;                  /* 给变量 j 赋值 */
5.  printf("%d,%d/n",i,j);      / 输出 i 自增后 i 和 j 的结果 */
6.  j=++i;                      /* 重新给变量 j 赋值 */
7.  printf("%d,%d/n",i,j);      /* 输出 i 自增后 i 和 j 的结果 */
8.  j=i--;                      /*i 先赋值给 j，再自减 */
9.  printf("%d,%d/n",i,j);      /* 输出 i 自减后 i 和 j 的结果 */
10. j=--i;                      /*i 先自减，再赋值给 j*/
11. printf("%d,%d/n",i,j);      /* 输出 i 自减后 i 和 j 的结果 */
12. }
```

代码说明：

1）第 3 行 i 初始值为 3，则第 4 行 j=i++ 相当于先把 i 的值赋给 j，即 j=3，i 再自增为 4。

2）把 i 的值变成 4 之后，第 6 行 j=++i 相当于先将 i 自增为 5，再把其值赋给 j，即 j-5。

3）同样，自减运算符的应用法则也相同。第 8 行 j=i-- 相当于把 i 赋给 j，即 j=5，i 再自减为 4。

4）把 i 的值变成 4 之后，第 10 行 j=--i 相当于先把 i 自减为 3，再赋值给 j，即 j=3。

注意：自增自减运算符的表达式一般形式为 j=++i 或者 j=--i。i 只能是变量，而不能用于常量或表达式。例如，4++ 或 (a+b)++ 之类的都是非法的，即使表达式执行了，表达式的值改变了，其结果也没有被存储，表达式毫无意义。

5．函数的声明和调用

C51 语言就是由一个个的函数构成的，其从一个主函数开始执行，调用其他函数后返回主函数，进行相应的操作，主函数内部一般有一个死循环程序。

（1）函数的分类

C51 语言函数从结构上可以分为主函数 main 和普通函数。主函数是程序执行时首先进入的函数，它可以调用普通函数，而普通函数可以调用其他普通函数，不能调用主函数。

普通函数又可分为标准库函数和用户自定义函数两种。标准库函数是由 C51 编译器提供的函数，可以通过 #include 包含相应的头文件调用这些库函数。

（2）函数的定义

从定义的形式上，函数分为无参数函数和有参数函数。无参数函数是为了完成某种特定功能而编写的，没有输入变量，可以使用全局变量完成参数的传递；有参数函数在调用时必须按照形式参数提供对应的实际参数。两种函数都可以提供返回值以供其他函数使用。

1）函数的定义。函数定义的一般格式如下：

```
函数类型    函数名（形式参数列表）
{
函数体
  }
```

其中函数类型是函数返回值的类型，如果没有返回值则使用 void。函数名由用户自定义，规则和变量相同。形式参数是指调用函数时要传入函数体内参与运算的变量，一个函数可以有一个、多个或没有参数，当不需要参数也就是无参函数，括号内为空或写入"void"表示，但括号不能少，有多个参数时，每个参数要用","号隔开。大括号中的语句块用于实现函数的功能。不能在同一个程序中定义同名的函数。

函数定义举例如下。

① 无参数无返回值函数定义。

```
delay                    // 无参数无返回值函数定义
{
}
```

② 有参数无返回值函数定义。

```
delay( unsigned int i)     // 有参数无返回值函数定义
{
}
```

③ 有参数有返回值函数定义。

```
unsigned int sum(unsigned char a,unsigned char b)// 有参数有返回值函数定义
```

```
    {
        unsigned int k;              // 用于存放返回值的变量
        …
        return k;                    // 返回值
    }
```

2）函数的参数。C51 语言的函数采用参数传递方式，使一个函数可以对不同的变量数据进行功能相同处理，在调用函数时实际参数被传入到被调用函数的形式参数中，在执行完函数后使用 return 语句将一个和函数类型相同的返回值返回给调用语句。

函数定义好以后，要被其他函数调用才能被执行。定义函数时在函数名称后面的括号里列举的变量名称为"形式参数"；调用函数时，函数名称后面的括号里的变量称为"实际参数"。

例如，在一个程序中需要两个延时时间不同的延时程序，可以编写有参数的延时程序如下：

```
delay(unsigned int i)            // 这里 i 是形式参数
{
    while( i--) ;
}
int main()
{
    while(1)
    {
        led=0;
        delay(50000);            //50000 是实际参数
        led=1;
        delay(30000);            //30000 是实际参数
    }
}
```

由此可以看出，有参数函数在被调用时将实际参数传递给了形式参数，相当于将实际参数的值赋给了形式参数，用于被调用函数的执行。需要注意的是实际参数也可以是变量或变量表达式，但必须与形式参数的类型相同。

3）函数的返回值。函数的返回值是在函数执行完成之后通过 return 语句返回调用函数语句的一个值，返回值的类型和函数的类型相同，函数的返回值只能通过 return 语句返回。

例如，调用求和子函数并返回计算结果的程序如下：

```
unsigned int sum (unsigned char i,unsigned char j)
{
    unsigned int temp;
    temp=i+j;
```

```
        return temp ;
}
int main()
{
  unsigned char a,b;
  unsigned int c;
a=2;
b=3;
c=sum(a,b);
}
```

（3）函数的调用

函数调用的格式如下：

> 函数名（实际参数列表）；

由于函数有的有参数，有的没有参数，有的有返回值，有的没有返回值，所以在调用时也有多种形式，例如：

```
delay();                             // 无参数无返回值的函数调用
c=sum(a,b);                          // 函数的返回值赋给一个变量
d=sum(a,b)+c;                        // 函数的返回值赋给一个表达式
result=max(sum(a,b),sum(c,d));       // 函数的返回值作为另一个函数的实际参数
```

2.2.3 分析按键控制 LED 灯闪烁及蜂鸣器鸣叫电路原理图

按键控制 LED 灯及蜂鸣器电路原理图如图 2-17 所示。该电路的功能如下。

1）第一次按下按钮，LED 灯持续闪亮，蜂鸣器鸣叫。

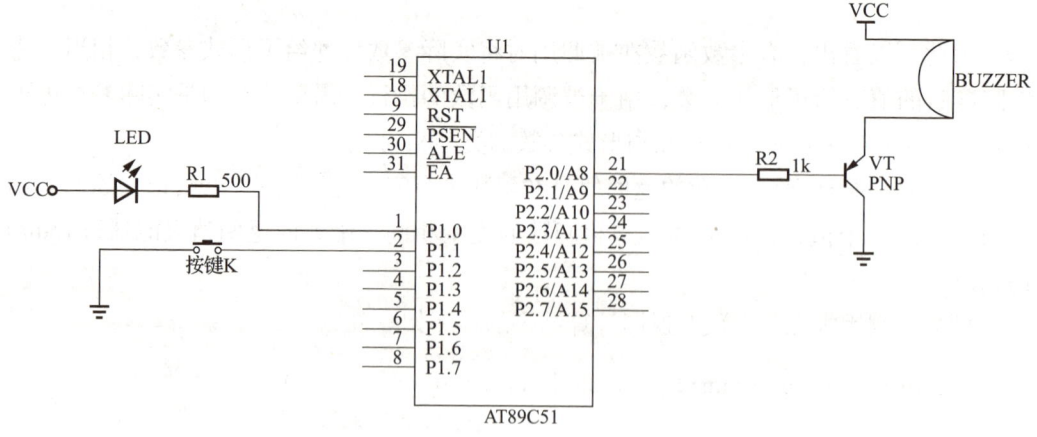

图 2-17　按键控制 LED 灯及蜂鸣器电路原理图

2）第二次按下按钮，LED 灯熄灭，蜂鸣器停止鸣叫。

3）以后根据按键次数一直重复步骤 1）和 2）的现象。

单片机控制 LED 灯闪烁和控制蜂鸣器鸣叫的原理如下。

1. 单片机控制 LED 灯闪烁原理

本任务电路中由于 LED 灯的正极连接电源正极，那么要 LED 灯点亮就只需要单片机的 P1.0 端口输出一个低电平就可以了。本任务要实现第一次按下按键的时候让 LED 灯闪烁，就只要编写一个程序，当第一次按下按键 K 时，让单片机的 P1.0 端口不断地输出一个高低变化的脉冲信号就可以了；要实现第二次按下按键的时候 LED 灯熄灭，则编写程序让 P1.0 端口输出一个高电平即可。

2. 单片机控制蜂鸣器鸣叫原理

本任务电路中蜂鸣器的正极直接接电源的正极，负极通过晶体管等接到单片机的 P2.0 端口，根据蜂鸣器的工作原理，蜂鸣器要鸣叫只需要编写程序，让单片机的 P2.0 端口输出一个脉冲信号即可。

2.2.4　编写按键控制 LED 灯闪烁和蜂鸣器鸣叫控制程序

1. 程序流程

程序流程图如图 2-18 所示。

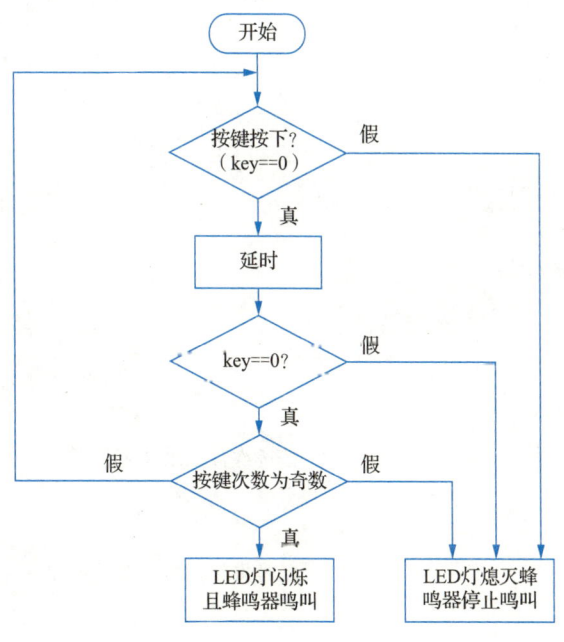

图 2-18　程序流程图

2. 程序设计

```c
#include < reg52.h >
#define uint unsigned int
#define uchar unsigned char
sbit k=P1^1;                          // 定义 P1.1 引脚名为独立按键 k
sbit led=P1^0;                        // 定义 P1.0 引脚名为 led
sbit buzzer=P2^0;                     // 定义 P2.0 引脚名为 buzzer
/* 延时函数 */
void delay(uint i)
{while(i--) ; }
void flasher ()                       //flashing lights: 闪烁灯
{ uint i;                             // 在函数内部定义变量
led=0;                                // 初始化为开机灯就亮
while( 1 )
{i=0;
while(i<3000)i=1+1;                   // 延时
led=!led;
}
}
void buzzer(uint i)
{uint i;
buzzer=0;                             // 初始化开机蜂鸣器响一次
delay(10000);
buzzer=1;
while(1)
{i=0;
while(i<10000)i=i+1;
buzzer=!buzzer;
if(k==1){buzzer=1;break;}
    }
}
/* 主函数 */
int main()
{int num=0;                           // 按键次数记录（初值赋 0）
while ( 1 )
{if( k==0)
{delay(1000);                         // 延时重新判断按键是否按下，延时消除抖动
if( k==0)
{num++;
if(num==1) flasher ();
```

```
buzzer();
if(num==2)num=0;
led=1 ;
buzzer=1;
}
}
}
}
```

2.2.5　连接线路

将单片机的 P1.0、P1.1、P2.0 端口与小车电路板上的 VD10、Key1、LS1 进行连接。对应关系如表 2-3 所示。

表 2-3　电路连接

控制端口	连接位置	实现功能
P1.0	VD10	LED 闪亮
P1.1	Key1	控制按键
P2.0	LS1	蜂鸣器鸣叫

连接好电路后的接线效果如图 2-19 所示。

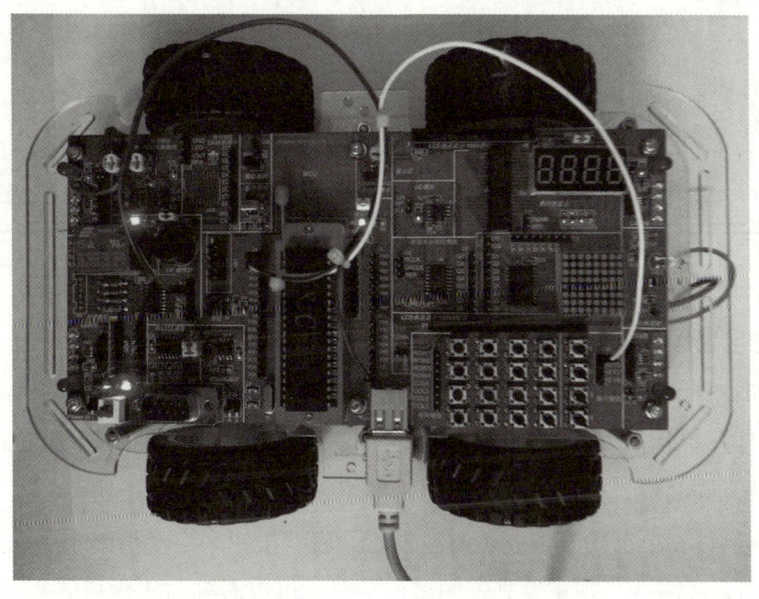

图 2-19　电路连接图

2.2.6　运行并调试程序

将程序下载到单片机，实际运行时 VD10 开始闪烁，蜂鸣器鸣叫。

 导师说

改变程序参数，可实现按键控制 LED 闪烁的速度。

2.2.7　使用按键自动控制 LED 灯闪烁及蜂鸣器鸣叫仿真

使用按键自动控制 LED 灯闪烁及蜂鸣器鸣叫的仿真过程如下。

1）运行 Proteus ISIS 仿真软件，启动界面如图 2-20 所示。

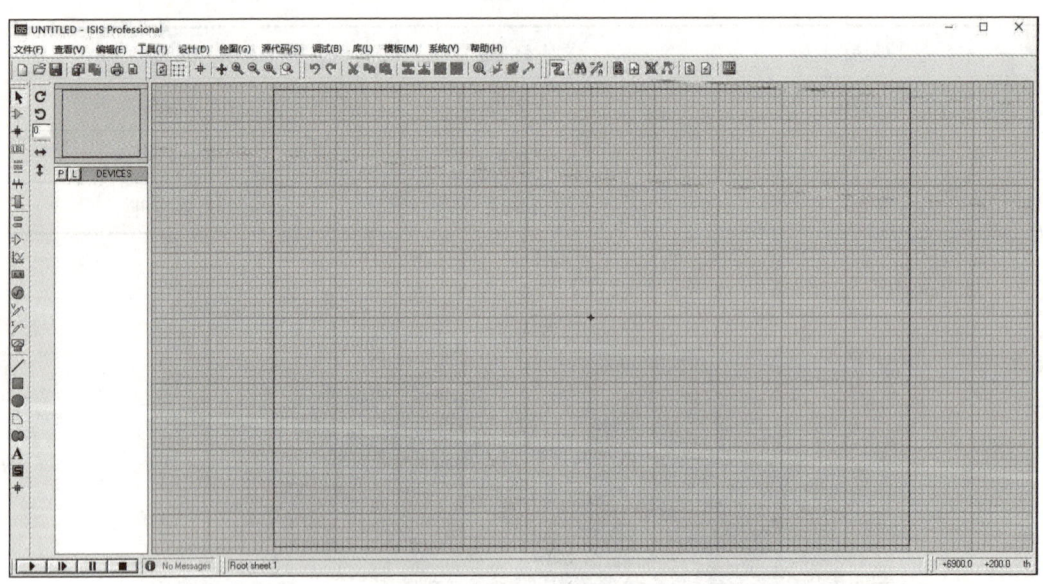

图 2-20　仿真启动界面

2）绘制电路图如图 2-21 所示。

3）添加程序到单片机。右击电路图中的单片机，在右键菜单中选择第二项 Edit Properties，打开单片机 IC 的属性对话框。为单片机选择建好的 "按键控制 LED 灯闪烁" hex 文件，同时输入合适的单片机时钟频率，单击 "确定" 按钮。

4）仿真运行。单击仿真控制工具栏的 ▶ 启动按钮来启动仿真。启动后，可以单击按钮使之闭合或断开，观察发光管的工作情况，可以看到与实物相似的实验现象。

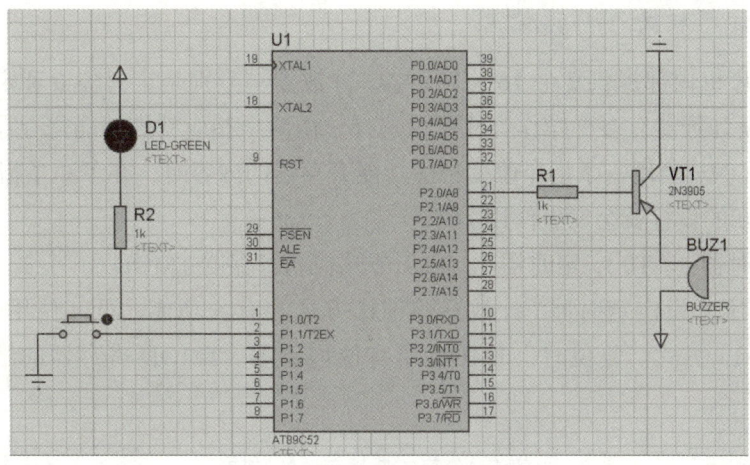

图2-21 仿真电路绘制完成图

任务2.3 控制车辆大灯延时关闭

任务描述

大灯延时关闭也称为"伴我回家"功能，其本质就是头灯在车辆熄火后的延时关闭功能，为车主下车后提供一段时间的外部照明。本任务实现在实验模拟小车电路上以单片机为控制核心对LED灯进行延时关闭控制。

2.3.1 定时器知识

1. 定时器中断原理

单片机中断是指CPU在按照指令运行的过程中（主程序），可能会有其他的更紧急需要做的事情（中断服务程序），需要CPU暂时停止当前的程序（主程序），做完了（中断服务程序）之后，又回来继续运行先前的程序（主程序）。中断过程如图2-22所示。

举一个生活中的例子：你正在吃饭（主程序），一边又在给水桶里放水，吃着吃着，水满了，你就得赶快去把水龙头关掉或者换一个空的水桶，再回来吃饭。单片机的定时器（一个水桶），启动它（水龙头打开开始装水）；定时在每个机器周期不断自动加1（水桶的水不断增加）；定时器溢出时（水桶的水满了），你就要去做处理（倒掉水或关闭水龙头）；处理完后，单片机又可以回到刚刚停止的地方继续运行（水桶处理了，可以继续吃饭）。

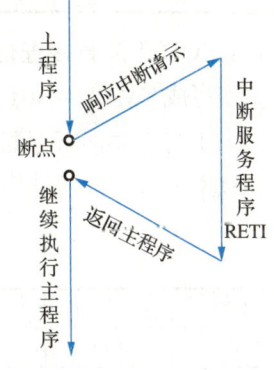

图2-22 中断过程

2. 定时器相关寄存器设置

C51 单片机内部提供 2 个 16 位定时器 / 计数器，分别是定时器 0 和定时器 1。每一个定时器 / 计数器有多种操作方式可供选择，由两个相应特殊功能寄存器设置决定：TMOD、TCON。当用一条指令改变特殊功能寄存器的内容时，在下一条指令的第一个机器周期，新的设置就会发生作用。

（1）定时器 0（T0）、定时器 1（T1）方式控制寄存器 TMOD

TMOD 用于设定定时器 / 计数器的工作方式和有关功能。低 4 位用于 T0 方式，高 4 位用于 T1 方式。复位时，TMOD 所有位均清零。TMOD 寄存器的结构如表 2-4 所示。

表 2-4　TMOD 寄存器的结构

D7	D6	D5	D4	D3	D2	D1	D0
GATE	C/T	M1	M0	GATE	C/T	M1	M0
T1 方式字段				T0 方式字段			

GATE：门控制。为 0 时，定时器 / 计数器启动与停止仅受 TCON 寄存器中 TR0 或 TR1 控制，为 1 时，定时器 / 计数器启动与停止由 TCON 寄存器中 TR0 或 TR1 和外部中断引脚（INT0 或 INT1）上的电平状态来共同控制。

C/T：选择定时或计数方式。为 1 时为计数方式，为 0 时为定时方式。

M1，M0：为工作方式选择位，2 位二进制位可表示 4 种状态，具体功能如表 2-5 所示。

表 2-5　工作方式选择

T0	T1	工作方式	功能
TMOD=0x00	TMOD=0x00	方式 0	13 位计数器
TMOD=0x01	TMOD=0x10	方式 1	16 位计数器
TMOD=0x10	TMOD=0x10	方式 2	2 个 8 位计数器，初值自动装入
TMOD=0x11	TMOD=0x11	方式 3	2 个 8 位计数器，仅适用于 T0

TMOD 不能直接进行位操作，只能进行字节操作。例如，采用定时器 0 工作方式 1，则应该写成 TMOD=0x01，而不能写成 M1=0，M0=1。

（2）特殊功能寄存器 TCON

TCON 寄存器的结构如表 2-6 所示。

表 2-6　TCON 寄存器的结构

D7	D6	D5	D4	D3	D2	D1	D0
TF1	TR1	TF0	TR0	IE1	IT1	IE0	IT0

TF0(或 TF1)：计数溢出标志位，当计数器计数溢出时，该位置 1。

TR0（或 TR1）：定时器 0（或 1）运行控制位。

当 TR0（或 TR1）= 0 时，停止定时器 / 计数器 0（或 1）工作。

当 TR0（或 TR1）= 1 时，启动定时器 / 计数器 0（或 1）工作。

IE0（或 IE1）：外中断请求标志位。当 CPU 采样到 P3.2（或 P3.3）出现有效中断请求时，此位由硬件置 1；在中断响应完成后转向中断服务时，再由硬件自动清 0。

IT0（或 IT1）：外中断请求信号方式控制位。

当 IT0（或 IT1）=1 时，为脉冲方式（后沿负跳有效）。

当 IT0（或 IT1）= 0 时，为电平方式（低电平有效），此位由软件置 1 或清 0。

TCON 既能直接位操作，也能进行字节操作。

（3）定时器中断控制

EA：总中断，为 0 关闭总中断，为 1 打开总中断。

ET0、ET1：分别为 IE 寄存器里的定时器 0、1 的中断控制位，对应中断编号为 1、3。

PT0、PT1：分别为 IP 寄存器里的定时器 0、1 的中断优先级位。

3. 初值的计算方法

如前所述，C51 单片机内部的 2 个 16 位可编程的定时器 / 计数器 T0 和 T1，可通过设置 TMOD 寄存器中的 M1M0 位来进行工作方式选择。方式 1 的计数位数是 16 位，对 T0 来说，由 TL0 寄存器作为低 8 位、TH0 寄存器作为高 8 位，组成了 16 位加 1 计数器，即 T0=TH0+TL0,T1=TH1+TL1，默认情况下，通电后它们是不启动的。

由于定时器 / 计数器是随机器周期或外部计数递增，并在定时器 / 计数器溢出时产生中断的，因此给定时器赋适当的初值，可以控制定时器的时间。设计数器的最大计数值为 M（根据不同工作方式，M 可以是 2^{13}、2^{16} 或 2^8），则计算初值 x 的公式如下：

$$x = M - 要求的计数值$$

例如，利用定时器 T1 的模式 2 对外部信号进行计数，要求每计满 100 次：

$$x = 2^8 - 100 = 156D = 9CH$$

在定时器模式下，计数器由单片机主脉冲 fosc（晶振频率）经 12 分频后计数。因此，定时器定时初值计算公式为

$$x = M - （要求的定时值）/（12/fosc）$$

式中，M 为定时器模值（根据不同工作方式，M 可以是 2^{13}、2^{16} 或 2^8）。

例如，使用定时器 0 工作方式 1（16 位定时器），晶振为 12MHz，定时时间为 10ms，计算定时常数如下：

$$x = 2^{16} - （1 \times 10^{-2}）/（1 \times 10^{-6}）= D8F0H$$

将其转换为十六进制，x = D8F0H，因此初值应设为 TH0=0xD8，TL0=0xF0，数字前面加 0x 表示是十六进制数。

总结定时器初值的计算方法是：当用定时器的方式 1 时，晶振为 12MHz，设机器周期为 TCY 时产生一次中断的时间为 t，那么需要计数的个数为 $N=t/TCY=t \times 10^6$，装入 THx 和 TLx 中的数分别为

THx=(65536-N)/256；// 取 65536-N 值的高 8 位赋值给 THx（x 为 0 或 1）
TLx=(65536-N)%256；// 取 65536-N 值的低 8 位赋值给 TLx（x 为 0 或 1）

一般来说，定时器溢出中断的最长定时都为几十毫秒，当需要定时 1s 时，可以让定时器 50ms 中断一次，然后再计算中断次数；当中断次数为 20 次时便是 1s，这样就可精确控制定时时间。

2.3.2 中断服务函数的编写

1. 初始化

使用定时器/计数器前，必须进行初始化，需要设置以下初值。

1）工作方式的定义：TMOD、TCON 的值。

2）定时器/计数器初值及重装值：THx 和 TLx 的值。

3）中断定义：EA、ET0、ET1 及中断优先级的设置。

4）启动定时器工作：TR0、TR1 的值。

比如，使用定时器 0 工作方式 1，要求 50ms 中断一次，用 12MHz 的晶振时，初始化的程序如下：

```
csht0()
{    TMOD=0X01;                    // 选择 T0 工作方式 1
     TH0= (65536-50000)/256;       // 装入初值高 8 位
     TL0=(65536-50000)%256;        // 装入初值低 8 位
     EA=ET0=TR0=1;                 // 开总中断，定时器 T0 中断，启动定时器
}
```

2. 定时器中断函数

C51 中断服务函数的一般格式如下：

```
void 函数名(void)  interrupt  x  using y

{
  中断服务内容
}
```

中断服务函数的形式参数、返回值都是 void 型，中断服务函数不能被其他任何函数调用。其中，x 范围为 0～4，分别代表 5 个中断源，例如外部中断 INT0 就是 0，T0 就是 1，INT1 就是 2，T1 就是 3，串行中断就是 4。y 的范围为 0～3，分别表示 4 组工作寄存器，不写就用 0，不写也可以。

在 C 语言中可以用如下方法定义定时器 0 溢出的中断服务函数：

```
void  time0(void)  interrupt  1  using 1 // 定义定时器 0 溢出，使用第一组寄
                                                     存器
```

2.3.3　分析 LED 驱动电路原理图

LED 驱动电路原理图如图 1-3 所示，原理已于项目 1 讲过，这里就不再赘述。

2.3.4　编写控制车辆大灯延时 10s 关闭控制程序

1. 程序流程图

控制 LED 灯精确延时 10s 关闭程序的流程图，如图 2-23 所示。

2. 源程序代码

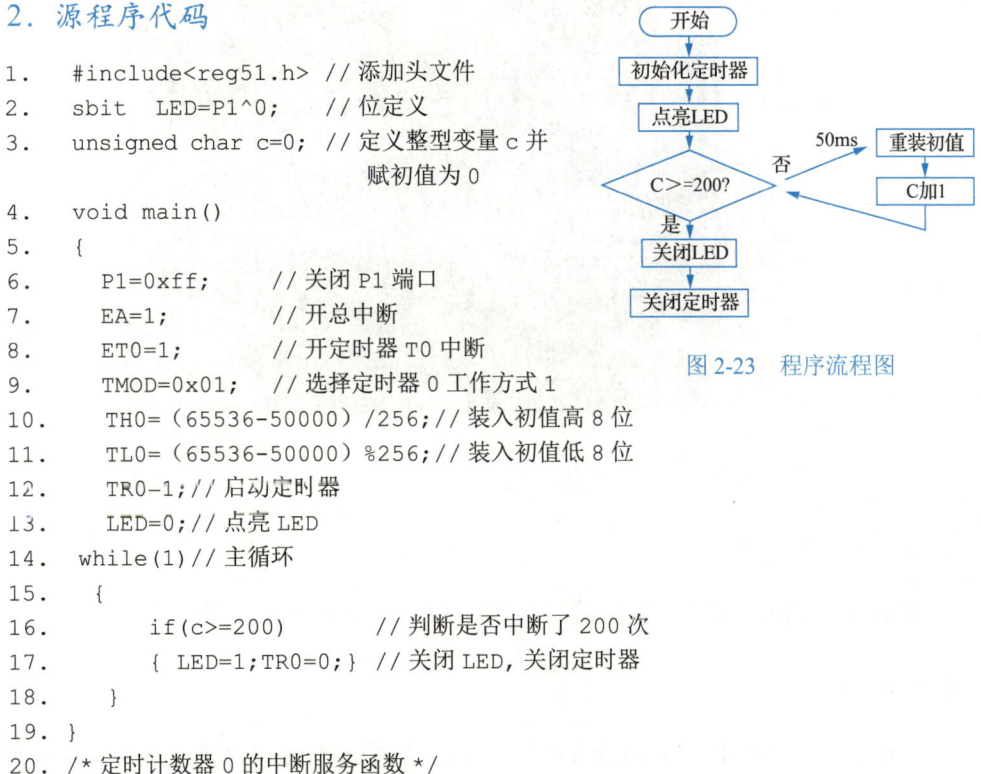

图 2-23　程序流程图

```
1.   #include<reg51.h> // 添加头文件
2.   sbit  LED=P1^0;   // 位定义
3.   unsigned char c=0; // 定义整型变量 c 并
                                赋初值为 0
4.   void main()
5.   {
6.       P1=0xff;      // 关闭 P1 端口
7.       EA=1;         // 开总中断
8.       ET0=1;        // 开定时器 T0 中断
9.       TMOD=0x01;    // 选择定时器 0 工作方式 1
10.      TH0=（65536-50000）/256;// 装入初值高 8 位
11.      TL0=（65536-50000）%256;// 装入初值低 8 位
12.      TR0-1;// 启动定时器
13.      LED=0;// 点亮 LED
14.   while(1)// 主循环
15.    {
16.       if(c>=200)        // 判断是否中断了 200 次
17.       { LED=1;TR0=0;} // 关闭 LED,关闭定时器
18.    }
19. }
20. /* 定时计数器 0 的中断服务函数 */
```

```
21. void  timer0()  interrupt  1
22. {
23.     TH0=（65536-50000）/256; // 重装初值高 8 位
24.     TL0=（65536-50000）%256; // 重装初值低 8 位
25.   c++;//c 自加 1
26. }
```

2.3.5　连接线路

将单片机的 P1.0 端口和 LED4 进行连接。对应关系如表 2-7 所示。

表 2-7　电路连接

控制端口	连接位置	实现功能
P1.0	VD29	灯光延时控制

完成后，连接上 USB 电源，接通电源后，电路连接如图 2-24 所示。

图 2-24　电路连接图

2.3.6　运行并调试程序

将程序下载到单片机，实际运行后实现 LED 灯延时 10s 关闭功能。

导师说

　　定时器运行控制位 TR0 和 TR1 并不是一定要在初始化时就打开，可以在需要的时候再打开，比如说按下一个按钮后或达到某种条件后等情况。

2.3.7　控制车辆大灯延时关闭仿真

1. 绘制电路图

运行 Proteus 的 ISIS 仿真软件，进入仿真软件的主界面。本例所需主要元器件有 AT89C52 芯片、LED-YELLOW、MINRES10K，详见表 2-8。

表 2-8　元器件清单

元器件名称	所属类	描述
AT89C52	Microproccessor ICs	控制芯片
LED-YELLOW	Optoelectronics	黄色 LED
MINRES10K	Resistors	限流电阻

选择元器件并修改其参数后绘制的电路如图 2-25 所示。

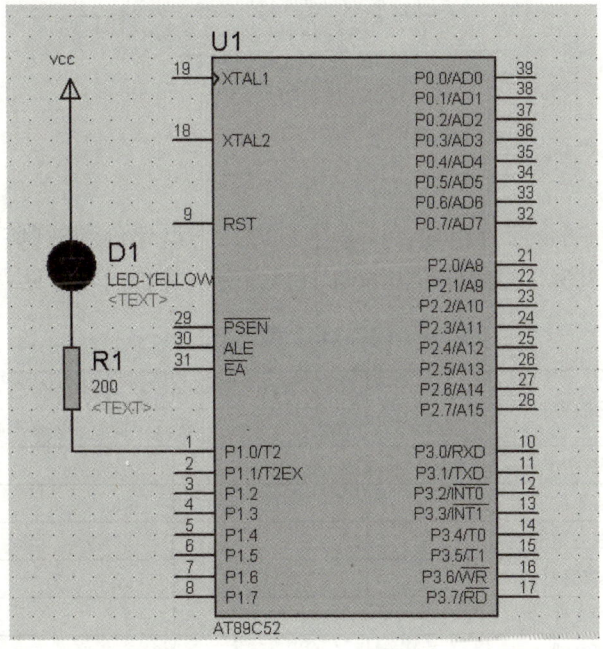

图 2-25　电路原理图

2. 单片机设置

单片机的设置及程序加载方法前文已经讲过，这里就不再赘述。

3. 仿真运行

单片机的仿真结果图如图 2-26 所示，D1 点亮 10s 后熄灭。

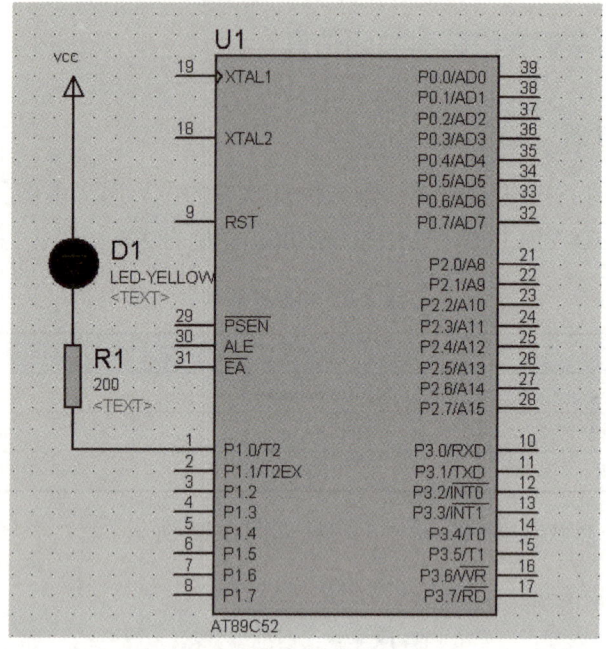

图 2-26　仿真结果

项目评价

本项目评价由三个部分组成，即学生自评、小组评价和教师评价。按照自评占 20%，小组评价占 30%，教师评价占 50% 计入总分。评价内容详见表 2-9。

表 2-9　控制 LED 点亮应用评价表

评价内容		自评	小组评价	教师评价
		优☆　　良△　　中√　　差×		
职业素养	（1）安全用电			
	（2）设备及器材的安全			
	（3）记录整理完整准确			
	（4）符合 6S 管理理念			
知识与技能	（1）建立工程文件			
	（2）建立程序文件			
	（3）程序编写			
	（4）生成可执行文件			
	（5）程序的下载			
汇报展示	（1）作品展示（可以为实物作品展示、PPT 汇报、简报、作业等形式）			
	（2）语言流畅，思路清晰			
评价等级				
完成任务最终评价等级 （评价参考：自评 20%、组评 30%、师评 50%）				

📈 **拓展提高**

1．数字输入信号检测知识

在单片机应用系统中，常常要对各种信号进行处理，信号分为模拟信号和数字信号。

（1）模拟信号检测

单片机是一个数字芯片，只能处理数字信号，而对模拟信号则必须进行 AD 转换。模数转换器 (analog to digtial converter) 是将模拟量转换成相应的数字量。系统结构如图 2-27 所示。

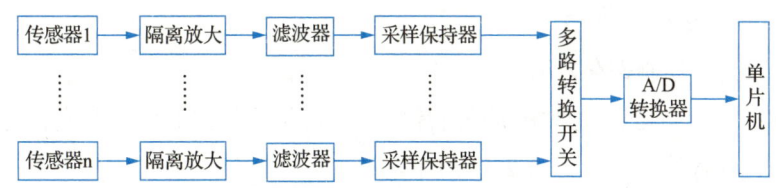

图 2-27　模拟信号检测电路

传感器：将被测非电量信号转换成相对应的电量输出的器件或装置，也叫变换器、换能器或探测器。通常传感器由敏感元件和转换电路组成。

放大器：对传感器输出的微弱信号进行放大处理，处理成满足 A/D 转换要求的输入信号。

滤波器：减少来自各种工业现场的干扰信号。

采样保持器：在单片机控制下，要某一时刻采样模拟信号的值，并能保持该瞬时值，直到下一次重新采样。

多路转换开关：实现一个 A/D 转换器分时对多路模拟信号进行转换。如果只对一路信号进行转换，可省略。

A/D 转换器：实现模拟信号向数字信号进行转换、量化。

（2）数字信号检测

单片机在处埋各种数字信号时，要考虑到电平的转换、滤波、过压保护、反电压保护及光电隔离等。

电平转换：如把现场的电流信号转换为电压信号或转换成单片机所匹配的电压。

RC 滤波：用 RC 滤波器滤出高频干扰。

过电压保护：用稳压管和限流电阻作过电压保护；用稳压管或压敏电阻把瞬态尖峰电压箝位在安全电平上。

反电压保护：串联一个二极管防止反极性电压输入。

光电隔离：用光耦隔离器实现计算机与外部的完全电隔离。

典型电路如图 2-28 所示。

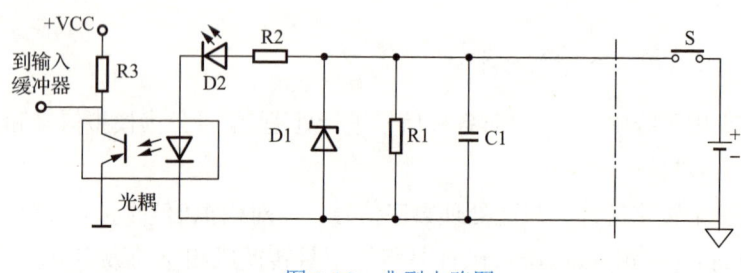

图 2-28　典型电路图

2. 其他常用特殊寄存器

（1）中断允许控制寄存器 IE

在中断系统中，是否允许中断是由片内可进行位寻址的 8 位中断允许控制寄存器 IE 来控制的，其各位的含义如表 2-10 所示。

表 2-10　中断允许控制寄存器 IE

IE	D7	D6	D5	D4	D3	D2	D1	D0
	EA	—	—	ES	ET1	EX1	ET0	EX0

其各位功能如下。

EX0：外部中断 0 中断控制位。

ET0：定时器 / 计数器 T0 中断控制位。

EX1：外部中断 1 中断控制位。

ET1：定时器 / 计数器 T1 中断控制位。

ES：串行口中断控制位。

EA：中断总控制位。

当 IE 的某位设置为 1 时，表示相应的中断源被允许。当 IE 的某位设置为 0 时，表示相应的中断源被禁止。EA=1 时，CPU 开放中断；EA=0 时，CPU 禁止所有中断。

（2）中断优先级寄存器 IP

89C51 单片机有两个中断优先级，可以实现两级中断嵌套服务，而每个中断源都可以设置成高优先级或低优先级。在 89C51 单片机中断系统中，对每个中断源的优先级有一个默认的顺序，称为自然优先级。从高优先级到低优先级的顺序依次如下：外部中断 0 →定时器 / 计数器 0（T0）溢出中断→外部中断 1 →定时器 / 计数器 1（T1）溢出中断→串行口发送 / 接收中断。

在单片机系统中，既可以使用自然优先级，也可以通过设置优先寄存器 IP 中相应位的状态来实现某个中断的优先。IP 中各位的含义如表 2-11 所示。

表 2-11 中断优先级控制寄存器 IP

IP	D7	D6	D5	D4	D3	D2	D1	D0
	—	—	—	PS	PT1	PX1	PT0	PX0

其各位功能如下。

PX0：外部中断 0 优先级设置位。

PT0：定时器 / 计数器 T0 优先级设置位。

PX1：外部中断 1 优先级设置位。

PT1：定时器 / 计数器 T1 优先级设置位。

PS：串行口优先级设置位。

当 IP 中某位设置为 1，相应的中断就是高优先级，否则就是低优先级，高优先级和低优先级内部再根据自然优先级分配优先权。例如：

```
PS=1;               // 将串行口优先级设为高优先级
PX1=1;              // 将外部中断 1 优先级设为高优先级
PT0=1;              // 将定时器 / 计数器 T0 优先级设为高优先级
PX0=0;              // 将外部中断 0 优先级设为低优先级
PT1=0;              // 将定时器 / 计数器 T1 优先级设为低优先级
```

通过上面的代码设置后，系统中中断优先级由高到低依次为 T0 溢出中断、外部中断 1、串行口中断、外部中断 0、T1 溢出中断。

3．定时器的4种工作方式

通过对特殊功能寄存器 TMOD 中的控制位 C/T 的设置，可选择定时方式或计数方式。对 M1M0 位的设置，用来选择定时器的 4 种工作方式。

（1）工作方式 0

当 TMOD 的 M1M0 设置成 00，即为工作方式 0。定时器 0 和定时器 1 的工作方式 0 操作相同，其结构如图 2-29 所示。

以定时器 T0 为例，由 TL0 的低 5 位和 TH0 的全部 8 位共同构成一个 13 位的定时器 / 计数器，定时器 / 计数器启动后，定时或计数脉冲个数加到 TL0 上，从预先设置的初值（时间常数）开始累加，不断递增 1，当 TL0 计满后，向 TH0 进位，直到 13 位寄存器计满溢出，TH0 溢出时，置位 TCON 中的 TF0 标志，向 CPU 发出中断请求。并且定时器 / 计数器硬件会自动地把 13 位的寄存器值清零，如果需要进一步定时 / 计数，需要使用相关指令重置时间常数，并把定时器 / 计数器的中断标记 TF0 置 0。

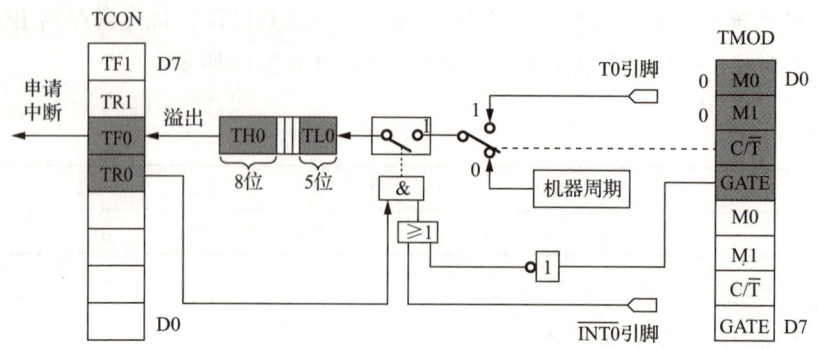

图 2-29　定时器 0 和定时器 1 的工作方式 0 结构图

（2）工作方式 1

当 TMOD 的 M1M0 设置成 01，即为工作方式 1，是最常用的定时器工作方式。定时器 0 和定时器 1 的工作方式 1 操作相同，其结构如图 2-30 所示。

方式 1 与方式 0 几乎完全相同，唯一的区别就是，方式 1 中的寄存器 TH0 和 TL0 共同构成的是一个 16 位定时器 / 计数器来参与操作，因此比工作方式 0 中的定时 / 计数范围更大。

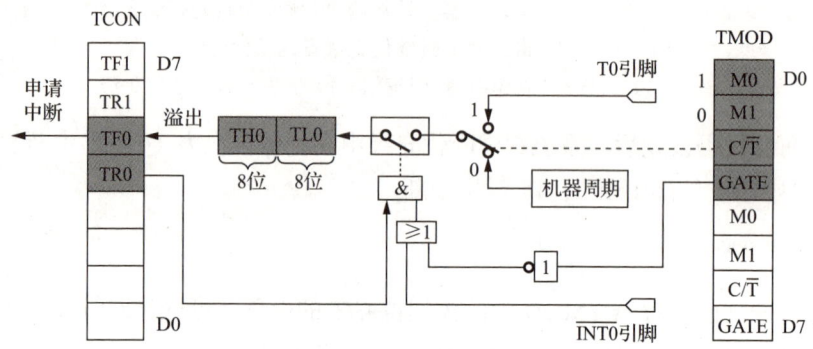

图 2-30　定时器 0 和定时器 1 的工作方式 1 结构图

（3）工作方式 2

当 TMOD 的 M1M0 设置成 10，即为工作方式 2，又称为 8 位初值自动重装方式，特别适合于用作较精确的脉冲信号发生器。定时器 0 和定时器 1 的工作方式 2 操作相同，其结构如图 2-31 所示。

在工作方式 2 中，以定时器 T0 为例，TH0 用来存放重装常数，TL0 作为 8 位计数器。编程时，首先给 TH0 赋初值，启动 T0 后，TL0 开始计数。当 TL0 溢出时，不仅将 TF0 置位，且 TH0 的内容重新装入 TL0 中，TH0 内容不变以方便再次重新装入。

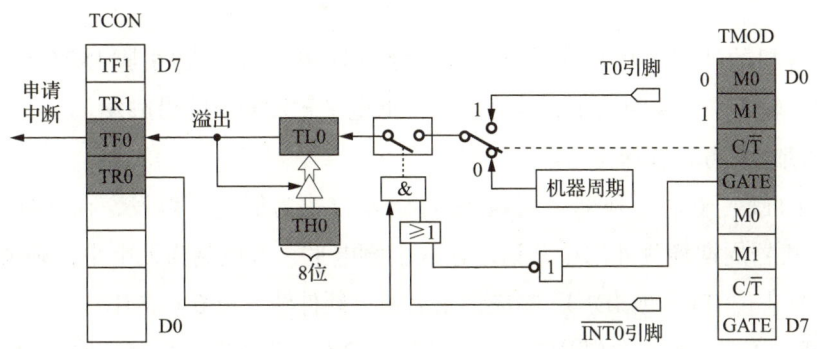

图 2-31　定时器 0 和定时器 1 的工作方式 2 结构图

（4）工作方式 3

当 TMOD 的 M1M0 设置成 11，即为工作方式 3。方式 3 只适用于定时器 / 计数器 T0，定时器 T1 处于方式 3 时相当于 TR1=0，停止计数。由于定时器 / 计数器 T1 没有工作方式 3，如果把定时器 / 计数器 T0 设置为工作方式 3，那么 TL0 和 TH0 将被分割成两个相互独立的 8 位定时器 / 计数器，其结构如图 2-32 所示。

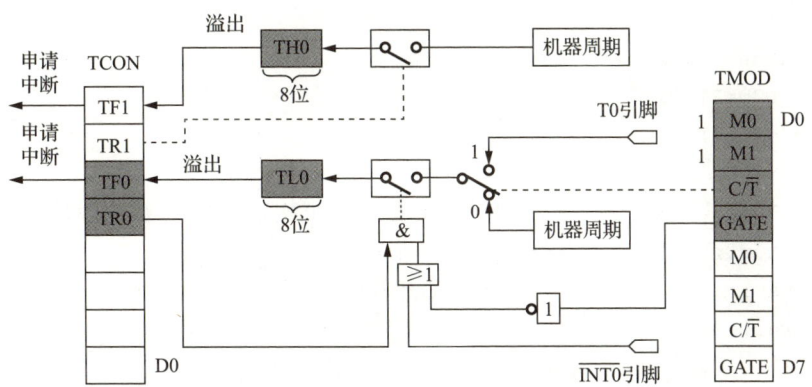

图 2-32　定时器 0 和定时器 1 的工作方式 3 结构图

4．定时器与计数器的区别

定时器实际上是工作在计数方式下，对固定周期的脉冲进行计数，因为脉冲周期固定，所以由计数值可以计算时间，有定时功能。定时和计数只是触发来源不同（时钟信号和外部脉冲），其他方面是一样的。

用单片机内部计数器来对外部事件进行计数，编程时只需要做一些初始化工作。计数完全是自动的，减少程序干预，而且计数速率高。当晶振 12MHz 时，最高计数频率为 500kHz，这比普通的寻检查询方式快许多。

5. 外部中断

C51 单片机的外部中断源有两个，分别为 INT0 和 INT1，由引脚 INT0（P3.2）和 INT1（P3.3）输入，中断源请求方式有两种：低电平触发和下降沿触发。

外部中断触发方式选择位：IT0，IT1。

IT0（或 IT1）=0 时，外部中断 0（或 1）触发方式为低电平触发，在这种方式下，CPU 在每个机器周期检测外部中断请求输入引脚电平，若检测为低电平，则硬件将置位相应中断标志位 IE0（或 IE1），响应请求后通过硬件清零 IE0（或 IE1）。

IT0（或 IT1）=1 时，外部中断 0（或 1）触发方式为下降沿触发，在这种方式下，CPU 在连续的两个机器周期先后检测到先高电平后低电平，则将置位相应中断标志位 IE0（或 IE1），响应请求后通过硬件清零 IE0（或 IE1）。

外部中断允许：EX0，EX1。

EX0（或 EX1）=0：禁止外部中断 0（或 1）。

EX0（或 EX1）=1：允许外部中断 0（或 1）。复位时，IT0/1 都为 0，即默认为低电平触发。

看一个例子：

```
1. #include<reg52.h>
2. sbit LED=P1^0;
3. void main()
4. {
5.     IT0=0;              // 中断触发方式为低电平触发，IT0=1 则为下边沿触发
6.     EX0=1;              // 打开外部中断 0
7.     EA=1;               // 打开中断总开关
8.     while(1)
9.     {
10.        LED=1;          // 在没有中断发生时，LED 关闭
11.    }
12.}
13.
14.void INTERR(void) interrupt 0
15.{
16.    LED=0;              // 有中断发生时，LED 亮起
17.}
```

将程序编译下载到实验板上。通电后，如果将 P3.2 用杜邦线接到 GND 上，就会触发中断，LED 亮。

检测与反思

练习题 A

一、填空题

1. 当独立按键没有按下时，单片机引脚上为 _____ 电平；当独立按键按下时，单片机引脚上为 _____ 电平。

2. 常用的消除抖动的方法有两种，_____ 消抖和 _____ 消抖。

3. 所谓"关系运算"实际上是两个值进行比较，判断比较结果是否符合给定的条件。关系运算的结果只有两种可能，即 _____ 和 _____。

4. 关系运算符的优先级 _____ 算术运算符。

5. 执行语句 "if(x>0) y=3;else y=4;"，当 x>0 条件为假时，y 的值为 _____。

6. 本实验电路图中，按下按钮时单片机 P1.1 为 _____ 电平，LED 点亮时 P1.0 脚为 _____ 电平。

7. 用 Keil 软件编写调试程序的顺序是新建文件夹，创建 _____、新建 _____、添加 _____、设置 _____、编写 _____、编译和调试运行等几个步骤。

8. 按键的合断都存在一个 _____ 的暂态过程，按键消抖分为 _____ 和 _____ 两种方法，软件消抖是利用 _____ 来躲避暂态抖动的方法。

9. 蜂鸣器根据结构原理分 _____ 蜂鸣器和 _____ 蜂鸣器,每种蜂鸣器又可分为 _____ 蜂鸣器和 _____ 蜂鸣器。

10. int 型数据为 _____ 个字节（16 位），用于存放一个双字节数据。分为 _____ 整型数 signed int 和 _____ 整型数 unsigned int。signed int 表示的数值范围是 _____，unsigned int 表示的数值范围是 _____。

11. C51 语言函数从结构上分为主函数 main 和普通函数，_____ 是程序执行时首先进入的函数，它可以调用普通函数，而普通函数可以调用 _____ 函数，不能调用 _____ 函数。

12. 单片机应用程序是存放在 _____ 中。

13. 单片机语言程序有三种基本结构，分别是 _____、_____ 和 _____。

14. 单片机是一种将 _____、_____ 和 I/O 接口集成在一个芯片中的微型计算机。

15. 计算机能识别的语言是 _____。

16. 若要启动总中断，则应将 EA 的值设置为 _____。

17. 若要启动定时器 T0 开始计数，则应将 TR0 的值设置为 _____。

18. 定时器 0 和 1 的中断控制位分别是 _____ 和 _____。

19. C51 单片机内部提供 _____ 个 16 位定时器 / 计数器，分别是 _____ 和 _____。

20. C51 单片机定时器的 4 种工作方式中，方式 0 为 _____ 位计数器，方式 1 为 _____ 位计数器。

二、选择题

1. 在选定定时器中断时，若要中断溢出时间为 50ms，则定时器的工作方式应为 ( )。

    A. 方式 0   B. 方式 1   C. 方式 2   D. 方式 3

2. 在定时器 1 工作方式 2 的情况下，TMOD 等于 ( )。

    A. 0x01   B. 0x02   C. 0x10   D. 0x20

3. C51 编译器对中断编号为 0 的中断源为 ( )。

    A. 外部中断 0   B. 外部中断 1

    C. 定时器 0 中断   D. 定时器 1 中断

4. C51 编译器对中断编号为 1 的中断源为 ( )。

    A. 外部中断 0   B. 外部中断 1

    C. 定时器 0 中断   D. 定时器 1 中断

三、判断题

1. 在使用按键时不用消抖。   ( )

2. 关系运算符中不包含 "=" 符号。   ( )

3. 执行 "if(x>=0)y=6;" 语句，当 x<0 时，将退出 if 语句。   ( )

4. 单片机在处理模拟信号时，要对信号进行 A/D 转换。   ( )

5. 在编写单片机 C 语言程序中可以有多个主函数。   ( )

练习题 B

一、填空题

1. AT89C51 单片机定时器的 4 种工作方式中，可自动装载初始值的是方式 _____，该工作方式是 _____ 位计数器。

2. C51 单片机的外部中断源有 _____ 个，分别为 _____ 和 _____。

3. 计数器的最大计数值为 _____。

二、简答题

1. 单片机定时器/计数器有几种工作方式？它们各自的定时/计数范围是多少？

2. 如果使用定时器1工作方式0，要求10ms中断一次，用12MHz的晶振时，写出初始化的程序。

三、操作题

1. 建立以"按键控制LED灯"为名的工程文件。

2. 建立以"key"为名的C语言程序文件。

3. 简述按键软件消抖的原理。

4. 请画出按键控制LED灯的程序流程图。

5. 画出if…else语句程序执行流程图。

练习题 C

1. 编写由一个按键控制一个LED灯，当按下按键时LED灯亮，释放按键时LED灯灭的C语言程序。

2. 编写由一个按键控制一个LED灯，当按键按下时，LED灯亮，再按下时LED灯灭的C语言程序并下载调试。

3. 编写由两个按键K控制两个发光二极管D1、D2，当K处于释放状态时，D1亮D2灭，按住不放时D1灭D2亮的C语言程序并下载调试。

4. 编写由两个按键控制一个LED灯，当K1按下时LED灯亮，K2按下时LED灯灭的C语言程序并下载调试。

5. 编写由一个按键控制一个LED灯，当K按下时LED灯闪亮，松开时LED灯熄灭的C语言程序。

6. 请在D盘新建文件夹名为"按键控制LED闪亮"的文件。

7. 利用Keil软件建立"按键控制LED闪亮"的工程文件。

8. 建立以"LEDshanliang"为名的C语言程序文件。

9. 手动绘制按键控制LED灯闪亮电路原理图。

10. 利用Proteus ISIS软件绘制按键控制LED灯闪亮电路图并进行仿真。

11. 列出调试运行按键控制LED灯闪亮元器件清单。

12. 根据清单在单片机试验箱上完成实验接线。

13. 程序烧写，完成程序运行观察。

14. 编写程序并下载到实验模型验证，实现以下功能：LED0按照1Hz的频率闪烁。

15. 编写程序并下载到实验模型验证，实现以下功能：开机后 LED0 ～ LED7 同时点亮，20s 后，LED0、LED2、LED4、LED6 熄灭。

16. 编写程序并下载到实验模型验证，实现以下功能：按一下 K1，LED0 点亮，10s 后 LED0 熄灭。

17. 编写程序并下载到实验模型验证，实现以下功能：用 LED0、LED1、LED2 分别代表一个路口的红黄绿灯，通电后红灯亮 20s 后熄灭→黄灯按照 1Hz 的频率闪烁 3 次后熄灭→绿灯亮 60s 后熄灭→黄灯按照 1Hz 的频率闪烁 3 次，循环。

18. 编写程序并下载到实验模型验证，实现以下功能：制作 3 种流水灯效果，每隔 10s 流水效果自动轮流变换。

项目 3　控制多个 LED 灯动态工作

📇 项目说明

在日常生活中，特别是过年的时候，经常会看到各种各样的彩灯，流水灯是其中最常见的一种。那么流水灯是如何实现的呢？通过本项目的学习与实践，你也能编写简单的流水灯程序。

📖 教学目标

知识目标

(1) 掌握 for 与 switch 语句的用法。

(2) 掌握位移指令的用法。

(3) 理解矩阵键盘扫描原理。

(4) 掌握二进制与十六进制互换的方法。

(5) 掌握一维数组的定义和调用方法。

技能目标

(1) 会编写单片机控制流水灯程序。

(2) 会编写矩阵键盘的扫描程序。

(3) 会编写应用一维数组实现花样灯的程序。

⚙️ 项目描述

本项目以汽车转向灯模型为载体，使用单片机对多个 LED 灯动态工作进行控制，模拟对流水灯和花样灯的控制及程序编写。

➤ 任务 3.1　控制流水灯

☰ 任务描述

以前的汽车转向灯都是一个或多个灯同时亮灭，随着技术的发展和客户差异化需求的推动，越来越多的汽车转向灯开始使用流水灯。本任务在实验模拟小车电路上实现以单片机为控制核心对 LED 灯进行流水灯控制。

3.1.1 for 语句

for 循环语句是编程语言中的一种循环语句，而循环语句由循环体及循环的终止条件两部分组成，语句的一般形式为：

for（赋初值表达式；条件表达式；循环变量增 / 减表达式）
{
中间循环体；
}

其中，表达式皆可以省略，但分号不可省略，因为 ";" 可以代表一个空语句，省略了之后语句减少，即为语句格式发生了变化，造成编译器不能识别而无法进行编译。

for 循环小括号里第一个 ";" 号前为循环变量的初始化赋值语句，用来给循环控制变量赋初值。两个 ";" 号之间的条件表达式是一个关系表达式，其为循环的正式开端，当条件表达式成立时执行中间循环体。执行的中间循环体可以为一个语句，也可以为多个语句，当中间循环体只有一个语句时，其大括号 {} 可以省略，执行完中间循环体后接着执行循环变量增 / 减表达式。执行循环变量增 / 减表达式后将再次执行条件表达式，若条件还成立，则继续重复上述循环，当条件不成立时则跳出当下 for 循环。图 3-1 所示为其循环控制流程图。

例如，

for(i=0; i<100; i++)

先执行语句 i=0，给 i 赋初值 0；再执行语句 i<100，判断 i 是否小于 100；若是，则执行语句 i++，i 的值增加 1。再重新判断，直到条件为假，即 i=100 时，结束循环。

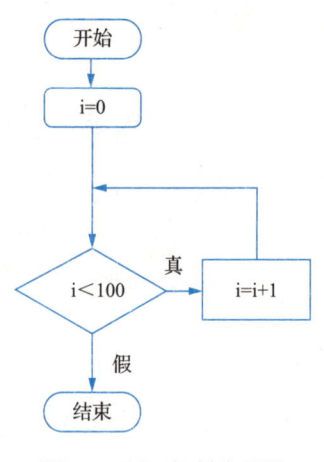

图 3-1　循环控制流程图

3.1.2 switch 语句

switch 语句是一种用于多分支选择的语句，用该语句编写的程序简洁、易懂，而且其执行效率比同样功能的阶梯式 if-else 语句要高得多。

switch 语句的一般形式如下：

switch（表达式）
    {
    case 常量表达式 1：语句组 1；

```
case 常量表达式 2：语句组 2；
…
case 常量表达式 n：语句组 n；
default：语句组 n+1；
}
```

switch 语句的执行过程如下。

系统首先计算“表达式”的值，并逐个与其后的“常量表达式”的值相比较，当“表达式”的值与某个“常量表达式”的值相等时，就以此作为程序执行的入口，执行 switch 结构中后面的各语句。如果没有任何一个 case 后面的“常量表达式”的值与“表达式”的值匹配，则执行 default 后面的语句（组）。

在 switch 语句中，“case 常量表达式”只相当于一个语句标号，表达式的值和某标号相等则转向该标号执行，但不能在执行完该标号的语句后自动跳出整个 switch 语句，这是与前面介绍的 if 语句完全不同的，应特别注意。为了避免上述情况，C 语言还提供了一种 break 语句，专用于跳出 switch 语句，break 语句只有关键字 break，没有参数。在每一 case 语句之后增加 break 语句，使每一次执行之后均可跳出 switch 语句，从而避免输出不应有的结果。

在使用 switch 语句时还应注意以下几点。

1）在 case 后的各常量表达式的值不能相同，否则会出现错误。

2）在 case 后，允许有多个语句，可以不用 {} 括起来。

3）各 case 和 default 子句的先后顺序可以变动，而不会影响程序执行结果。

4）多个 case 可以共同使用一个常量表达式。

5）default 子句可以省略不用。

例如，电路图如图 3-2 所示，可实现的功能是：按下按钮 K1 则 D1 亮，按下按钮 K2 则 D2 亮，按下按钮 K3 则 D3 亮，使用 switch 语句实现。

示例程序如下：

```
1. #include <REGX51.H>
2. sbit D1-P1^0; sbit D2=P1^1; sbit D3=P1^2;// 位定义 LED 灯
3. sbit K1=P2^0; sbit K2=P2^1; sbit K3=P2^2;// 位定义按钮
4. unsigned char kk;// 定义全局变量 KK
5. main()
       {
6.       while(1)
7.           if(k1==0)kk=1; // 按下 K1 置变量 kk 为 1
8.     else if(k2==0)kk=2; // 按下 K2 置变量 kk 为 2
9.     else if(k3==0)kk=3; // 按下 K3 置变量 kk 为 3
```

```
10.     else kk=0;// 没键按下则 kk 为 0
11.     switch(kk)
12.     {
13.        case 0:D1=D2=D3=1;break;//kk 为 0 时灯全熄灭并跳出 switch 语句
14.        case 1:D1=0; break; //kk 为 1 时点亮 D1 并跳出 switch 语句
15.        case 2:D2=0; break; //kk 为 2 时点亮 D2 并跳出 switch 语句
16.        case 3:D3=0; break; //kk 为 3 时点亮 D3 并跳出 switch 语句
17.     }
18.      }
```

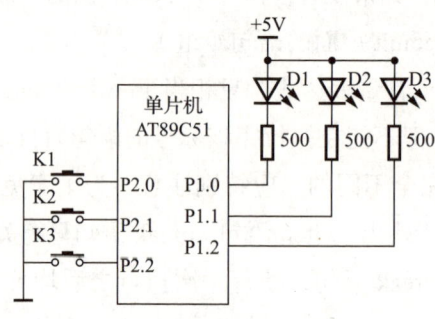

图 3-2　按键控制 LED

3.1.3　位操作指令

1. 左移运算符

"<<"是双目运算符。其功能是把"<<"左边的运算数的各二进位全部左移若干位，由"<<"右边的数指定移动的位数，高位丢弃，低位补 0。

例如，a=0x01<<1 表示 0b00000001 左移 1 位，结果 a=0b00000010=0x02。

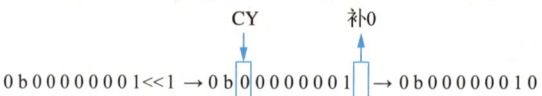

2. 右移运算符

">>"是双目运算符。其功能是把">>"左边的运算数的各二进位全部右移若干位，">>"右边的数指定移动的位数。对于有符号数来说，如果原来符号位为"0"，则左边高位为移入"0"，而如果符号位为"1"，则左边移入"0"还是"1"就要看实际的编译器了，移入"0"的称为"逻辑右移"，移入"1"的称为"算术右移"。Keil 中采用"算术右移"的方式来进行编译。

例如，d=-32; //d 为有符号整型变量，值为 -32，内存表示为 0b11100000

d=d>>1;　//右移一位，d 为 0b11110000，即 -16，Keil 采用"算术逻辑"进行编译

$$0b11100000>>1 \rightarrow 0b\underset{\text{补1}}{\boxed{1}}110000\underset{\text{CY}}{\boxed{0}} \rightarrow 0b11110000$$

注意：左移和右移的位数是有讲究的，左移和右移的位数不能大于数据的长度，不能小于 0。

3. 循环移位

crol, _cror_ 指令：将 char 型变量循环向左（右）移动指定位数后返回，区别于一般移位的是移位时没有数位的丢失。循环左移时，用从左边移出的位填充字的右端，而循环右移时，用从右边移出的位填充字的左侧。这种情况在系统程序中时有使用，在一些控制程序中用得也不少。

一般格式如下：

crol(a,b)

其中 a 是被操作的数据，b 是循环左移的次数。

例如，当 a 的初值为 01111011 时，执行语句 _crol_(a,2) 后结果为 11101101。

crol(a,1), a=01111011

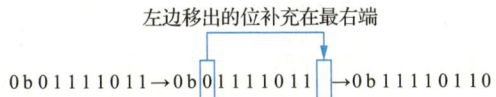

$$0b01111011 \rightarrow 0b\boxed{0}1111011\boxed{} \rightarrow 0b11110110$$

注意：在使用 _crol_, _cror_ 指令时，程序开始必须要有 #include<intrins.h> 语句。

4. 取反指令

C 语言中取反运算符是"～"，"～"是一元运算符，用来对一个二进制整数按位取反，即将 0 变 1，将 1 变 0。

1）"～"运算符可以对整型常量直接操作，比如：

int a=～0;

则 a 的值为 1。

2）"～"运算符也可以操作变量，比如：

```
unsigned char a=0xaa;
unsigned char b= ～ a;
```

则 b= ～ a=0x55; 因为"～"运算是一元运算符，所以没有复合赋值运算。

3.1.4 分析 LED 电路原理图

LED 接线电路原理图如图 1-3 所示，原理已于项目 1 讲过，这里就不再赘述。

3.1.5 编写流水灯控制程序

1）开机上电后，实现一个 LED 亮的循环流水灯。
程序编写流程图如图 3-3 所示。

2）源程序代码如下：

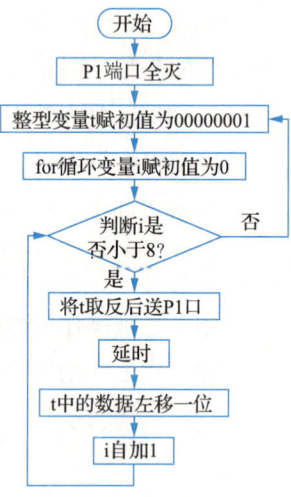

图 3-3 程序编写流程图

```
1. #include<REGX51.H>
2. void delay(unsigned int ys)
3. {
4.   while(ys--);
5. }
6. void main()
7. {
8.   unsigned char a, t;// 定义无符号字符型变量
9.   P1=0xff;              // 熄灭所有 LED
10.   while(1)
11.    {
12.      t=0x01;          // 初始化变量 t 的值为 0x01
13.      for(a=0; a<8; a++)
14.       {
15.         P1= ～ t;     // 将 t 取反后送 P1
16.         delay(20000);
17.         t=t<<1;       //t 中的数据左移一位，for 语句每执行一次，t 就左移一位
18.       }
19.    }
20. }
```

3.1.6 连接线路

将单片机的 P1 端口和 LED3、LED4 进行连接。对应关系如表 3-1 所示。

表 3-1 电路连接表

控制端口	连接位置	LED 灯	实现功能
P1.0	VD31		流水灯
P1.1	VD30		流水灯
P1.2	VD29	LED3	流水灯
P1.3	VD28		流水灯
P1.4	VD27		流水灯
P1.5	VD26		流水灯
P1.6	VD25	LED4	流水灯
P1.7	VD24		流水灯

完成后，连接上 USB 电源，接通电源后，电路连接如图 3-4 所示。

图 3-4 电路连接图

3.1.7 运行并调试程序

将程序下载到单片机，实际查看单片机控制流水灯的运行效果。

3.1.8　流水灯控制仿真

1. 绘制电路图

运行 Proteus 的 ISIS，进入仿真软件的主界面。

本例所需主要元器件有 AT89C52 芯片、LED-YELLOW、MINRES10K，详见表 3-2。

表 3-2　元器件清单

元器件名称	所属类	描述
AT89C52	Microproccessor ICs	控制芯片
LED-YELLOW	Optoelectronics	黄色 LED
MINRES10K	Resistors	限流电阻

选择元器件并修改其参数后绘制的仿真电路如图 3-5 所示。

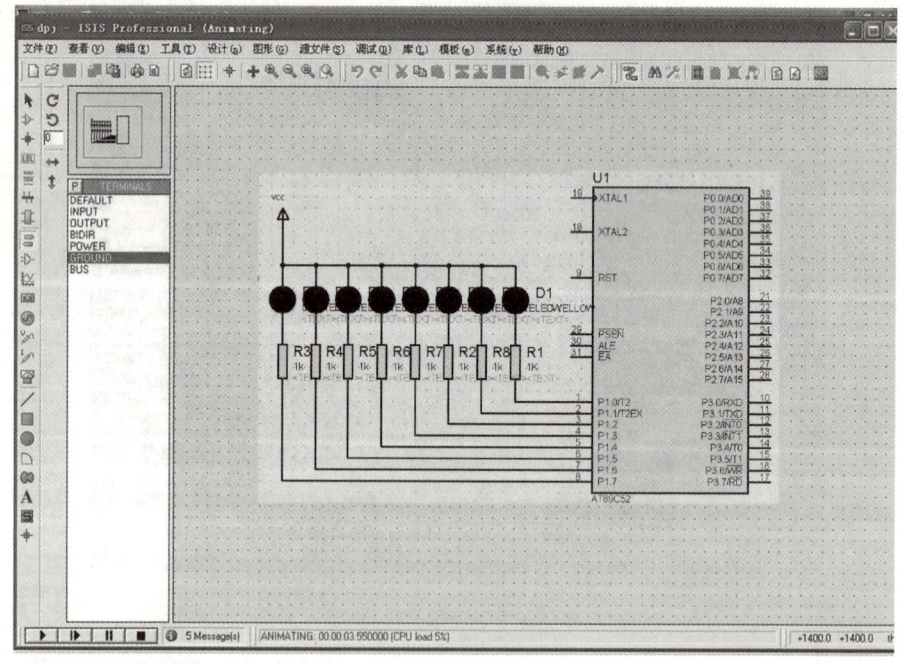

图 3-5　仿真电路图

2. 设置单片机

单片机的设置及程序加载前面已经讲过，这里就不再赘述。

3．Proteus 仿真结果

单击左下角"播放"按钮进行仿真，单片机的仿真结果如图 3-6 所示。

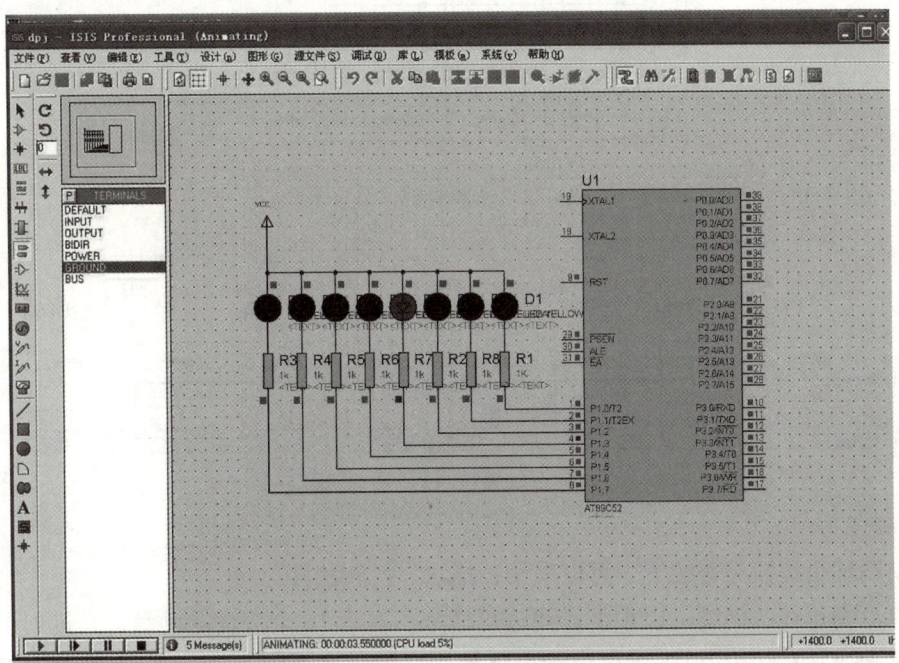

图 3-6　仿真结果

任务 3.2　控制花样灯

任务描述

人们为了庆贺节日，都喜欢张灯结彩，挂上一些花样灯串，增添喜悦的气氛。本任务以单片机为控制核心应用一维数组，实现按下矩阵键盘上的按键 S2 启动花样灯。

3.2.1　矩阵键盘扫描原理

在单片机控制系统中，有时需要的按键数量较大，采用传统的一个按键一个输入的形式设计，会造成输入端口浪费。单片机通常采用矩阵式（又称为行列式）键盘，行线和列线分别接到单片机引脚，在行列交叉处接按钮。通过程序扫描输入信号，实现软硬件的高度融合。在实现操作方便的同时，还可有效地节约端口资源。图 3-7 所示是 16 个按键的控制电路，利用 P1 端口 8 个引脚的 P1.4 ～ P1.7 控制行，P1.0 ～ P1.3 控制列，构成 4 列 ×4 行的矩阵键盘。图 3-8 所示是用 P0 端口 8 个引脚与 P1 端口两个引脚，构成 8 列 ×2 行的矩阵键盘。

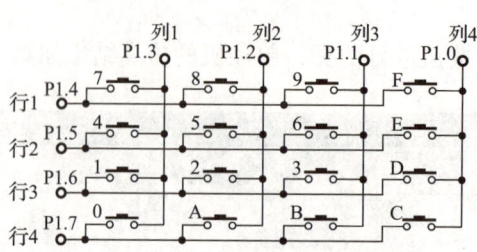

图 3-7　4×4 矩阵键盘原理图

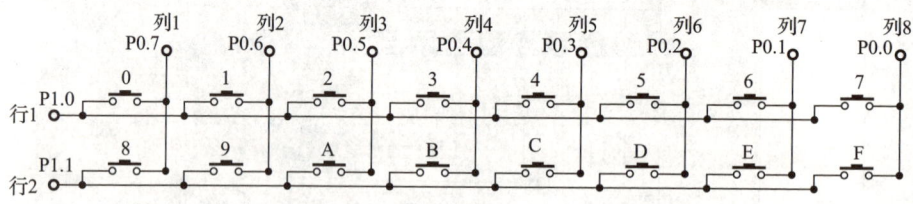

图 3-8　8×2 矩阵键盘原理图

识别某个按钮是否按下，可以采用扫描法、反转法等。

键盘的行线、列线可以根据需要进行增减，对于 16 个按键的键盘，其排列可以是 4×4 或是 8×2，但其扫描程序设计思路是一样的。下面以 4×4 键盘为例讲解键盘控制程序的实现方法。

1. 判断有无键被按下

矩阵键盘的按键数量众多，如果逐个判断按键是否被按下，浪费时间且效率低，所以，设计矩阵键盘的按键程序，一般分为两步：首先，判断有无键按下；为有键按下，才进行第二步扫描键盘；判断是哪个键被按下了。通常的做法是，先让所有行线（或列线）拉低，读入列线（或行线）的状态，如果不为全 1，则有键被按下。

举例：电路图如图 3-9 所示，编程实现如有键被按下，LED0 亮，否则灭。

```
#include <REGX51.H>
sbit LED0=P2^0;
main(){
    while(1){
        P1=0x0f;                    // 拉低行线
        if(P1!=0x0f)                // 读回状态不相等则有键被按下
LED0=0; // LED 灯亮
        else LED0=1;                // 无键被按下 LED 灯熄灭
    }
}
```

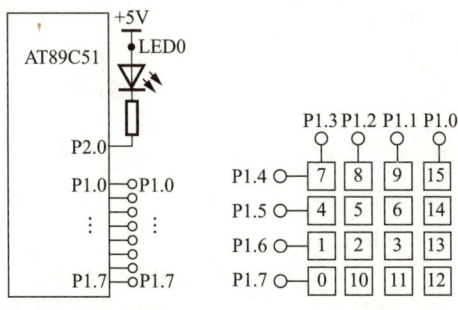

图 3-9　矩阵键盘连接图

2．扫描法取键值

扫描法是常用的一种按键识别方法。基本方法是依次将行线（或列线）中的一根线拉低，再逐个判断列线（或行线）状态。如果某列线（或行线）为低，则该列线与行线交叉处的按键被按下。

举例：电路如图 3-9 所示，编程实现若偶数键被按下 LED0 亮，奇数键被按下 LED0 灭。

```
1. #include "REGX52.h"
2. sbit H0=P1^4;sbit H1=P1^5;sbit H2=P1^6;sbit H3=P1^7;
3. sbit L0=P1^3;sbit L1=P1^2;sbit L2=P1^1;sbit L3=P1^0;
4. sbit LED0=P2^0;
5. unsigned char key(){
6.        unsigned char k=255;          //用 255 表示无键按下
7.        H0=H1=H2=H3=L0=L1=L2=L3=1;    //复位所有线
8.        H0=0;                         //拉低第一行
9.        if(L0==0)k=7;                 //依次判断每一列，为 0，则赋值
10.       else if(L1==0)k=8;
11.       else if(L2==0)k=9;
12.       else if(L3==0)k=15;           //字母键使用 ASCII 码，也可用数
13.       H0=1;                         //恢复第一行
14.       H1=0;                         //拉低第一行
15.       if(L0==0)k=4;                 //再次判断每一列
16.       else if(L1==0)k=5;
17.       else if(L2==0)k=6;
18.       else if(L3==0)k=14;
19.       H1=1;                         //恢复第二行
20.       H2=0;                         //拉低第三行
21.       if(L0==0)k=1;
22.       else if(L1==0)k=2;
23.       else if(L2==0)k=3;
```

```
24.        else if(L3==0)k=13;
25.        H2=1;                           // 恢复第三行
26.        H3=0;                           // 拉低第四行
27.        if(L0==0)k=0;
28.        else if(L1==0)k=10;
29.        else if(L2==0)k=11;
30.        else if(L3==0)k=12;
31.        H3=1;                           // 恢复第四行
32.        return k;                       // 完成扫描，返回键值
33. }
34. // 主函数
35. void main(void){
36.        while(1){
37. if(key()%2==0)LED0=0;
38. else LED0=1;
39.        }
40. }
```

其中，第 32 行的 return 是函数返回语句。函数执行时，只要遇到 return 语句，函数立即结束并返回到调用函数前的位置。如果函数没有语句需要执行了，可以利用 return 来提前结束函数。如果函数没有返回值，只需把 return 放在函数适当位置即可。如果函数需要返回一个数值，就把要返回的值或表达式放在 return 的后面。如 "return 2×5;" 则返回 10。

此键扫描程序是键扫描原理的忠实体现。矩阵行、列线可以随意连接单片机的引脚，只需修改引脚定义即可。键值也可以根据需要随意改变，非常灵活。

3．键输入程序的设计

键输入程序主要由以下几部分组成。

1）判断有无键被按下。

2）消除键抖动干扰。矩阵键盘消除键抖动与单按钮一样，检测到有键被按下后，延时 10ms 左右，再确认有键被按下。两次都检测到有键被按下，才确认为有键被按下。

3）识别被按下的键位。

4）等待键释放。

举例：按住按键不放不会影响单片机主循环中的其他程序工作，适合复杂程序使用。

```
1. unsigned char key();          // 设取键值函数 key() 返回 0 为无键被按下
2. bit bkey=0;                    // 按键被按下标志位初值为 0
3. if(key()!=0&&bkey==0)          // 有键按下且没处理过才进入
4.   { delay(200);
```

```
5.      if(key()!=0)
6.      {   bkey=1;                   // 改变按下标志位为1
7.          K=key();                  // 取键值
8.      }
9.      }
10. bkey=key();                       // 放开按键才将按下标志位清 0
```

3.2.2　进制之间的转换

常用的进制包括二进制、八进制、十进制与十六进制，它们之间的区别在于数运算时是逢几进一位。比如二进制是逢 2 进一位，十进制，也就是常用的 0 ～ 9 是逢 10 进一位。下面介绍整数情况下二进制与十进制、十六进制之间的转换方式。

1．二进制与十进制之间的转换

（1）十进制转二进制

方法为：十进制数除 2 取余法，即十进制数除 2，余数为权位上的数，得到的商值继续除 2，依此步骤继续向下运算直到商为 0 为止。用法示例如图 3-10 所示。

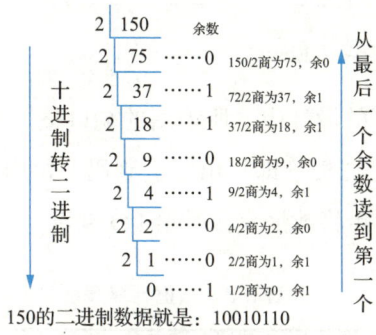

图 3-10　十进制转二进制方法图

（2）二进制转十进制

方法为：把二进制数按权展开、相加即得十进制数。用法示例如图 3-11 所示。

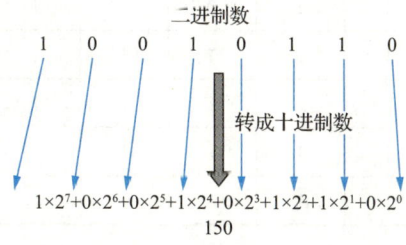

图 3-11　二进制转十进制方法图

2．二进制与十六进制之间的转换

（1）二进制转十六进制

方法为：与二进制转八进制方法近似，八进制是取三合一，十六进制是取四合一。特别要注意的是，4位二进制转成十六进制是从右到左开始转换，不足时补0。用法示例如图 3-12 所示。

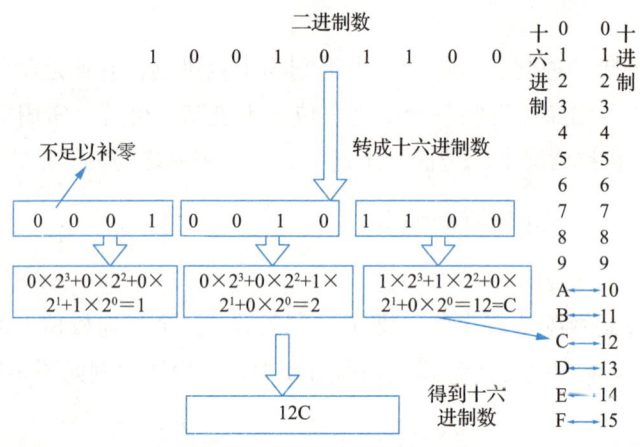

图 3-12　二进制转十六进制方法图

在单片机 8LED 流水灯的设计中，所采用的端口整体赋值法（也叫字节操作），是根据需要点亮哪些位的发光二极管即写出二进制码，再由二进制转换成十六进制，计算出每一步的字节数据，然后将数据直接赋给 I/O 端口，如表 3-3 所示。

表 3-3　数据计算表

序号	D7	D6	D5	D4	D3	D2	D1	D0	字节数据
1	1	1	1	1	1	1	1	0	0xfe
2	1	1	1	1	1	1	0	1	0xfd
3	1	1	1	1	1	0	1	1	0xfb
4	1	1	1	1	0	1	1	1	0xf7
5	1	1	1	0	1	1	1	1	0xef
6	1	1	0	1	1	1	1	1	0xdf
7	1	0	1	1	1	1	1	1	0xbf
8	0	1	1	1	1	1	1	1	0x7f

采用端口整体赋值法实现基本流水灯效果的程序如下：

```
1. #include "reg51.h"
2. delay(unsigned int i){ while(--i);}
3. void main(){
4.        while(1)
5.        {
6.                P1=0xfe;delay(30000);
7.                P1=0xfd;delay(30000);
8.                P1=0xfb;delay(30000);
9.                P1=0xf7;delay(30000);
10.               P1=0xef;delay(30000);
11.               P1=0xdf;delay(30000);
12.               P1=0xef;delay(30000);
13.               P1=0x7f;delay(30000);
14.        }
15. }
```

（2）十六进制转二进制

方法为：十六进制数通过除 2 取余法，得到二进制数，对每个十六进制数为 4 个二进制数，不足时在最左边补零。用法示例如图 3-13 所示。

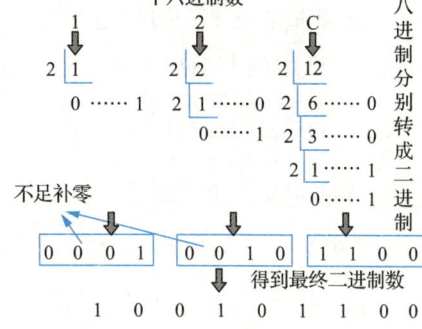

图 3-13　十六进制转二进制方法图

3.2.3　一维数组定义和调用方法

1. 数组的概念

数组是一组具有相同数据类型的数据的有序集合，如一个班学生的学习成绩、一行文字或一串数字。

这些数据的特点如下。

1）具有相同的数据类型。

2）使用过程中需要保留原始数据，C 语言为这些数据提供了一种构造数据类型：数组。

2. 一维数组的定义格式

一维数组的格式如下：

类型说明符　数组名 [常量表达式];

例如：

```
unsigned int a[10];
```

它表示定义了一个无符号整型数组，数组名为 a，此数组有 10 个元素。

说明：

1）数组名定义规则和变量名相同，遵循标识符定义规则。

2）在定义数组时，需要指定数组中元素的个数，方括号中的常量表达式用来表示元素的个数，即数组长度。例如，指定 a[10]，表示 a 数组有 10 个元素，注意下标是从 0 开始的，这 10 个元素是 a[0]、a[1]、a[2]、a[3]、a[4]、a[5]、a[6]、a[7]、a[8]、a[9]。请特别注意，按上面的定义，不存在数组元素 a[10]。

3）常量表达式中可以包括常量和符号常量，但不能包含变量。也就是说，C 语言不允许对数组的大小作动态定义，即数组的大小不依赖于程序运行过程中变量的值。

3．对数组元素初始化的实现方法

1）在定义数组时对数组元素赋以初值。

例如：

```
int a[10]={0, 1, 2, 3, 4, 5, 6, 7, 8, 9};
```

将数组元素的初值依次放在一对花括号内。经过上面的定义和初始化之后，数组如下：

```
a[0]=0, a[1]=1, a[2]=2, a[3]=3, a[4]=4, a[5]=5, a[6]=6, a[7]=7, a[8]=8,
a[9]=9。
```

2）可以只给一部分元素赋值。

例如：

```
int a[10]={0, 1, 2, 3, 4};
```

定义 a 数组有 10 个元素，但花括号内只提供 5 个初值，这表示只给前面 5 个元素赋初值，后 5 个元素值为 0。

3）如果想使一个数组中全部元素值为 0，可以写成"int a[10]={0, 0, 0, 0, 0, 0, 0, 0, 0, 0};"或"int a[10]={0};"，不能写成"int a[10]={0*10};"。

4）在对全部数组元素赋初值时，由于数据的个数已经确定，因此可以不指定数组长度。例如：int a[5]={1, 2, 3, 4, 5};

也可以写成 int a[]={1, 2, 3, 4, 5};

在第二种写法中，花括号中有 5 个数，系统就会据此自动定义 a 数组的长度为 5。但若数组长度与提供初值的个数不相同，则数组长度不能省略。例如，想定义数组长度为 10，就不能省略数组长度的定义，而必须写成"int a[10]={1，2，3，4，5};"只初始化前 5 个元素，后 5 个元素为 0。

4. 数组的调用

如果要使用数组中的元素，只要在数组名后的方括号中写上其下标号即可。"a[0]"就表示数据"1"。表达式"x= a[0]"就表示把数组 0 号元素赋给变量 x，即 x=1。

数组下标可以是变量，如 a[i]，通过控制 i 的值，就可以动态访问数组的不同元素。例如，在做普通流水灯时，常采用端口整体赋值法，而每次亮灯的十六进制数并没有规律，可以将它们存入数组中。

```
unsigned char code table[8]={0xfe,0xfd,0xfb,0xf7,0x7f,0xbf,0xdf,
0xef}//流水灯 0 ～ 7
```

其中 code 表示将数据固化存储在程序 ROM 中。这样数组元素的值不能被修改，但节省了 RAM 的空间。

因为数组下标从 0 开始，而流水灯的数据也从第 0 位开始。所以只要变量 i 与下标对应，如 table[i]，i 从 0 变化到 7，就可以取出数据了。

3.2.4 分析 LED 电路原理图

电路原理图如图 3-14 所示，LED 点亮原理已于项目 1 讲过，矩阵键盘的工作原理也在知识准备里讲过，这里就不再赘述。

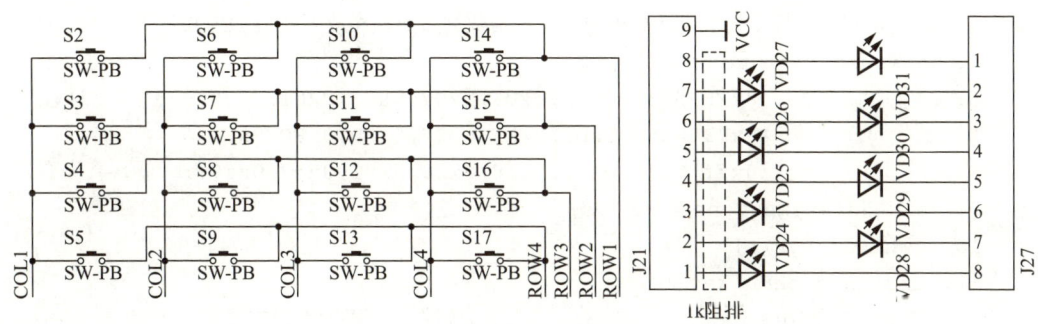

图 3-14 LED 及矩阵键盘驱动电路图

3.2.5 编写花样灯控制程序

1. 程序流程图

开机上电后，按下矩阵键盘中 S2 编号的按钮，开始花样流水灯；如按下 S17 编号按钮则 LED 全部关闭。程序流程图如图 3-15 所示。

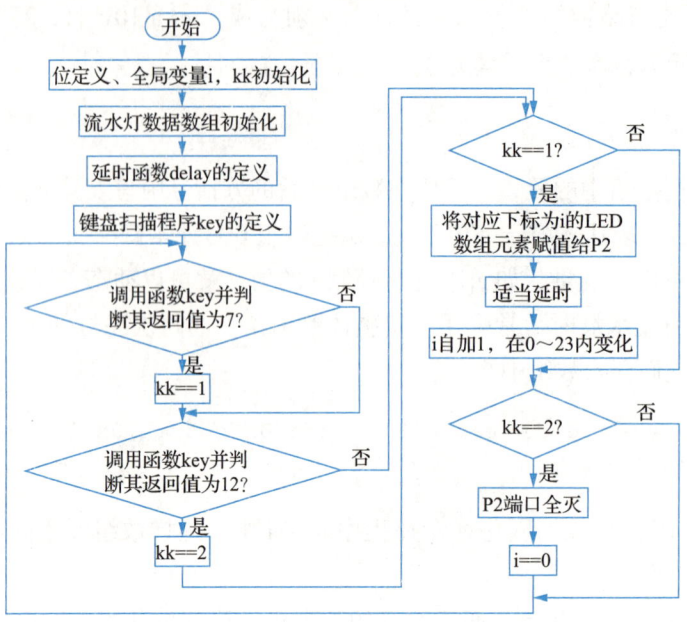

图 3-15　程序流程图

2. 程序代码

源程序代码如下：

```
1. #include "REGX51.h"
2. sbit H0=P1^4;sbit H3=P1^7;
3. sbit L0=P1^3;sbit L3=P1^0;
4. // 将所有流水灯变化效果计算出的十六进制数据按照顺序放入数组 LED 中
5. unsigned char code LED[]={
6.                0x7F,0x3F,0x1F,0x0F,0x07,0x03,0x01,0x00,
7.                0x7F,0xBF,0xDF,0xEF,0xF7,0xFB,0xFD,0xFE,
8.                0xff,0x7e,0x3c,0x18,0x00,0x81,0xc3,0xe7};
9. void delay(unsigned int ys)
10. {while(--ys);}
11. unsigned char key(){
12.     unsigned char k=255;        //用 255 表示无键按下
13.     H0=H3=L0=L3=1;              //复位所有线
14.     H0=0;                      //拉低第一行
15.     if(L0==0)k=7;              //依次判断每一列，为 0，则赋值
16.     H0=1;                      //恢复第一行
17.     H3=0;                      //拉低第四行
18.     if(L3==0)k=12;
19.     H3=1;                      //恢复第四行
20.     return k;                  //完成扫描，返回键值
21. }
```

```
22. // 主函数
23. unsigned char kk,i=0; // 定义变量 kk 用于记录键值，i 用于循环并赋初值为 0
24. void main(void){
25.     while(1){
26.         if(key()==7){kk=1;} // 如果是左上角按钮按下则变量 kk 记录为 1
27.         if(key()==12){kk=2;}    // 如果是右下角按钮按下则变量 kk 记录为 2
28.         if(kk==1)// 如果 kk 为 1 则执行大括号内的花样流水灯程序
29.         {
30.             P2=LED[i];          // 将下标为 i 的数组数据赋值给 P2 端口
31.             delay(40000);       // 适当延时
32.             i=(i+1)%24;         //i 自增，并只能在 0 ～ 23 内变化
33.         }
34.         if(kk==2){P2=0XFF;i=0;}
                                    // 如果 kk 值为 2 则关闭流水灯，i 变量为 0
35.     }
36. }
```

3.2.6　连接线路

将单片机的 P1 端口和 LED3 进行连接。对应关系如表 3-4 所示。

表 3-4　电路连接表

控制端口	连接位置	实现功能
P1.0	ROW1	矩阵键盘
P1.1	ROW2	矩阵键盘
P1.2	ROW3	矩阵键盘
P1.3	ROW4	矩阵键盘
P1.4	COL4	矩阵键盘
P1.5	COL3	矩阵键盘
P1.6	COL2	矩阵键盘
P1.7	COL1	矩阵键盘
P2.0	VD10	花样灯
P2.1	VD9	花样灯
P2.2	VD8	花样灯
P2.3	VD7	花样灯
P2.4	VD6	花样灯
P2.5	VD5	花样灯
P2.6	VD4	花样灯
P2.7	VD3	花样灯

完成后，连接上 USB 电源，接通电源后，电路连接如图 3-16 所示。

图 3-16　电路连接图

3.2.7　运行并调试程序

将程序下载到单片机，实际查看单片机控制花样灯运行效果。

👥导师说

1）在编写程序时，并不是所有按键动作都必须消除键抖动。当按键要处理的事情与按键的次数无关时，就无须消除键抖动；但是如果要处理的事情与按键的次数有关时必须消除键抖动。

2）对于二进制数转换十六进制数时，可以直接记住它每一位的权值，并且是从高位往低位记：8、4、2、1。二进制数要转换为十六进制数，就是以 4 位一段，将每段分别转换为十六进制数。

例如：

二进制数	1111	1101	1010	0101	1001	1011
十六进制数	F	D	A	5	9	B

3.2.8 花样灯控制仿真

1．绘制电路图

运行 Proteus 的 ISIS，进入仿真软件的主界面。本例所需主要元器件有 AT89C51
芯片、LED- RED、MINRES200R、BUTTON，详见表 3-5。

表 3-5 元器件清单

元件名称	所属类	描述
AT89C51	Microproccessor ICs	控制芯片
LED-RED	Optoelectronics	红色 LED
MINRES200R	Resistors	限流电阻
BUTTON	Switches&Relays	按钮

流水灯的画法之前已经讲过，这里就不再赘述，选择元器件并修改其参数后电路
如图 3-17 所示。

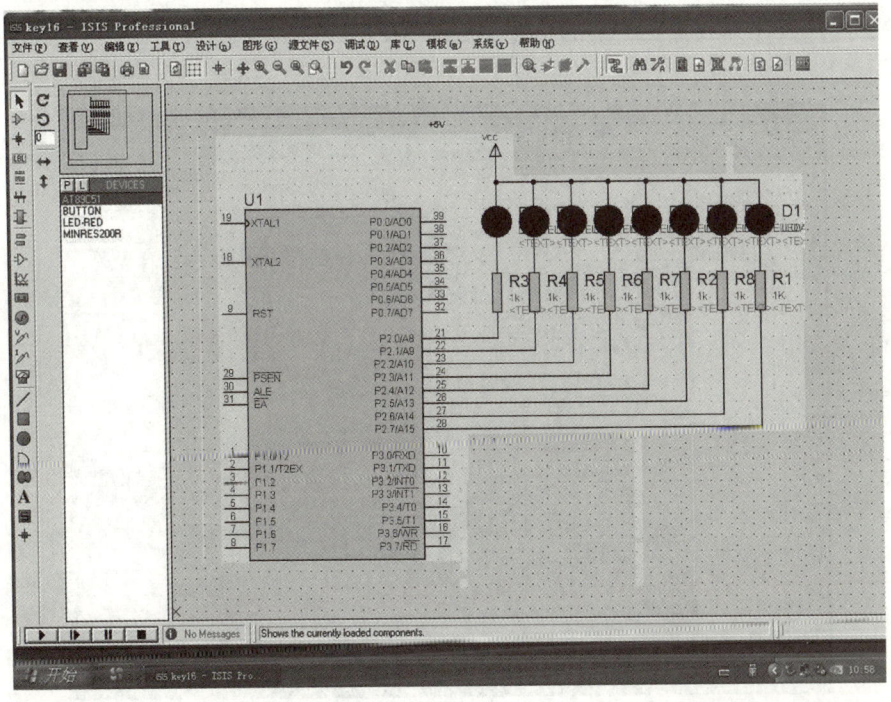

图 3-17 流水灯仿真图

下面重点讲解 4×4 键盘的画法，其步骤如下。

1）添加按钮元器件，如图 3-18 所示。

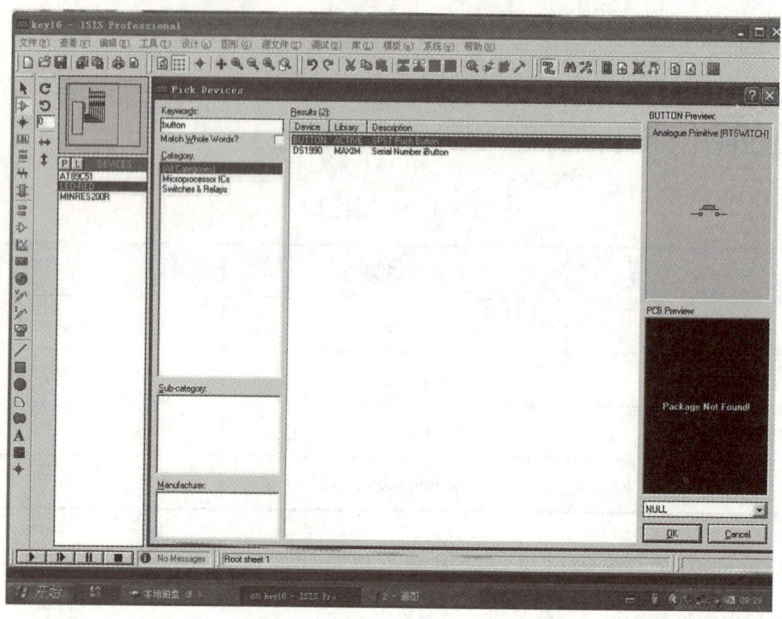

图 3-18　添加元件界面

2）选择按钮并放置在合适的位置，如图 3-19 所示。

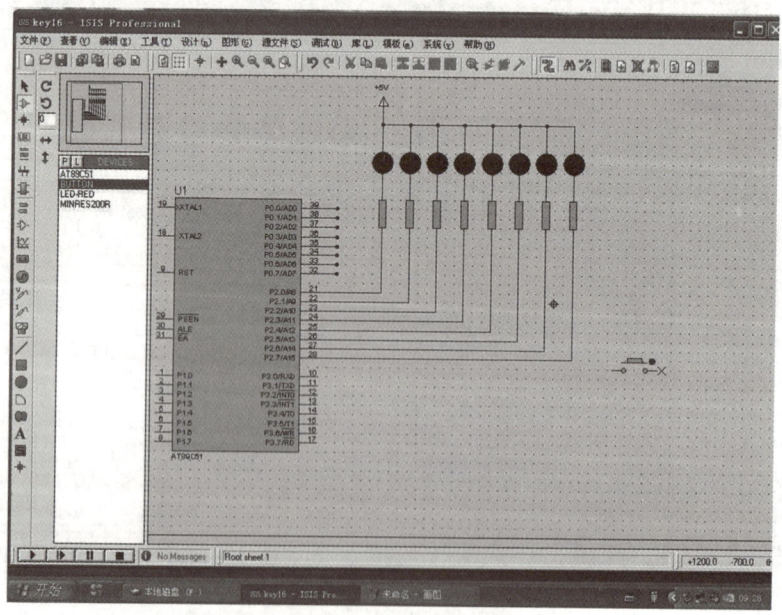

图 3-19　元件放置图

3）按照一定的合适间距放置好第一排按钮，如图3-20所示。

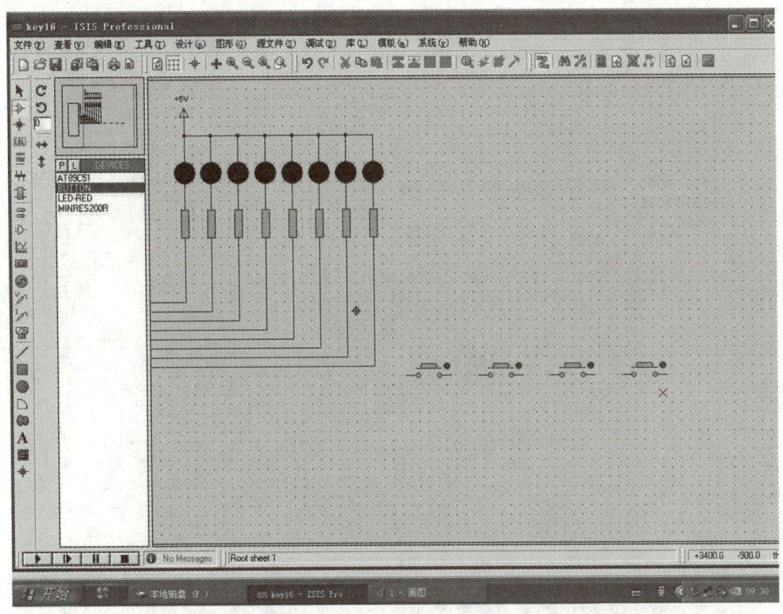

图3-20　添加多个元件图

4）按住鼠标左键不放拖出一个小框来选中第一排的4个按钮，然后右击选择块复制命令，如图3-21所示。

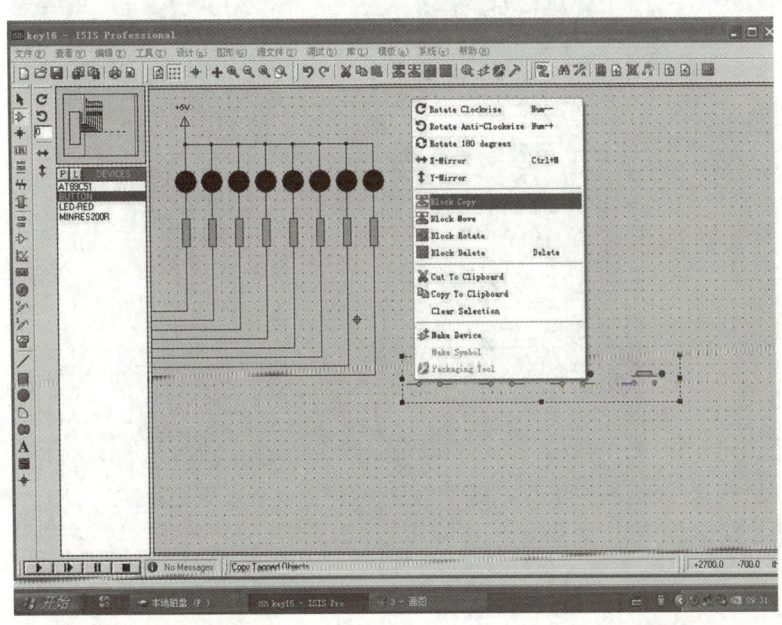

图3-21　复制元件操作图

5）在合适的位置右击粘贴元器件，如图 3-22 所示。

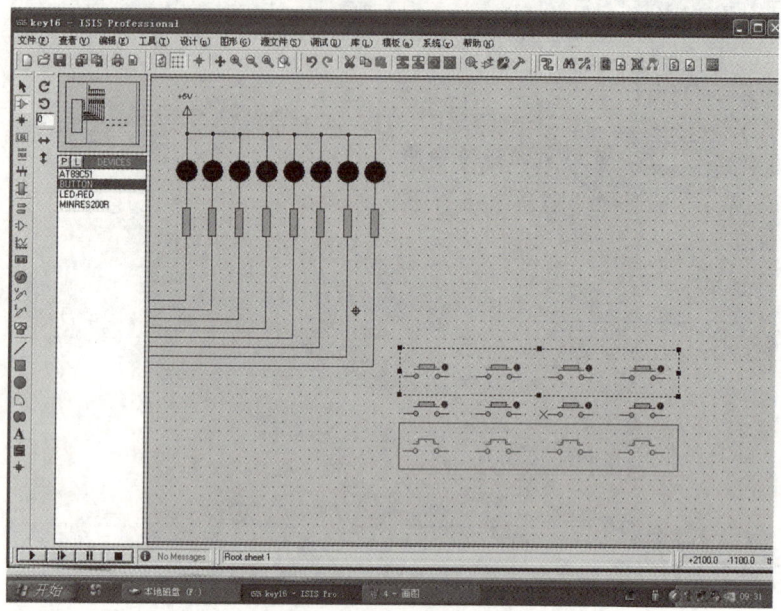

图 3-22　粘贴元器件

6）排列好的 4×4 键盘，如图 3-23 所示。

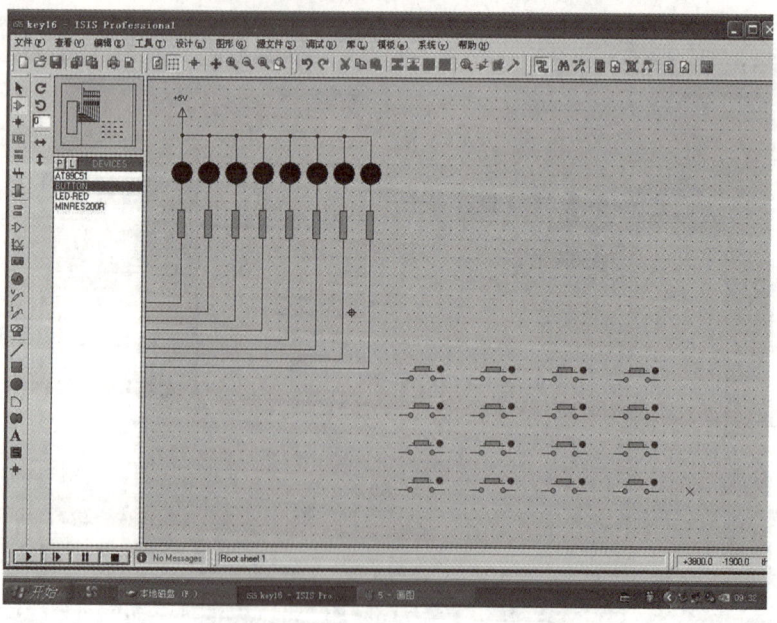

图 3-23　4×4 键盘

7）将每列按钮的一端分别用导线连在一起，如图 3-24 所示。

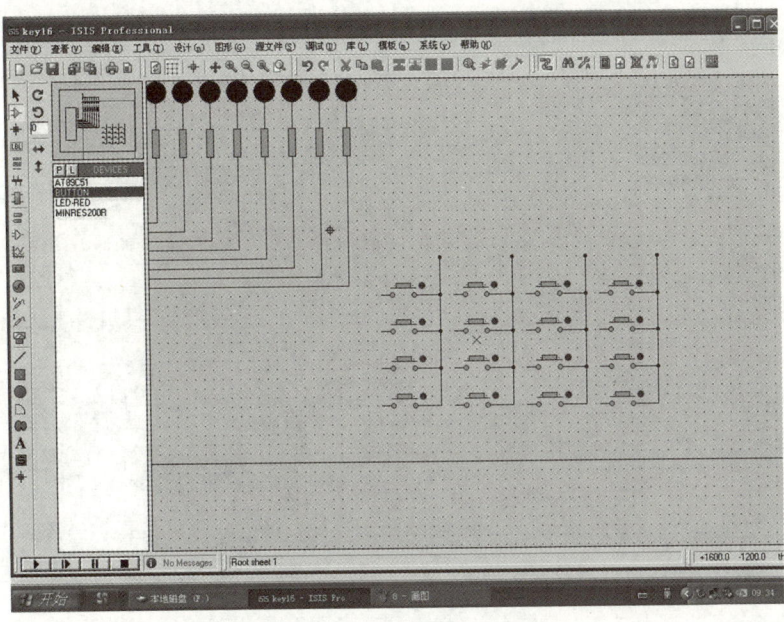

图 3-24　连接列

8）将每行按钮的另一端用导线连在一起，4×4 键盘就画好了，如图 3-25 所示。

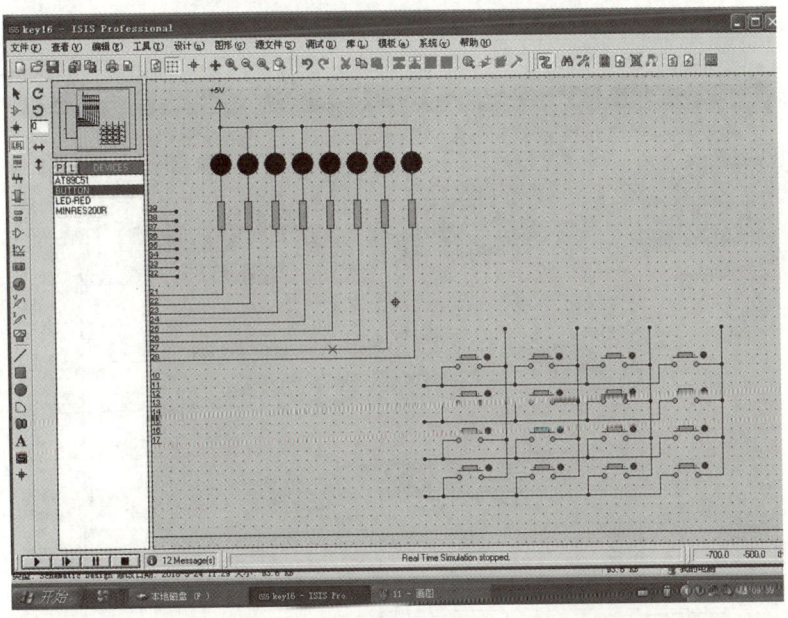

图 3-25　连接行

9）为便于使用网络标识，将 P1 端口各引脚画一条短线，如图 3-26 所示。

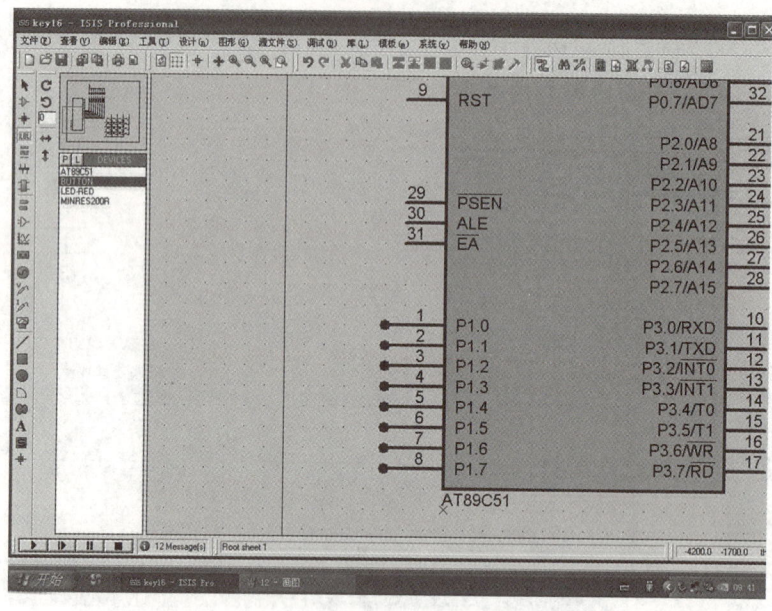

图 3-26　为 P1 端口各引脚画一条短线

10）单击左边工具栏上的 LBL，在 P1.0 端口短线上单击，在弹出的对话框中输入网络编号 P10，单击 OK 按钮。还可以选中网络编号，调整其位置方便查看，如图 3-27 所示。

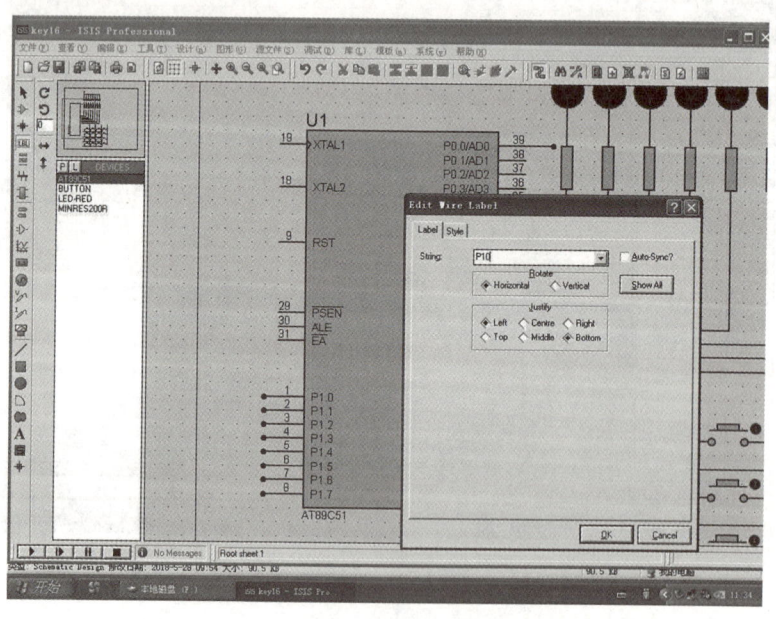

图 3-27　添加 P10

11）同样的操作方法将 P1 所有端口的网络编号都添加好，如图 3-28 所示。

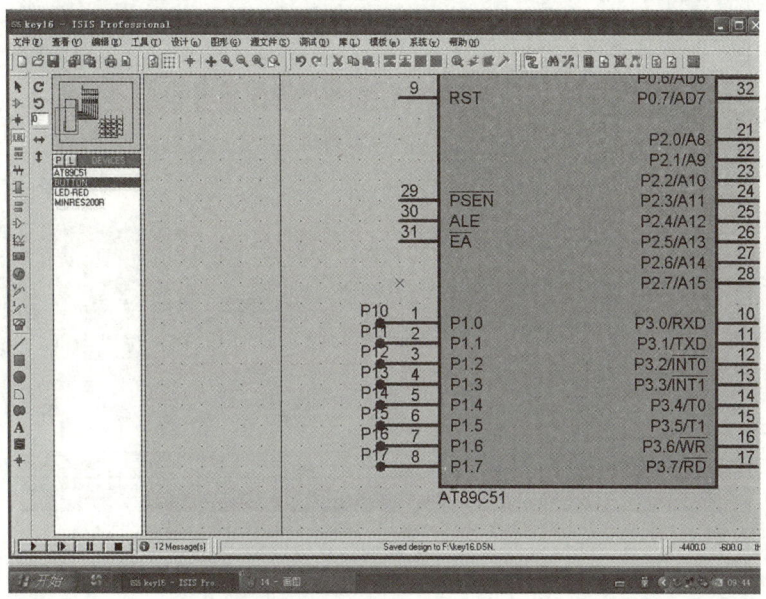

图 3-28　添加 P1 端口全部编号

12）将 4×4 键盘上的行列也按照如图 3-29 所示的网络编号添加好，同一网络编号表示相互之间是连接在一起的。

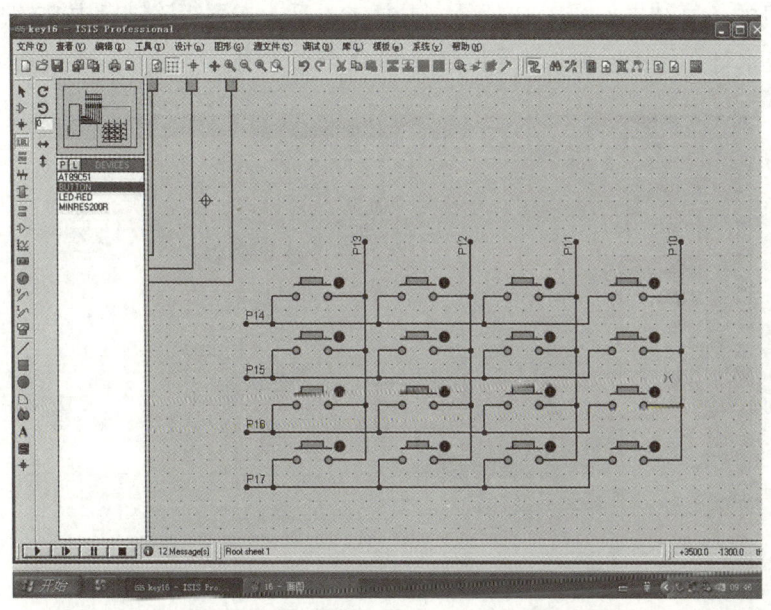

图 3-29　添加 4×4 键盘上标号

13）从美观角度、调整元器件及导线位置，最后完成的仿真电路图 3-30 所示。

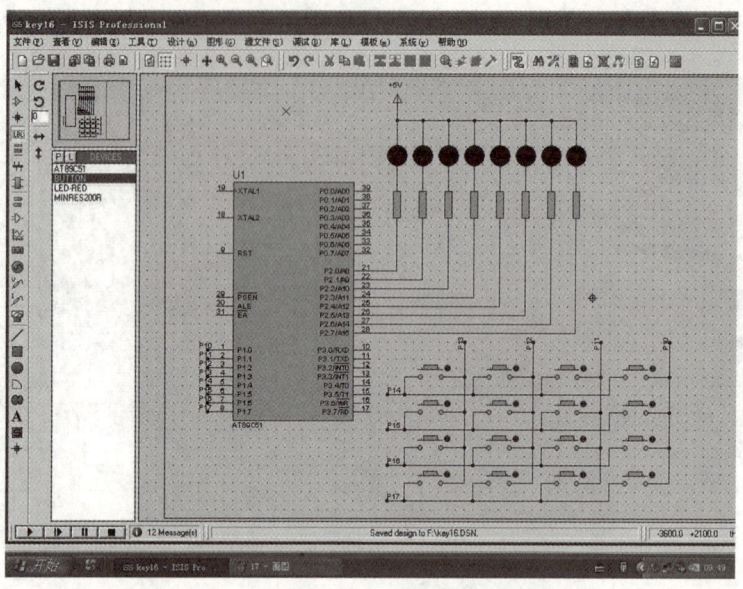

图 3-30 完成的仿真电路图

2．设置单片机

单片机的设置及程序加载前面已经讲过，这里就不再赘述。

3．Proteus 仿真结果

单片机的仿真结果如图 3-31 所示，开机上电后，按下矩阵键盘中 S2 编号的按钮，开始花样流水灯；如按下 S17 编号按钮则 LED 全部关闭。

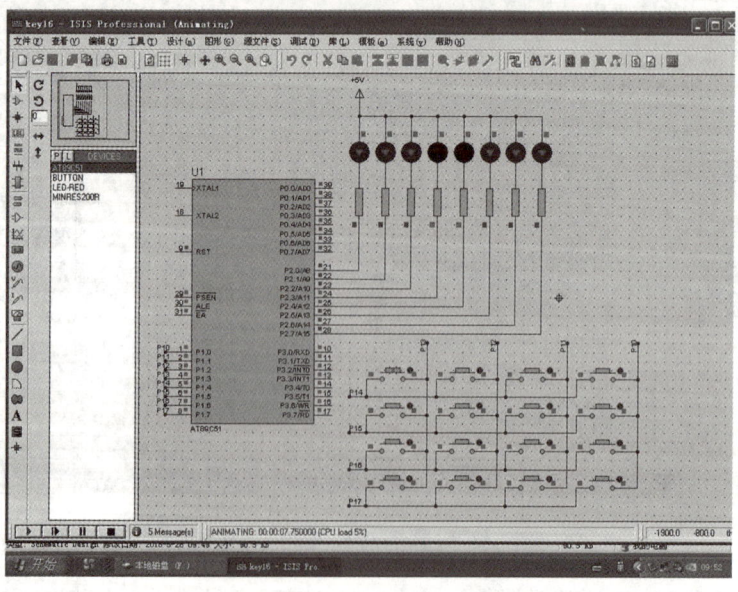

图 3-31 仿真结果

项目评价

项目评价由三个部分组成，即学生自评、小组评价和教师评价。按照自评占 20%，小组评价占 30%，教师评价占 50% 计入总分。评价内容详见表 3-6。

表 3-6 控制 LED 花样灯应用评价表

评价内容		自评	小组评价	教师评价
		优☆　良△　中√　差×		
职业素养	（1）安全用电			
	（2）设备及器材的安全			
	（3）记录整理完整准确			
	（4）符合 6S 管理理念			
知识与技能	（1）建立工程文件			
	（2）建立程序文件			
	（3）程序编写			
	（4）生成可执行文件			
	（5）程序的下载			
汇报展示	（1）作品展示（可以为实物作品展示、PPT 汇报、简报、作业等形式）			
	（2）语言流畅，思路清晰			
评价等级				
完成任务最终评价等级（评价参考：自评 20%、组评 30%、师评 50%）				

拓展提高

1．其他进制转换知识

（1）二进制与八进制之间的转换

1）二进制转八进制。

方法为：3 位二进制数按权展开相加得到 1 位八进制数（注意：3 位二进制数转成八进制数是从右到左开始转换，不足时补 0）。用法示例如图 3-32 所示。

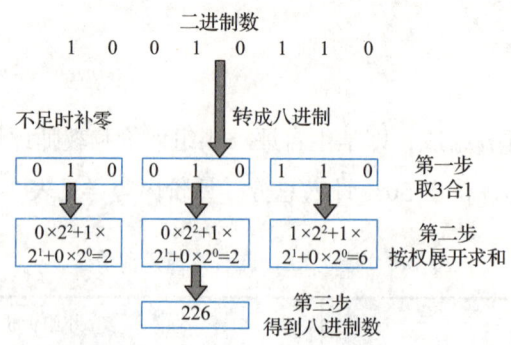

图 3-32　二进制转八进制方法图

2）八进制转成二进制。

方法为：八进制数通过除 2 取余法，得到二进制数，对每个八进制数为 3 个二进制数，不足时在最左边补零。用法示例如图 3-33 所示。

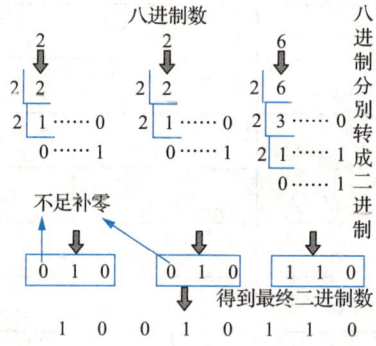

图 3-33　八进制转二进制方法图

（2）十进制与八进制与十六进制之间的转换

1）十进制转八进制或者十六进制有两种方法。

第一：间接法—把十进制转成二进制，然后再由二进制转成八进制或者十六进制。这里不再做图片用法解释。

第二：直接法—把十进制转八进制或者十六进制按照除 8 或者 16 取余，直到商为 0 为止。用法示例如图 3-34 所示。

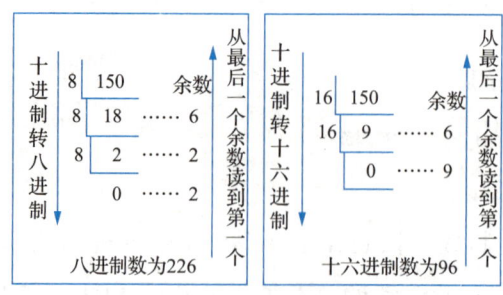

图 3-34　十进制转八进制、十六进制方法图

2）八进制或者十六进制转成十进制。

方法为：把八进制数、十六进制数按权展开、相加即得十进制数用法示例如图 3-35 所示。

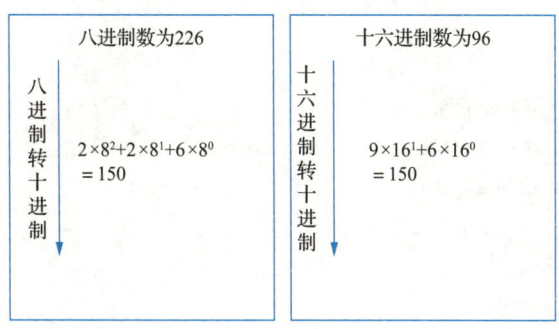

图 3-35　八进制或十六进制转十进制方法图

（3）十六进制与八进制之间的转换

八进制与十六进制之间的转换有两种方法。

第一种：它们之间的转换可以先转成二进制然后再相互转换。

第二种：它们之间的转换可以先转成十进制然后再相互转换。

2．其他取键值方法

对于对称型矩阵键盘，如 4×4、8×8 等，可以使用反转法来取键值，这种方法不仅程序简单，代码精简，而且执行效率非常高。以 4×4 键盘为例，具体方法是先拉低全部行线，读回端口数据保存；接着反转数据，拉低列线，再读回端口数据；两次读回的数进行异或运算，得到键值。用反转法获取键值，是位运算的应用。如果矩阵键盘行、列线都接在 P1 口时，反转法取键值示例程序如下：

```
1. #include <REGX52.H>
2. #include "intrins.h"
3. unsigned char key_get()
4. {   unsigned char k=0;
5.      P1=0x0f;                      // 拉低行线
6.      k=P1;                         // 读回暂存
7.      P1=0xf0;                      // 反转，拉低列线
8.      return  ～(k^P1);             // 拉低行线读回值与拉低列线读回值异或
9. }
10. main(){
11.      while(1){
12.            P3=～ key_get();        // 反转键值，送 P3 口
```

```
13.        }
14. }
```

当矩阵键盘行、列线分别接到不同 I/O 端口时，如图 3-36 所示，4×4 键盘的行线和列线分别连接于 P1 端口的高 4 位和 P0 端口的低 4 位，仍然可以使用反转法。示例程序如下：

```
1. #include <REGX52.H>
2. #include "intrins.h"
3. unsigned char key_get()
4.       {   unsigned char k=0;
5.     P0=P1=0x0f;
6.         k=P0;
7.         P0=P1=0xf0;
8.       return ~ (k^P1);            // 返回键值
9. }
10. main(){
11.     while(1){
12.             P3=~ key_get();        // 反转键值，送 P3 端口
13.       }
14. }
```

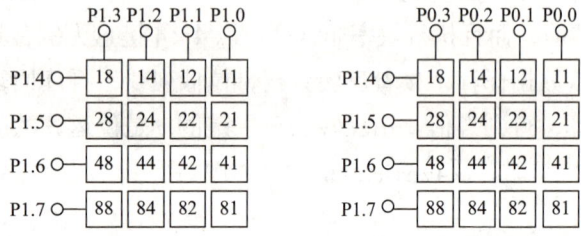

图 3-36   取键值方法

3．逻辑运算符

（1）逻辑运算符及其优先次序

&&（逻辑与）：相当于其他语言中的 AND。

||（逻辑或）：相当于其他语言中的 OR。

!（逻辑非）：相当于其他语言中的 NOT。

例如，"a&&b"，若 a、b 为真，则 "a&&b" 为真；"a||b"，若 a、b 之一为真，则 "a||b" 为真；"!a"，若 a 为真，则 "!a" 为假。

优先次序：

逻辑运算符中的"&&"和"‖"低于关系运算符，"!"高于算术运算符。即!（非）→ && （与）→‖（或）。

（2）逻辑表达式

用逻辑运算符将关系表达式或逻辑量连接起来的式子就是逻辑表达式。逻辑表达式的值应该是一个逻辑值"真"或"假"。

例如，设a=4，b=5，则"!a"的值为0，"a&&b"的值为1，"a‖b"的值为1，"!a‖b"的值为1。

例如，用逻辑表达式来表示闰年的条件。

1）能被4整除，但不能被100整除。

2）能被4整除，又能被400整除。

答案为"(year%4==0&&year%100!=0)‖year%400==0"，值为真，是闰年，否则为非闰年。

检测与反思

练习题 A

一、填空题

1. 单片机通常采用 _____（又称为行列式）键盘，行线和列线分别接到单片机引脚，在行列交叉处接按钮来有效地节约端口资源。

2. 二进制是逢 _____ 进一位，十进制也就是常用的0～9是逢 _____ 进一位，十六进制是逢 _____ 进一位。

3. 数组是一组具有相同 _____ 数据的有序集合。

4. 数组tab[5]的第一个元素和最后一个元素分别是 _____ 和 _____。

5. for循环小括号里第一个";"号前为循环变量的 _____，用来给循环控制变量赋初值。

6. break语句专用于 _____。

7. _____ 用来对一个二进制整数按位取反。

8. 取反指令是用来对一个二进制整数 _____ 取反。

二、选择题

1. 十进制数170转换成二进制为（   ）。

　　A. 01011101　　B. 10101010　　　　C. 01010101　　　　D. 10110011

2. 执行程序 char b[5]={1,2,3,4,5};x=b[1] 则 x 的值为（　　　）。

    A. 1   B. 2   C. 0   D. 5

3. C51 中定义了一维数组 unsigned int a[10]，以下不是它的元素的是（　　　）。

    A. a[0]   B. a[1]   C. a[9]   D. a[10]

4. 二进制 110110 转换成十六进制为（　　　）。

    A. D8   B. 36   C. C8   D. 63

5. 数组元素赋初值时，若写成 int a[]={0，1，2，3，4}; 系统就会据此自动定义 a 数组的长度为（　　　）。

    A. 1   B. 3   C. 4   D. 5

6. 以下初始化一维数组并将其初值置为 0 的语句，错误的是（　　　）。

    A. int x7[10]={0, 0, 0, 0, 0, 0, 0, 0, 0, 0};

    B. int shuzu[10]={0};

    C. int shuzi[10]={0*10};

    D. int qq[10];

三、判断题

1. switch 语句里的 default 子句可以省略不用。   （　　　）

2. for 循环小括号里第一个 ";" 号前为循环变量的初始化赋值语句。   （　　　）

3. 在 case 后，允许有多个语句，一定要用 {} 括起来。   （　　　）

4. "～" 是一元运算符，用来对一个二进制整数按位取反。   （　　　）

5. 左移和右移的位数可以大于数据的长度，不能小于 0。   （　　　）

6. 循环左移时，用从左边移出的位填充字的右端。   （　　　）

练习题 B

一、填空题

1. 二进制 11101011 转换成十进制为 _____。

2. 十六进制 DA 转换成二进制为 _____。

3. C 语言中，数组名定义规则和变量名相同，由 _____、_____ 和 _____ 组成。

4. 单片机程序中，逻辑运算符优先级最高的是 _____。

5. a=0x22<<2, a=_____。

6. 3&&0||2 的值为 _____。

7. a=0xff; a= ~a; a 的值为 _____。

8. "<<" 的功能是把 "<<" 左边的运算数的各二进位全部左移若干位，由 "<<" 右边的数指定移动的位数，高位丢弃，低位 _____。

二、简答题

1. 将十进制数 234 分别转换成二进制和十六进制数，写出转换过程。

2. 请写下定义一个整型数组 data 包含 15 个元素，前 10 个元素的初值为 1，其余为 0 的初始化语句。

练习题 C

1. 编写程序并下载到实验模型验证，实现以下功能：矩阵键盘上 S2 ～ S9 分别对应发光二极管 LED1 ～ LED8，按下相应按钮对应的 LED 灯亮，松开灭。

2. 编写程序并下载到实验模型验证，实现以下功能：矩阵键盘上 S2 ～ S9 分别对应发光二极管 LED1 ～ LED8，按一下相应按钮对应的 LED 灯亮，再按一次对应的按钮 LED 灯灭，再按一次对应的按钮 LED 灯亮，循环。

3. 编写程序并下载到实验模型验证，实现以下功能：若 S2 按钮按下，LED 按花样流水灯样式点亮；若 S3 按钮按下，LED 按普通流水灯样式点亮。

4. 编写程序并下载到实验模型验证，实现以下功能：若 S2 按钮按下，LED 按花样流水灯样式点亮；若 S3 按钮按下，LED 按普通流水灯样式点亮；若同时按下 S2 和 S3 按钮，所有灯熄灭。

5. 编写程序并下载到实验模型验证，实现以下功能：按下矩阵键盘中 S2 编号的按钮，开始花样流水灯；如按下 S8 编号按钮，花样流水灯暂停，再次按下 S8 编号按钮，花样流水灯继续；如按下 S17 编号按钮，则 LED 全部关闭。

6. 简述右移运算符的功能及注意事项。

7. 简述循环位移指令和一般位移指令的区别。

模块 2
单片机控制显示器件

 模块概述

　　显示器件能够把人们要认知的事物以符号、文字、图片、视频等方式直观展现出来。在汽车上也有各种显示器件，如显示汽车速度、环境温度、车身广告等。现在常用的显示器件主要有 LED 和 LCD 两大类。在本模块中，依然采用如图 1-2 所示小车模型，学习使用 LED 数码管、LED 点阵屏、LCD1602、LCD12864 四种显示器件。通过掌握每种显示器件的构成、工作原理、编程控制方法，就能熟练运用各种显示器件，让它们更好地为人们的生活提供服务。

教学目标

知识目标

(1) 认识数码管、8×8LED 点阵屏、LCD1602、LCD12864 四种显示器件。

(2) 理解数码管、8×8LED 点阵屏、LCD1602、LCD12864 显示器工作原理。

(3) 掌握数码管、8×8LED 点阵屏、LCD1602、LCD12864 显示驱动方法。

(4) 掌握点阵取模软件的使用方法。

(5) 学会数码管、8×8LED 点阵屏、LCD1602、LCD12864 显示的编程方法。

技能目标

(1) 会正确使用数码管、8×8LED 点阵屏、LCD1602、LCD12864 按要求进行显示。

(2) 会编写控制数码管、8×8LED 点阵屏、LCD1602、LCD12864 显示程序。

安全须知

(1) 在操作过程中，注意用电安全。

(2) 在编程过程中，注意电脑使用安全。

(3) 安装电池的极性必须正确，电池容量要符合要求。

(4) 每次使用结束，将智能小车模型妥善保管。

项目 4　控制数码管显示

项目说明

数码管是最常见的显示器件，经常用来显示时间和数字，因为成本较低而被广泛应用于各种电路中，在汽车上主要用于显示时间和工作状态，效果如图 4-1 所示。

图 4-1　数码管显现效果

教学目标

知识目标

(1) 认识数码管。

(2) 理解数码管数字显示原理。

(3) 理解锁存器工作原理。

(4) 理解数码管动态扫描原理。

(5) 掌握数码管显示驱动电路。

(6) 掌握数码管显示编程方法。

技能目标

(1) 会正确使用 4 位数码管显示数字。

(2) 会编写单片机控制数码管显示的程序。

项目描述

本项目将介绍如何在智能小车上显示当前时间。数码管显示可以分单个显示和多个同时显示。下面从单个数码管显示开始学习如何让数码管显示时间。

任务 4.1　控制单个数码管显示数字

任务描述

本任务在实验模拟小车电路上实现以单片机为控制核心对单个数码管进行控制，让其显示一位数字。通过完成该任务，掌握数码管显示数字原理和单片机控制数码管显示的方法。

4.1.1　单个数码管显示数字原理

数码管是一种半导体发光器件，其基本单元是发光二极管。8 字形数码管是最为常用的数码管，主要用于数字显示。每个数码管内部有 8 只发光二极管，外部有 10 只引脚。数码管外形如图 4-2 所示，8 只 LED 排列顺序如图 4-3 所示，10 只引脚排列顺序如图 4-4 所示。

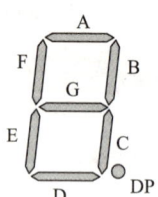
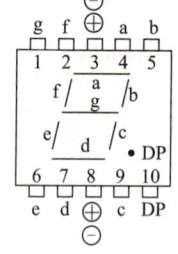

图 4-2　数码管外形　　　图 4-3　数码管 LED 排列顺序　　　图 4-4　数码管引脚排列顺序

数码管按发光二极管内部连接方式可分为共阳数码管和共阴数码管。共阳数码管每只 LED 的 8 个阳极连接在一起由两个 Com 引脚引出，8 个阴极各引出一个引脚；共阴数码管则相反。共阳数码管内部连接如图 4-5 所示，共阴数码管内部连接如图 4-6 所示。

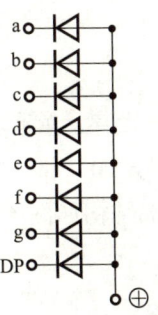

图 4-5 共阳数码管内部连接图

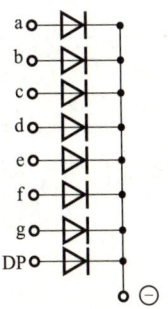

图 4-6 共阴数码管内部连接图

由共阳数码管内部连接图可知，要在共阳数码管上显示数字，先将公共端接入高电平，其他引脚若接低电平，则对应的发光二极管导通，对应笔画显示；其他引脚若接高电平，则对应的发光二极管截止，对应笔画不显示。这就是数码管数字显示原理。

例如数字"2"由 A、B、G、E、D 这五段笔画组成，使用共阳数码管显示，数码管的公共端接入高电平，A、B、G、E、D 端子接入低电平，F、C、DP 接入高电平，即可点亮组成数字"2"的五段笔画，显示出该数字。共阴数码管电平相反，不再赘述。

如果将数码管 A、B、C、D、E、F、G、DP 这 8 个端子与单片机某端口的 0～7 位一一对应相连，就可以对单片机端口每位输出的高或低电平进行编码，控制数码管显示相关数字。将数字 0～9 按照共阳数码管要求依次进行编码，得到一个编码表，称为共阳数码管显示数字编码表，简称段码表。如表 4-1 所示，数字 0～3 已完成编码，其余数字请自行完成编码。共阴数码管数字编码高低电平正好相反，读者可以自行推导，如表 4-1 所示。

表 4-1 共阳数码管显示数字编码表

显示数字	显示笔画	从高到低排列控制输出电平								编码
		DP	G	F	E	D	C	B	A	
0	ABCDEF	1	1	0	0	0	0	0	0	0XC0
1	BC	1	1	1	1	1	0	0	1	0XF9
2	ABDEG	1	0	1	0	0	1	0	0	0XA4
3	ABCDG	1	0	1	1	0	0	0	0	0XB0
4										
5										
6										
7										
8										
9										

4.1.2　74HC573 锁存器工作原理

锁存器是数字电路中具有记忆功能的一种逻辑元件。锁存，就是把信号暂存以维持某种电平状态，在数字电路中则可以记录二进制数字信号"0"和"1"。

74HC573 是拥有 8 路输出的 D 型透明锁存器，其内部结构如图 4-7 所示，真值表如表 4-2 所示。

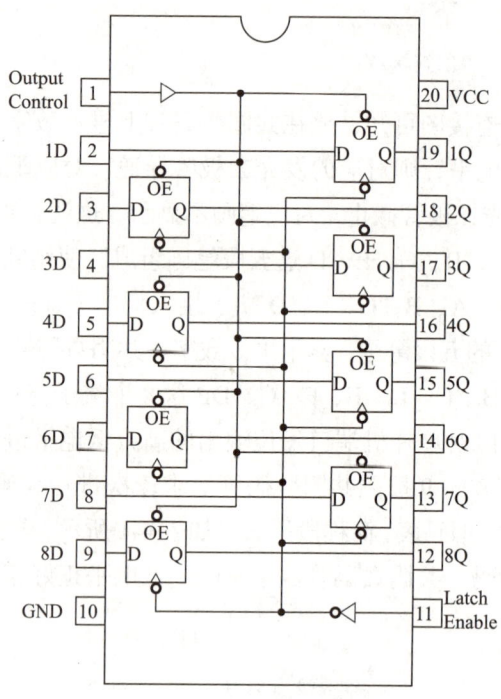

图 4-7　内部结构图

表 4-2　74HC573 真值表

输入			输出
OE	LE	D	Q
H	X	X	Z
L	H	H	H
L	H	L	L
L	L	X	Q0

74HC573 输入控制端口说明如下。

1）OE：三态输出使能输入控制端。1 时不使能，输出高阻态；0 时使能，输出高电平或低电平。

2）LE：锁存使能输入控制端。1 时不使能，输出输入直通，输出受输入信号控制；0 时使能，输出锁存数据，输出不受输入信号控制。

由 74HC573 真值表可知，74HC573 工作原理如下。

1）OE=1 时：不使能三态输出功能，所有输出为高阻态。

2）OE=0 时：使能三态输出功能，输出端输出高或低电平。

①LE=1 时：不使能锁存输出功能，输入输出直通，输出信号受输入信号控制。输入 1 直接输出 1，输入 0 直接输出 0。

②LE 下降沿时：完成数据锁存，输入数据保存到锁存器中。输入 1 锁存 1，输入 0 锁存 0。

③LE=0 时：使能锁存器输出功能，输出锁存的数据，输出不再受输入控制，而是由锁存器中锁存的数据决定。

由于 74HC573 具有锁存输出功能，并且每路只需要微安级别的输入电流就能实现几毫安电流的输出，所以常在单片机系统中使用它来扩展 I/O 端口和增大输出电流。

4.1.3　单个数码管显示驱动电路

单个数码管驱动电路常用的有不使用锁存器和使用锁存器两种形式。以驱动共阳数码管为例，图 4-8 为不使用锁存器单个数码管驱动电路，图 4-9 为使用锁存器单个数码管驱动电路。两者主要区别在于不使用锁存器数码管每个笔画亮度可以通过调整限流电阻大小实现，使用锁存器数码管亮度由锁存器输出电流决定，无法改变亮度。

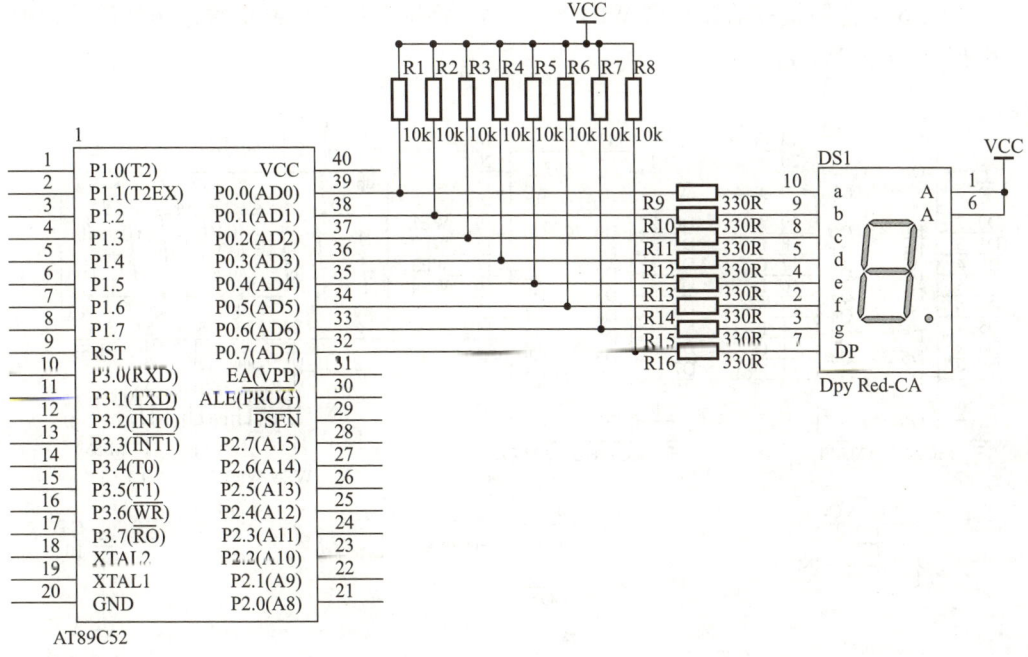

图 4-8　不使用锁存器单个数码管驱动电路

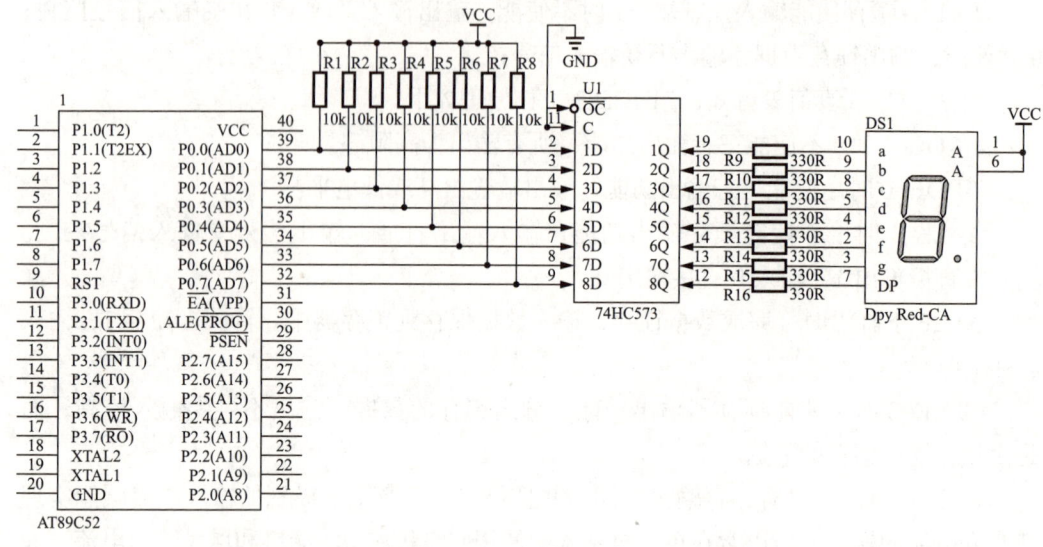

图 4-9　使用锁存器单个数码管驱动电路

4.1.4　分析开发板数码管显示驱动电路

开发板数码管显示驱动电路如图 4-10 所示。

1）U5 为段控制锁存器、U6 为位控制锁存器。

2）单片机 P0 端口的 P0.0 ～ P0.7 连接到 U5、U6 两个锁存器输入端的 D0 ～ D7。

3）U5 段控制锁存器输出端 A ～ DP，将锁存的段信号送至数码管段控制引脚 a ～ dp。

4）U6 位控制锁存器输出端 WE1 ～ WE4，将锁存的位控制信号送至数码管位控制引脚 WE1 ～ WE4。

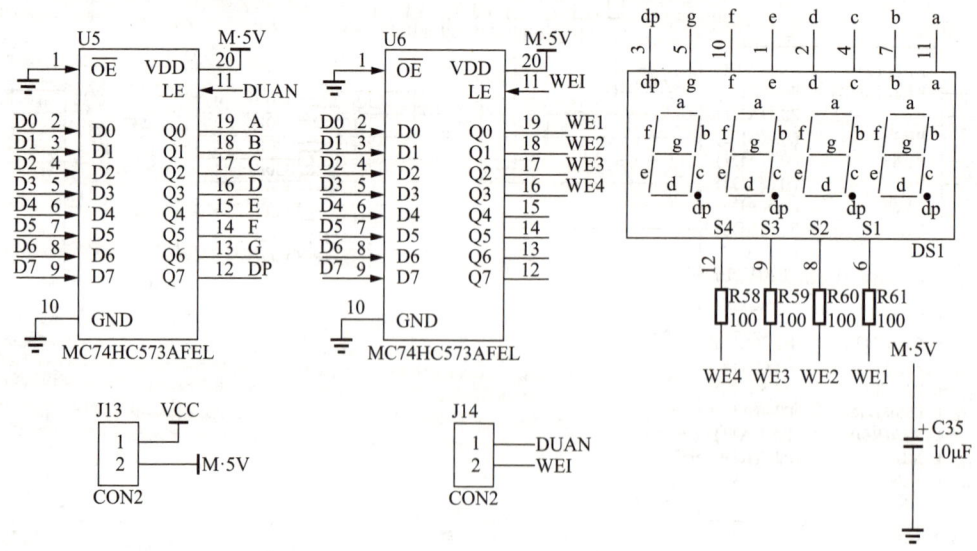

图 4-10　开发板单个数码管显示驱动电路

5）U5 段控制锁存器、U6 位控制锁存器 OE 已经接地始终为 0，LE 分别由 DUAN、WEI 端子引出，需要使用单片机引脚控制是否锁存。

4.1.5　编写单个数码管显示数字程序

1）单个数码管显示数字程序流程如图 4-11 所示。

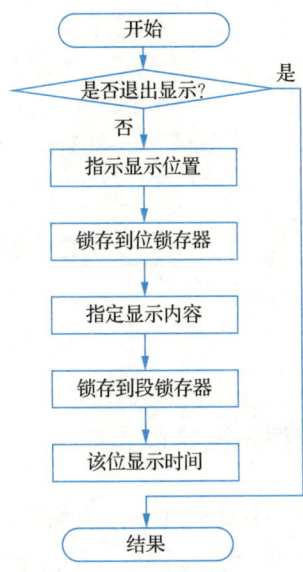

图 4-11　单个数码管显示数字程序流程图

2）进行宏定义。宏定义其实就是取一个别名，目的是方便程序编写和修改，程序编译过程中会自动将宏名替换成宏内容。

定义格式：

```
#define（宏名）（宏内容）
```

定义方法：

```
#define uchar  unsigned char
```

本程序需要用到以下两个宏定义：

```
#define Mydata  P0
#define uchar  unsigned char
```

3）编写源程序如下：

```
#include<reg52.h>  // 引用头文件
#define Mydata P0
#define uchar  unsigned char// 进行宏定义
sbit duan=P2^0;
```

```
sbit wei=P2^1;  // 位定义段、位控制锁存器端口
uchar  duanma[]={0xc0,0xf9,0xa4,0xb0,0x99,0x92,0x82,0xf8,0x80,0x90,
0xbf};
// 预定义段码数组
uchar shu=9;// 预定义要显示的数字为9
void main(void)                         // 主函数，实现第一位显示数字9
{
        while(1)
    {
            Mydata=0x01;                // 指定显示的位置为第一个数码管
        wei=1;
            wei=0;                      // 将指定显示的位置锁存到位锁存器中
            Mydata= duanma[shu];        // 从duanma数组中选取出要显示的数字9
            duan=1;
            duan=0;                     // 将指定显示内容锁存到段锁存器中
            while(1);                   // 保持显示时间
    }
}
```

4.1.6 连接单个数码管显示数字电路

程序编写完成后，将单个数码管连接起来，实现数字电路显示。

1）使用跳线帽将图 4-12 中 J13 连接起来，完成数码管上电。

2）用杜邦线将图 4-12 中 J14 的段、位锁存控制端口 DUAN、WEI 端子与程序定义的 I/O 端口连接起来，段使用的 P20，位使用的 P21。

完成连接后的效果如图 4-12 所示。

图 4-12　数码管显示数字电路连接图

4.1.7 运行并调试程序

1）将编译生成的 hex 文件烧写进芯片，观察运行情况。运行效果如图 4-13 所示。

图 4-13 单个数码管显示数字运行效果图

2）修改主函数内容如图 4-14 所示，编译生成 hex 文件，烧写进芯片，观察运行情况。

```
16    while(1)
17    {
18        P0=0x01;
19        wei=1;
20        wei=0;                //锁存位控制信号
21        P0=duanma[shu];
22        duan=1;
23        duan=0;               //锁存段控制信号
24        delay_1s();           //保持显示
25        shu--;                //更新显示数据
26        if(shu<0)             //减到0
27            shu=9;            //重新赋值为9
28    }
```

图 4-14 数字循环从 9 减到 0 主函数截图

任务 4.2 控制 4 位数码管显示数字

任务描述

本任务在实验模拟电路上介绍以单片机为控制核心对多个数码管进行控制，令其显示一位数字的基础上实现多位数字同时显示。通过完成该任务，掌握单片机控制数码管显示多个数字的方法。

4.2.1　4 位数码管动态扫描原理

根据组合位数的不同，数码管有单个数码管、2 位数码管、4 位数码管、8 位数码管等。组合在 2 位或 2 位以上的统称多位数码管。多位数码管是将每只数码管的相同段信号引脚连接在一起，然后统一由 A、B、C、D、E、F、G、DP 引出作为段控制端，各只数码管公共端分别引出作为位控制端。4 位数码管内部连接如图 4-15 所示。

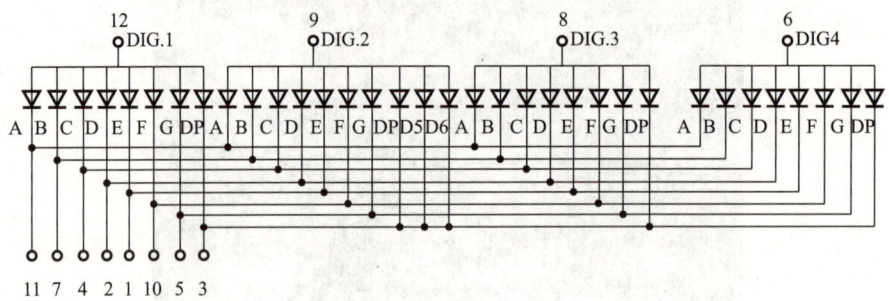

图 4-15　内部连接图

多位数码管中每位数码管的相同段信号都是连接在一起的，在输入段信号时，每位数码管都会得到相同的段信号。若多位数码管同时显示，则显示的数字必然相同。要多位数码管分别显示不同数字，需要进行动态扫描。数码管动态扫描方法为：依次输出要显示的位置和内容，显示位置由位控制端完成，显示内容由段控制端完成。

下面以 4 位共阳数码管依次显示数字 1、0、3、4 为例来认识动态扫描原理。

1）第一位显示 1：控制位信号，只让第一位输出 1，其余位输出 0；控制段信号输出显示 1 的编码。这样实现只有第一位显示数字 1，其他位不显示，保持一定时间。

2）第二位显示 0：控制位信号，只让第二位输出 1，其余位输出 0；控制段信号输出显示 0 的编码。这样实现只有第二位显示数字 0，其他位不显示，保持一定时间。

3）第三位显示 3：控制位信号，只让第三位输出 1，其余位输出 0；控制段信号输出显示 3 的编码。这样实现只有第三位显示数字 3，其他位不显示，保持一定时间。

4）第四位显示 4：控制位信号，只让第四位输出 1，其余位输出 0；控制段信号输出显示 4 的编码。这样实现只有第四位显示数字 4，其他位不显示，保持一定时间。

5）重复上述步骤，实现动态扫描。

进行动态扫描时，虽然每段时间里只有一只数码管在显示自己的内容，并不是全部内容同时显示的，但只要送完所有数码管显示的总时间不超过 25ms 即可，因为人眼的视觉暂留原因，所以视觉上仍感觉是同时显示出来的，不会有闪烁感。

4.2.2　数位分离方法

因为数码管动态扫描时一次只能将一个数字换成段码依次送出显示，所以要显示一个完整的 4 位数，得先将 4 位数拆成 4 个单个数字，这一过程称为数位分离。使用 C 语言进行数位分离，常用到整数的取模（/）和取余（%）运算。取模运算结果是获取除法运算的商，取余运算结果是获取除法运算的余数。

例如，9 除以 4 商 2 余 1，取模运算表示为 9/4=2，取余运算表示为 9%4=1。

再如，302 除以 100 商 3 余 2，取模运算表示为 302/100=3，取余运算表示为 302%100=2。

因此，对 4 位数 1034 进行数位分离，可用以下方法实现。

方法一：

取千位：1034/1000=1。

取百位：1034%1000=34；34/100=0。此步可以合并为 1034%1000/100=0。

取十位：1034%100=34；34/10=3。此步可以合并为 1034%100/10=3。

取个位：1034%10=4。

方法二：

取千位：1034/1000=1。

取百位：1034/100%10=0。

取十位：1034/10%10=3。

取个位：1034%10=4。

上面的 4 位数 1034 换成数字变量通过取模、取余运算，也能将数字变量中各数位上的数字分离出来。

4.2.3　4 位数码管显示驱动电路

4 位、8 位等多位数码管显示驱动电路由于位数较多，为减少占用单片机 I/O 端口，通常使用锁存器方式进行电路设计。图 4-16 是典型的 4 位数码管显示驱动电路。

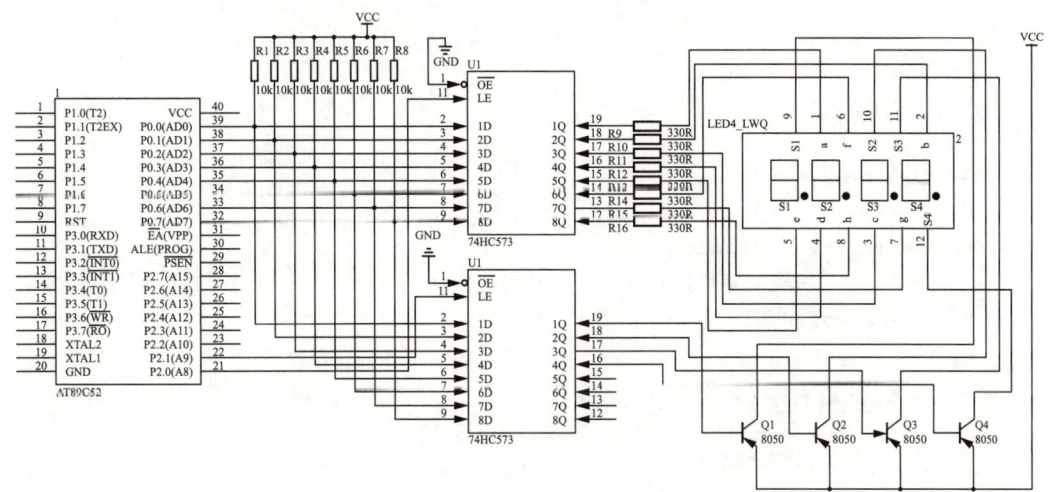

图 4-16　典型的 4 位数码管显示驱动电路

4.2.4 分析开发板数码管显示驱动电路

与任务 4.1 相同（略）。

4.2.5 编写 4 位数码管显示数字程序

1）4 位数码管显示数字程序流程如图 4-17 所示。

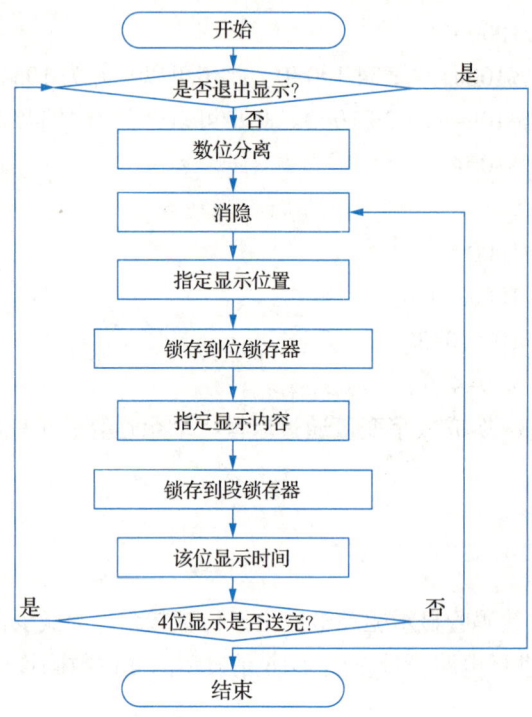

图 4-17 4 位数码管显示数字程序流程图

2）编写源程序如下：

```
#include<reg52.h>              // 引用头文件
#define Mydata   P0
#define uchar   unsigned char
#define uint unsigned int      // 进行宏定义
sbit   duan=P2^0;
sbit   wei=P2^1;               // 位定义段、位控制锁存器端口
uchar duanma[]={0xc0,0xf9,0xa4,0xb0,0x99,0x92,0x82,0xf8,0x80,0x90,0x
              bf};
uchar shu=1034;                // 预定义要显示的数字为 9
uchar buf[4];
```

```
void delay_5ms()              // 编写延时子函数延时 1s
{
        uchar i,j;
        for(i=0;i<20;i++)
                for(j=0;j<30;j++);
}
void smg_tobuf()              // 编写数位分离函数，装进前面定义的 buf 数组里面
{
        buf[0]=shu/1000;
        buf[1]=shu/100%10;
        buf[2]=shu/10%10;
        buf[3]=shu%10;
}
void main(void)               // 主函数，显示数字 1034
{
        uchar i=0;
        while(1)
        {
                smg_tobuf();              // 调用数位分离函数，得到要显示的数字
                for(i=0;i<4;i++)          //4 个数码管依次送显示
                {
                        Mydata=0x01<<i;// 依次指定显示位置
                        wei=1;
                        wei=0;
                        Mydata= duanma[buf[i]];  // 依次获取显示数字
                        duan=1;
                        duan=0;
                        delay_5ms();      // 保持该数字显示时间
                }
        }
}
```

4.2.6　连接 4 位数码管显示数字电路

与任务 4.1 相同（略）。

4.2.7　运行并调试程序

1）编译生成 hex 文件，烧写进芯片，观察运行情况。运行效果如图 4-18 所示。

2）更换主函数代码，如图 4-19 所示，在送完显示后加数字更新代码，观察运行情况。

图 4-18　4 位数码管显示数字运行效果图

```
25   void main()
26 ┌ {
27       uchar i=0;
28       uchar shijian=0;
29       while(1)
30       {
31           smg_tobuf();
32           for(i=0;i<4;i++)              //循环控制8位数码管
33           {
34               Mydatad=weima[i];
35               wei=1;
36               wei=0;                     //锁存位控制信号
37               Mydatad=duanma[buf[i]];
38               duan=1;
39               duan=0;                    //锁存段控制信号
40               delay_5ms();               //保持显示
41           }
42           shijian++;
43           if(shijian>=100)               //上面内容每执行80遍后改变1次显示数据
44           {
45               main_i=0;
46               shu++;
47               if(shu>=10000)             //加到超过最大的 4 位数清零
48                   shu=0;
49           }
50       }
51   }
```

图 4-19　4 位数码管显示变化数字主函数截图

3）消隐调试，如图 4-20 所示，在送位控制信号前插入消隐处理代码，观察变化情况。

```
25   void main()
26 ┌ {
27       uchar i=0;
28       uchar shijian=0;
29       while(1)
30       {
31           smg_tobuf();
32           for(i=0;i<4;i++)              //循环控制8位数码管
33           {
34               Mydatad=0xff;
35               duan=1;
36               duan=0;                    //消隐信号锁存
37               Mydatad=weima[i];
38               wei=1;
39               wei=0;                     //锁存位控制信号
40               Mydatad=duanma[buf[i]];
41               duan=1;
42               duan=0;                    //锁存段控制信号
43               delay_5ms();               //保持显示
44           }
45           shijian++;
46           if(shijian>=100)               //上面内容每执行80遍后改变1次显示数据
47           {
48               main_i=0;
49               shu++;
50               if(shu>=10000)             //加到超过最大的 4 位数清零
51                   shu=0;
52           }
53       }
54   }
```

图 4-20　4 位数码管加入消隐后显示数字主函数截图

在更换显示位置打开位锁存器时，段码数据并没有同时更换过来，原先锁存在段锁存器中的数据会显示一瞬间，影响显示效果。因此，在改变位码前，先送所有笔画都不显示的段码数据锁存起来能够起到消隐作用。

4.2.8　8位数码管显示程序仿真

1．设计要求

1）前3位显示一个3位数，从0加到999。

2）中间两位显示"--"。

3）后3位显示一个3位数，从999减到0。

2．设计步骤

（1）绘制电路图

1）元器件选取：按元器件清单表在元件库中选出使用的元器件，如表4-3所示。

表4-3　元器件清单表

元器件名称	所属类	描述
AT89C52	Microproccessor ICs	AT89C52 单片机
7SEG-MPX8-CA-BLUE	Optoelectronics	8位7段蓝色数码管
RESPACK-8	Resistors	8位排阻
74HC573	TTL74HC Series	74HC573 锁存器

2）电路搭建：搭建8位数码管显示电路，如图4-21所示。

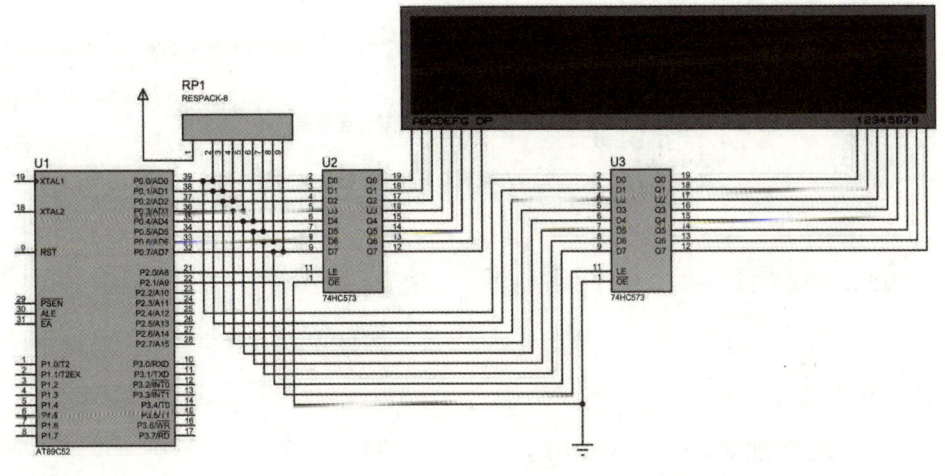

图4-21　8位数码管显示仿真电路

（2）程序编写

根据设计要求，完成程序编写，完成后的程序如图 4-22 所示。

```
01  #include<reg52.h>
02  #define Mydatad P0
03  #define uchar unsigned char
04  uchar duanma[]={0xc0,0xf9,0xa4,0xb0,0x99,0x92,0x82,0xf8,0x80,0x90,0xbf};
05  uchar weima[]={0x01,0x02,0x04,0x08,0x10,0x20,0x40,0x80};
06  sbit duan=P2^0;
07  sbit wei=P2^1;
08  uchar jiashu=0;
09  uchar jianshu=255;//需要显示的两个数值
10  uchar buf[8];      //保存8位数码管上显示的内容
11  void delay_5ms()
12  {
13      uchar i,j;
14      for(i=0;i<20;i++)
15          for(j=0;j<30;j++);
16  }
17  void smg_tobuf()   //指定每位数码管显示的内容
18  {
19      buf[0]=jiashu/100;
20      buf[1]=jiashu/10%10;
21      buf[2]=jiashu%10;
22      buf[3]=10;
23      buf[4]=10;
24      buf[5]=jianshu/100%10;
25      buf[6]=jianshu/10%10;
26      buf[7]=jianshu%10;
27  }
28  void main()
29  {
30      uchar main_i=0,i;
31      while(1)
32      {
33          smg_tobuf();
34          for(i=0;i<8;i++)           //循环控制8位数码管
35          {
36              P0=0xff;
37              duan=1;
38              duan=0;                //消隐
39              P0=weima[i];
40              wei=1;
41              wei=0;                 //锁存位控制信号
42              P0=duanma[buf[i]];
43              duan=1;
44              duan=0;                //锁存段控制信号
45              delay_5ms();           //保持显示
46          }
47          main_i++;
48          if(main_i>=80)             //上面内容每执行80遍后改变1次显示数据
49          {
50              main_i=0;
51              jiashu++;
52              if(jiashu>=256)        //加到无符号字符型数据的最大值清零
53                  jiashu=0;
54              jianshu--;
55              if(jianshu<0)          //减到无符号字符型数据的最小值重新赋值
56                  jianshu=255;
57          }
58      }
59  }
```

图 4-22 8 位数码管显示程序

（3）仿真运行

将完成的程序加载到仿真芯片中运行，效果如图 4-23 所示。

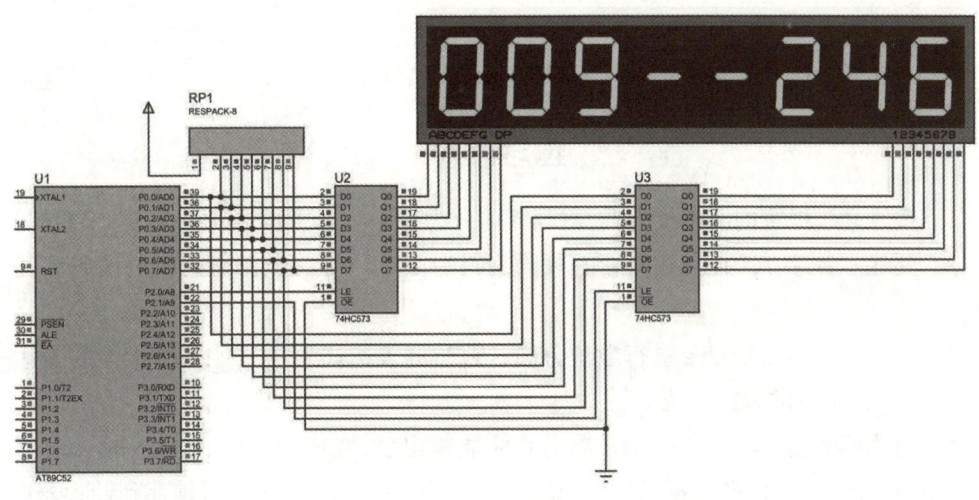

图 4-23   8 位数码管显示仿真运行效果

项目评价

项目评价由三个部分组成，即学生自评、小组评价和教师评价。按照自评占 20%，小组评价占 30%，教师评价占 50% 计入总分。评价内容详见表 4-4。

表 4-4   控制 LED 点亮应用评价表

评价内容		自评	小组评价	教师评价
		优☆　良△　中√　差×		
职业素养	（1）安全用电			
	（2）设备及器材的安全			
	（3）记录整理完整准确			
	（4）符合 6S 管理理念			
知识与技能	（1）正确连接设备			
	（2）单个数码管显示数字			
	（3）单个数码管数字能够变化			
	（4）4 位数码管能够显示不同的数字			
	（5）4 位数码管能够显示变化的 4 位数			
汇报展示	（1）数码管正常显示			
	（2）交流编程思路			
评价等级				
完成任务最终评价等级 （评价参考：自评 20%、组评 30%、师评 50%）				

检测与反思

练习题 A

1. 按发光二极管内部连接方式,数码管可分为 _____ 数码管和 _____ 数码管。

2. 要显示数字 1,共阴数码管的段码编码为 _____,共阳数码管的段码编码为 _____。

3. 对一个 3 位数变量 a 进行数位分离,百位的表达式为 _____,十位的表达式为 _____,个位的表达式为 _____。

4. 使用锁存器 74HC573,OE 端为 0 使能输出后,LE 端为 _____ 时,输出端直接输出输入信号,相当于直通;LE 端为 _____ 时,将输入信号锁存到锁存器中;LE 端为 _____ 时,输出端输出锁存器中锁存的信号,不再受输入信号影响。(高电平,低电平,上升沿,下降沿)

5. 将 unsigned int(无符号整型)宏定义为 uint16 的语句为 _____。

练习题 B

1. 请定义一个共阴数码管的段码数组,里面依次存放数字 0 ～ 9 和符号 "b" "—" "E" "U" 的编码。

2. 请编写一个对 4 位数进行数位分离的函数,将分离后的数字从高位到低位依次放入命名为 "buf" 的数组中,要分离的 4 位数变量不定义全局变量,由函数的形式参数传入。

3. 请画出共阴数码管的内部原理图。

4. 请写出 4 位共阳数码管的消隐语句。

5. 请分别使用移位和数组查询方式控制 4 位数码管依次显示。

练习题 C

请编写一个红绿灯 20s 倒计时程序。

要求:

(1)左边两位显示红灯秒数,右边两位显示绿灯秒数。

(2)开始红灯显示,从 20s 开始倒计时,绿灯不显示。

(3)红灯计时到 0s 后不再显示,绿灯开始显示,从 20s 开始倒计时。

(4)绿灯计时到 0s 后不再显示,重新开始红灯倒计时。

循环执行(2)～(4)步。

项目 5　控制点阵显示

项目说明

　　LED 就是 light emitting diode，是发光二极管的英文缩写。它是一种通过控制半导体发光二极管的显示方式，用来显示文字、图形、图像、动画、行情、视频、录像信号等各种信息的显示屏幕。LED 之所以受到广泛重视而得到迅速发展，与它本身所具有的优点是分不开的。这些优点概括起来是：亮度高、工作电压低、功耗小、小型化、寿命长、耐冲击和性能稳定。LED 的发展前景极为广阔，目前正朝着更高亮度、更高适应性、更高的发光密度、更高的发光均匀性、可靠性、全色化方向发展。

教学目标

知识目标

(1) 了解点阵的组成。

(2) 理解点阵显示原理。

(3) 掌握 LED 点阵显示驱动电路。

(4) 掌握 LED 点阵显示数字的编程方法。

技能目标

(1) 学会使用取模软件。

(2) 会正确使用 LED 点阵显示数字。

(3) 能够编写单片机控制点阵显示的程序。

项目描述

　　LED 点阵显示屏，广泛应用于车站、码头、机场、商场、医院、宾馆、银行、证券市场、建筑市场、拍卖行、工业企业管理和其他公共场所，主要用于各种信息显示。下面就一起来学习如何用单片机进行 LED 显示屏点阵控制。

任务 5.1　点亮一个点

任务描述

本任务要求以单片机为控制核心对汉字点阵进行控制，实现让其中一个点阵点亮。通过完成该任务，掌握点阵显示原理和单片机控制点阵亮的方法。

5.1.1　点阵引脚排列与显示原理

LED 点阵屏由 LED（发光二极管）矩阵组成，以灯珠亮灭来显示文字、图片、动画、视频等信息。

图 5-1 为 8×8 行共阳点阵内部结构，它共由 64 个发光二极管组成，排列成为 8 行 8 列。每行二极管的阳极连接在一起，分别由 9、14、8、12、1、7、2、5 引脚引出；每列 8 只 LED 的阴极连接到一起，分别由 13、3、4、10、6、11、15、16 引脚引出。

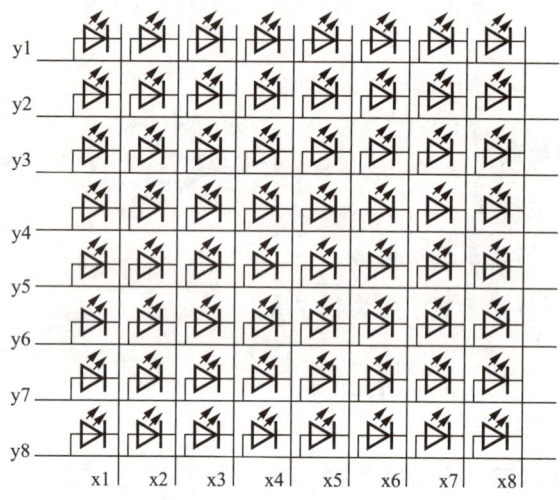

图 5-1　8×8 行共阳点阵内部结构图

点阵显示一帧画面，需要进行动态扫描，方法为：1 ~ 8 条行线上依次循环加入高电平，保证每次加入的高电平只接通 1 条行线，其余行线都为低电平。同时在 8 条列线上将该行要点亮的 LED 列线加入低电平，不亮的 LED 列线加入高电平，并将该状态保持 5 ~ 10ms 左右。尽管每个时刻都只有一行 LED 灯会被点亮，但由于人眼的视觉暂留效应，仍会看到 8 行 LED 都是同时点亮的，这种扫描方式称为点阵动态扫描。

5.1.2　点阵显示驱动电路分析

电路中 8×8 点阵块右端为行信号控制端，左端为列信号控制端。U2 为行锁存器，锁存器输出使能端 OE 接地、锁存使能端 LE 需要连接 I/O 控制。点阵的行输入数据由 P3 进入锁存器输入端 D0 ～ D7,从锁存器输出端 Q0 ～ Q7 输出送至点阵行信号控制端;点阵的列输入数据由 P0 直接与点阵列控制引脚接通。本电路由于没有外加电流驱动电路,行输入端的锁存器具有增大电流作用,所有行只能输出高电平进行控制,列输出低电平对应 LED 点亮。点阵显示驱动电路如图 5-2 所示。

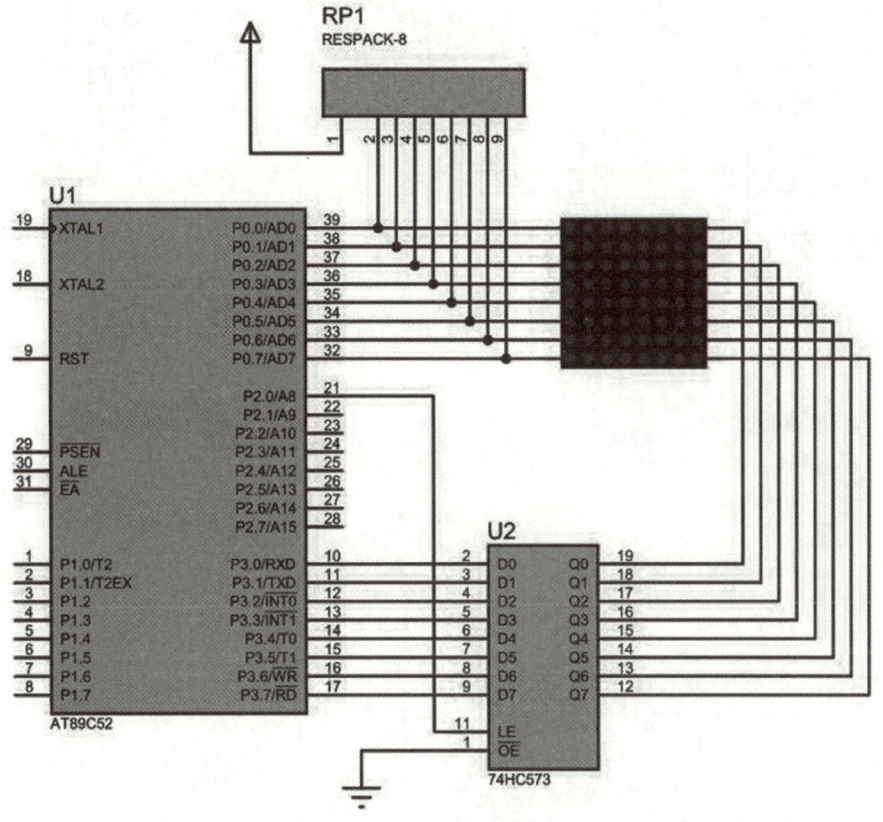

图 5-2　点阵显示驱动电路

5.1.3　分析开发板点阵显示驱动电路

开发板点阵显示驱动电路原理图如图 5-3 所示。

DS2 为 8×8 点阵屏,行信号 DZ0 ～ DZ7 来自 U7 锁存器输出端,列信号来自 RP6 的 La ～ Lh;锁存器输入端 Q0 ～ Q7 由 J17 连接数据线到单片机端口,列信号由 J15 连接数据线到单片机端口。OE、LE 分别为锁存器的输出使能控制端和锁存使能控制端。

5.1.4　编写点亮一个点程序

1)点亮点阵中每一个点的流程图如图 5-4 所示。

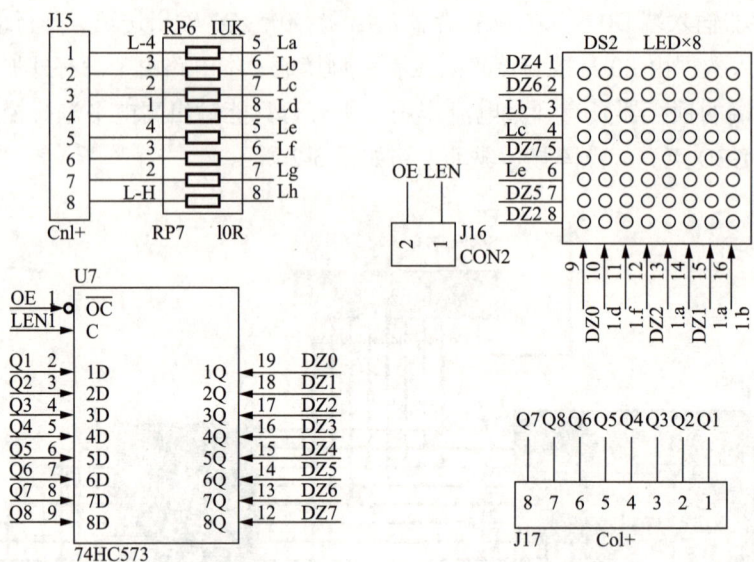

图 5-3　开发板点阵显示驱动电路原理图

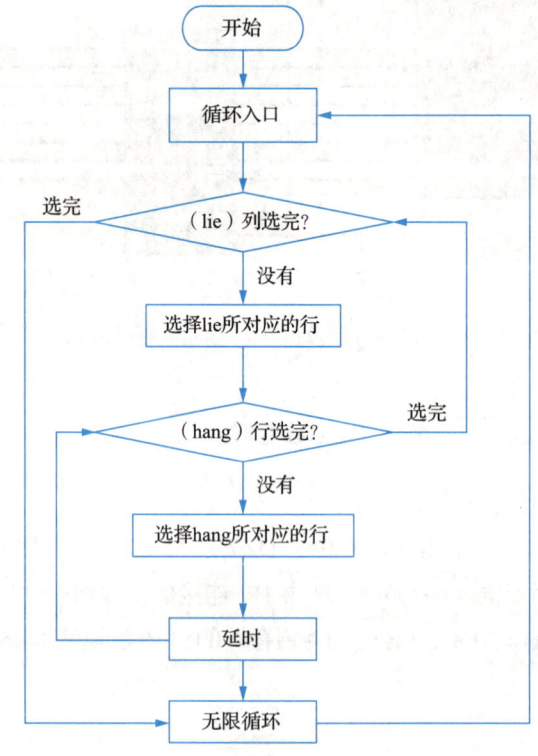

图 5-4　点亮点阵每一个点的流程图

2）编写源程序如下：

```
/* 点阵实验一，让点阵的每一个点分别点亮 */
/******* 声明区 *******************************/
#include<reg51.h>                           // 定义 8051 寄存器的头文件
/********* 延时子函数 *********/
void delay(void)
{
    unsigned int i=50000;
    while(--i);
}
/******* 主函数 *******************/
void main(void)
{
    unsigned char hang,lie;
    while(1)
    {
        for(lei=0;lei<8;lie++)              // 选择列
        {
            P1= ~ (0x01<<lie);              // 从左向右选择列
            for(hang=0;hang<8;hang++)       // 选择行
            {
            P0=(0x01<<hang);                // 从上到下选择行
                delay();                    // 点亮一点后延时
            }
        }
    }
}
```

5.1.5 连接点亮一个点电路

1）行数据端输入连接：用数据连接排线将图中 J17 插座与最小系统 P3（例程使用 P3 端口控制行）插座连接起来，使 Q1 ～ Q8 与 P0.0 ～ P0.7 一一对应。

2）列数据输入连接：用数据连接排线将图中 J15 插座与最小系统 P0（例程使用 P0 端口控制行）插座连接起来，使 LA ～ LH 与 P3.0 ～ P3.7 一一对应。

3）锁存器控制端连接：用杜邦线将 OE 端与 GND、LEN 端子与 P2.0 连接起来。

完成连接后的布线图如图 5-5 所示。

图 5-5　点阵显示电路布线图

5.1.6　运行并调试程序

将编写好的程序烧写进芯片，仔细观察运行情况。运行效果如图 5-6 所示。

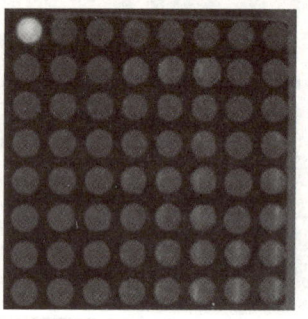

图 5-6　点亮一个点运行效果图

任务 5.2　控制点阵显示字符

任务描述

本任务要求以单片机为控制核心对汉字点阵进行控制，实现让点阵显示一个汉字，通过完成该任务，掌握点阵取模软件使用和单片机控制点阵显示汉字的方法。

5.2.1　点阵取模软件使用

显示器件的一帧画面由很多像素点的亮灭构成，逐个去计算亮灭的点是非常麻烦的事情。好在已经有人做好了一件事，只需要输入要显示的内容，就自动计算出亮灭的点并将数据以 8 位二进制形式呈现出来，这就是点阵取模软件。下面将学习使用 PCtoLCD2002 完美版点阵取模软件获取显示数据。

1）进入取模软件，主界面如图 5-7 所示。

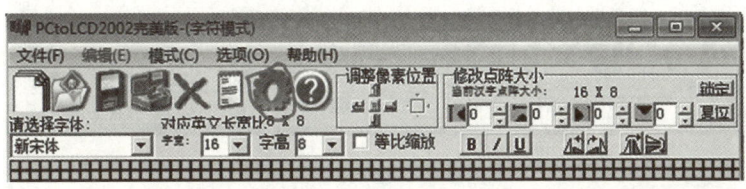

图 5-7　取模软件主界面

2）单击图 5-7 中的设置按钮，进入"字模选项"界面如图 5-8 所示。

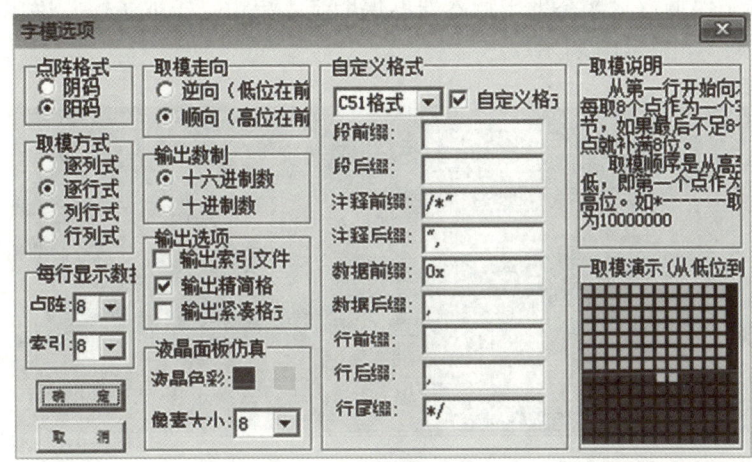

图 5-8　"字模选项"界面

3）进行字模选项设定，完成下述选项设置。

① 点阵格式选择：阳码要显示的像素点为低电平，阴码要显示的像素点为高电平。因使用的点阵为行共阳，列数据低电平点亮 LED，所以选择阳码。

② 取模方式选择：逐列式为将取的字模逐列（列高）扫描；逐行式为将取的字模逐行（行宽）扫描；列行式为将取的字模先逐列扫描第一大行（8 位），再逐列扫描第二大行（8 位），直至扫描完列高；行列式为将取的字模先逐行扫描第一大列（8 位），再逐行扫描第二大列（8 位），直至扫描完行宽。这里使用的点阵只有 8×8 且采用逐行扫描，选用逐行式、行列式均可。

③ 取模走向选择：逆向为低位在前，顺向为高位在前。

④ 输出数制：选用十六进制。

⑤ 每行显示数据：8×8 点阵只有每个符号 8 个数据，选择点阵 8、索引 8 就行了。

⑥ 输出选项：只影响数据排列格式，可自由选择。

⑦ 自定义格式：选用 C51 格式。

⑧ 去掉行前缀、行后缀中的花括号。

4）完成字模选项设定后单击"确定"按钮，返回主界面进行文本设置，如图 5-9 所示。

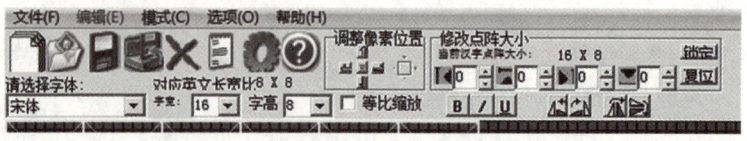

图 5-9　文本设置界面

字体可根据需要选择；8×8 点阵字宽本应该为 8，由于显示字符为半角，所以要占满屏选择 16；字高为 8；不进行等比缩放。

5）在"字模输入"文本框中输入要取模的字，单击"生成字模"按钮，就在下方自动生成字模，如图 5-10 所示。

图 5-10　字模生成界面

6）复制生成的字模数据，放入程序列数据数组中供使用，如图 5-11 所示。

{0xFF, 0xFF, 0xFF, 0xDD, 0x81, 0xFF, 0xFF, 0xFF}, /*"1", 0*/

{0xFF, 0xDD, 0xB9, 0xB9, 0xB5, 0xAD, 0xCD, 0xFF}, /*"2", 1*/

{0xFF, 0xD9, 0xBD, 0xBD, 0xB5, 0xC5, 0xDB, 0xFF}, /*"3", 2*/

{0xFF, 0xF7, 0xEB, 0xDB, 0xD9, 0x81, 0xFF, 0xFF}, /*"4", 3*/

{0xFF, 0xC9, 0xCD, 0xCD, 0xCD, 0xCD, 0xF3, 0xFF}, /*"5", 4*/

{0xFF, 0xC3, 0xD5, 0xAD, 0xAD, 0xCD, 0xF3, 0xFF}, /*"6", 5*/

图 5-11　生成的字模表

5.2.2　分析开发板点阵显示驱动电路

与任务 5.1 相同（略）。

5.2.3 编写点阵显示程序

1）点阵显示程序流程如图 5-12 所示。

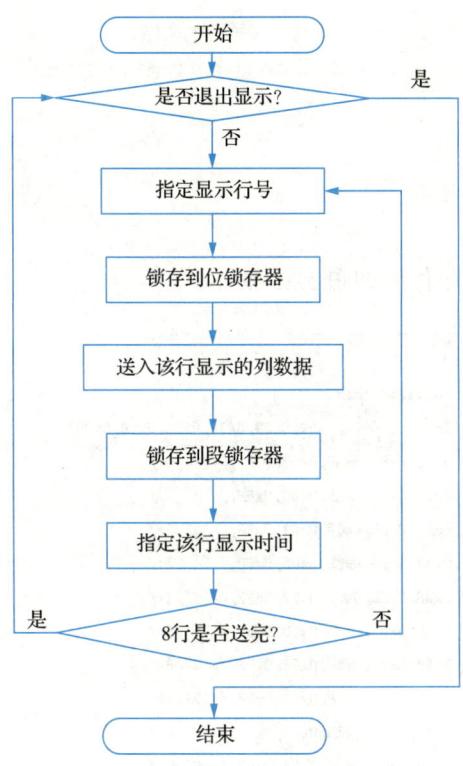

图 5-12 点阵显示程序流程图

2）编写源程序如下：

```
#include<reg52.h>
#define   row   P3
#define   col   P0
#define uchar  Unsigned char
sbit   LEN=P2^0;              // 位定义锁存器控制端口
uchar  datarow[]={0x01,0x02,0x04, 0x8,0x10,0x20,0x40,0x80};
uchar  datacol []={ 略 };      // 预定义控制行、列数据的数组
uchar shu=0;                  // 预定义要显示的数字
void delayms();               // 编写子函数：延时函数
void   main(void)             // 主函数
{
        uchar i=0;
        while (1)
```

```
        {
            for(i=0;i<8;i++)
        {
            row = datarow[i];// 控制显示行号。也可使用移位方式 row=0x01<<i 实现
                LEN=1;
                LEN=0;        // 锁存行数据
                col = datacol[shu*8+i];// 控制该行 LED 亮灭
                delayms();
        }
        }
}
```

3）完整点阵显示程序代码如图 5-13 所示。

```
01 #include<reg52.h>
02 #define  row  P3        //送行数据，高选中
03 #define  col  P0        //送列数据，低亮
04 #define uchar  unsigned char
05 sbit LEN=P2^0;          //行数据锁存端口
06 uchar  datarow[]={0x01,0x02,0x04,0x08,0x10,0x20,0x40,0x80};
07 uchar datacol[]={//8*8点阵、阳码、逐行式、顺向取模、新宋体、数字0~9
08 0xFF,0xFF,0xC3,0xBD,0xBD,0xBD,0xC3,0xFF,/*"0",0*/
09
10 0xFF,0xFF,0xEF,0x8F,0xEF,0xEF,0x83,0xFF,/*"1",1*/
11
12 0xFF,0xFF,0xC1,0xBD,0xFB,0xC5,0x81,0xFF,/*"2",2*/
13
14 0xFF,0xFF,0xC1,0xA7,0xF9,0xBD,0xC3,0xFF,/*"3",3*/
15
16 0xFF,0xFB,0xE3,0xDB,0xBB,0xC3,0xF3,0xFF,/*"4",4*/
17
18 0xFF,0xFF,0x81,0xBF,0x83,0xBD,0xC3,0xFF,/*"5",5*/
19
20 0xFF,0xFF,0xC3,0xBF,0x83,0xBD,0xC3,0xFF,/*"6",6*/
21
22 0xFF,0xFF,0x81,0xBB,0xE7,0xEF,0xEF,0xFF,/*"7",7*/
23
24 0xFF,0xFF,0x81,0xBD,0xC3,0xBD,0xC3,0xFF,/*"8",8*/
25
26 0xFF,0xFF,0xC3,0xBD,0xC1,0xF9,0xC3,0xFF,/*"9",9*/
27
28 };
29 uchar shu=0;   //显示数字
30 void delay_5ms()
31 {
32     uchar i,j;
33     for(i=0;i<20;i++)
34         for(j=0;j<20;j++);
35 }
36 void  main(void)        //主函数
37 {
38     uchar i=0;
39     while(1)
40     {
41         for(i=0;i<8;i++)
42         {
43             row = datarow[i];//控制显示行号。也可使用移位方式dianzhen_row=0x01<<i实现
44             LEN=1;
45             LEN=0; //锁存行数据
46             col = datacol[shu*8+i];//取出该行显示的列数据，控制该行LED亮灭
47             delay_5ms();
48         }
49     }
50
51 }
```

图 5-13　点阵显示程序

5.2.4　连接点阵显示电路

与任务 5.1 相同（略）。

5.2.5 运行并调试程序

1）将编写好的程序烧写进芯片，仔细观察运行情况。运行效果如图 5-14 所示。

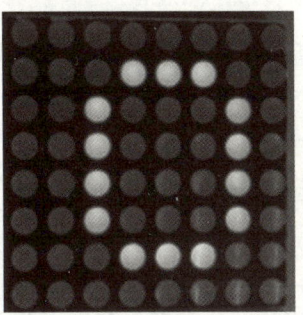

图 5-14 点阵显示运行效果图

2）在 for 循环外加如下代码，实现数据变化，如图 5-15 所示。

```
36  void  main(void)        //主函数
37 □{
38      uchar i=0;
39      uchar shijian=0;
40      while(1)
41      {
42          for(i=0;i<8;i++)
43          {
44              row = datarow[i];//控制显示行号。也可使用移位方式dianzhen_row=0x01<<i实现
45              LEN=1;
46              LEN=0; //锁存行数据
47              col = datacol[shu*8+i];//取出该行显示的列数据,控制该行LED亮灭
48              delay_5ms();
49          }
50          shijian++;
51          if(shijian>=200)
52          {
53              shijian=0;
54              shu++;
55              if(shu>=10)
56                  shu=0;
57          }
58      }
59
60 └}
```

图 5-15 点阵显示数据变化主函数截图

3）在送行信号前加入消隐的相关代码，仔细观察运行的差别。

`col =0xff;// 消隐`

4）将延时函数修改为延时 500ms，观察变化情况，体验动态扫描过程。

5.2.6 点阵显示仿真电路设计

1. 任务要求

1）搭建点阵显示仿真电路。
2）显示 0～9 数字变化。

2．设计步骤

（1）绘制电路图

1）元器件选取：按元器件清单表在元件库中选出对应的元器件，如表 5-1 所示。

表 5-1　元器件清单表

元器件名称	所属类	描述
AT89C52	Microproccessor ICs	AT89C52 单片机
MATRIX-8X8-BLUE	Optoelectronics	8×8 蓝色点阵屏
RESPACK-8	Resistors	8 位排阻
74HC573	TTL74HC series	74HC573 锁存器

2）电路搭建：按图 5-16 搭建 8 位数码管显示电路。

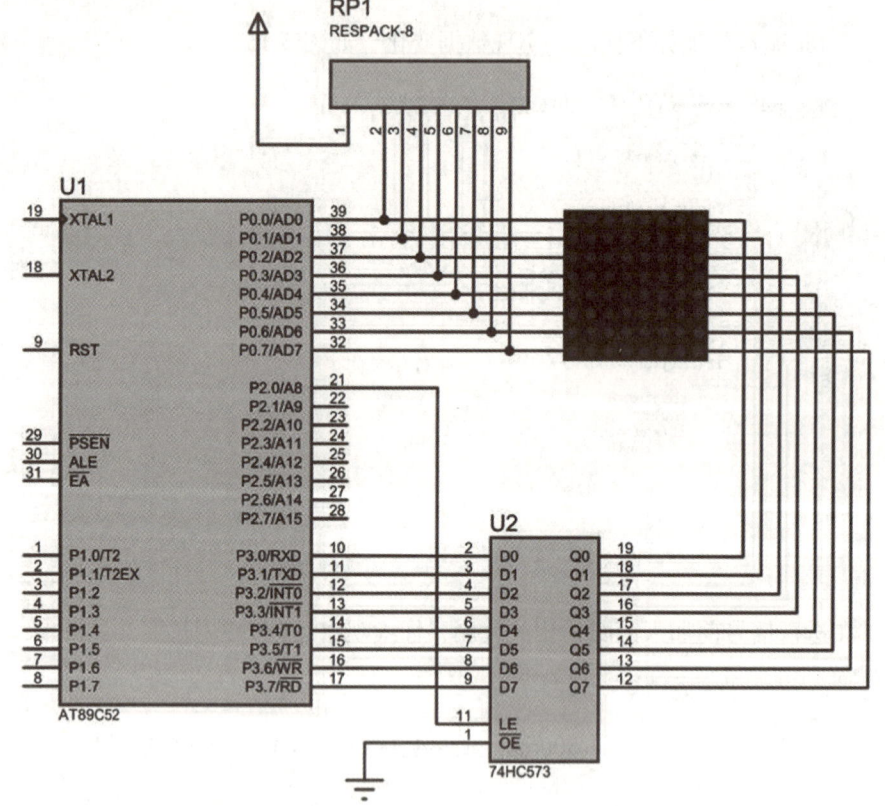

图 5-16　8 位数码管显示电路原理图

（2）点阵仿真程序编写

1）复制例程代码，修改预处理命令中的列数据数组为二维数组，修改后如下。

```
uchar datacol[][8]=
```

2）修改主函数内容如下，实现数组递增，如图 5-17 所示。

```
36  void   main(void)        //主函数
37 □{
38      uchar i=0;
39      uchar shijian=0;
40      while(1)
41      {
42          for(i=0;i<8;i++)
43          {
44              row = datarow[i];//控制显示行号。也可使用移位方式row=0x01<<i实现
45              LEN=1;
46              LEN=0; //锁存行数据
47              col = datacol[shu][i];//取出该行显示的列数据,控制该行LED亮灭
48              delay_5ms();
49          }
50          shijian++;
51          if(shijian>=200)
52          {
53              shijian=0;
54              shu++;
55              if(shu>=10)
56                  shu=0;
57          }
58      }
59  }
60 └}
```

图 5-17 使用二维数组送点阵显示数据主函数

（3）仿真调试运行

将编译好的 hex 文件加载到仿真芯片中，运行程序，效果如图 5-18 所示。

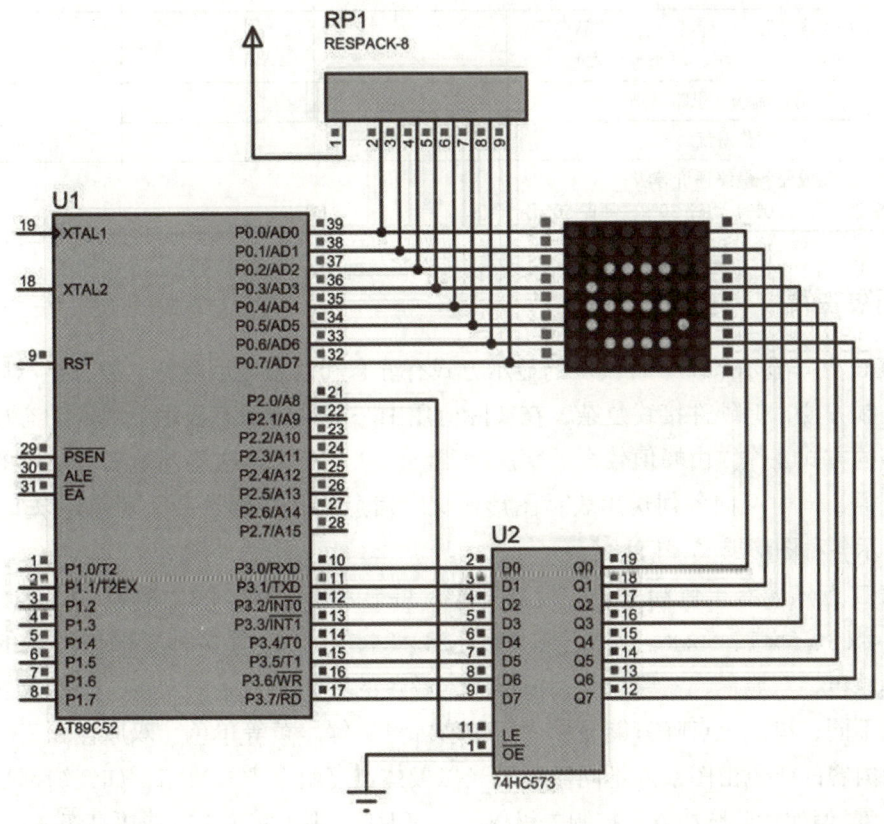

图 5-18 点阵显示仿真效果

项目评价

项目评价由三个部分组成，即学生自评、小组评价和教师评价。按照自评占 20%，小组评价占 30%，教师评价占 50% 计入总分。评价内容详见表 5-2。

表 5-2　控制点阵显示应用评价表

评价内容		自评	小组评价	教师评价
		优☆　良△　中√　差×		
职业素养	（1）安全用电			
	（2）设备及器材的安全			
	（3）记录整理完整准确			
	（4）符合 6S 管理理念			
知识与技能	（1）点阵显示驱动电路搭建			
	（2）点阵取模软件应用			
	（3）点阵显示程序编写			
	（4）点阵显示程序调试			
汇报展示	（1）作品展示（可以为实物作品展示、PPT 汇报、简报、作业等形式）			
	（2）语言流畅，思路清晰			
评价等级				
完成任务最终评价等级（评价参考：自评 20%、组评 30%、师评 50%）				

拓展提高

LED 点阵显示系统中各模块的显示方式有静态和动态显示两种。静态显示原理简单，控制方便，但硬件接线复杂，在实际应用中一般采用动态显示方式，动态显示采用扫描的方式工作，由峰值较大的窄脉冲驱动，从上到下逐次不断地对显示屏的各行进行选通，同时又向各列送出表示图形或文字信息的脉冲信号，反复循环以上操作，就可显示各种图形或文字信息。

LED 点阵屏有单色和双色、全彩三类，可显示红，黄，绿，橙等。LED 点阵有 4×4、4×8、5×7、5×8、8×8、16×16、24×24、40×40 等多种；根据图素的数目分为单原色，双原色、三原色等，根据图素颜色的不同所显示的文字、图像等内容的颜色也不同，单原色点阵只能显示固定色彩如红、绿、黄等单色，双原色和三原色点阵显示内容的颜色由图素内不同颜色发光二极体点亮组合方式决定，如红绿都亮时可显示黄色，假如按照脉冲方式控制二极体的点亮时间，则可实现 256 或更高级灰度显示，即可实现真彩色显示。

检测与反思

练习题 A

1. 8×8点阵屏由 _____ 个 LED 组成，构成 _____ 行 _____ 列的 LED 矩阵。

2. 行共阴的 8×8LED 点阵屏，要点亮屏上所有 LED，行数据必须为 _____，列数据必须为 _____。请使用 16 进制数据表示。

3. 使用点阵取模软件，选择阳码要显示的像素点为 _____，阴码要显示的像素点为 _____。

4. 逐行扫描点阵屏，若同时接通了两条行线再送入列信号，将会出现这两行点亮和熄灭的 LED 数量与位置 _____。

5. 从 P0 端口从 0 到 7 位依次输出 1 个高电平信号的移位语句是 _____。

练习题 B

1. 使用点阵取模软件取出 26 个小写英文字母的编码，放入自定义的数组中。

2. 根据自己的理解，简述点阵逐行动态扫描原理。

3. 分别使用移位和数组查询方法写出 P0 端口从 0 到 7 位依次输出高电平。

4. 写出点亮点阵屏第一行第 1、2 个 LED 的编码语句。

5. 写出点亮点阵屏最后一行中间 4 只 LED 灯的语句。

练习题 C

编写一个依次显示 26 个大写英文字母的 8×8 点阵显示程序，每个字母显示时间 1s，为计时准确，请使用定时器。

要求：

（1）初始化点阵显示 A，保持 1s。

（2）计时 1s 后更换显示内容。

（3）依次显示 26 个大写英文字母。

（4）26 个字母依次显示完毕，重新从 A 开始显示。

（5）显示亮度足够，显示界面不出现闪烁。

项目 6 控制 LCD1602 显示

项目说明

LCD1602 是一种工业字符型液晶，能够同时显示 16×2 即 32 个字符。LCD1602 液晶显示的原理是利用液晶的物理特性，通过电压对其显示区域进行控制，即可以显示出图形。显示效果如图 6-1 所示。

图 6-1 LCD1602 显示效果

教学目标

知识目标

(1) 认识 LCD1602 显示器件。

(2) 掌握 LCD1602 显示电路结构。

(3) 掌握 LCD1602 基本操作与基本指令。

(4) 了解 ASCII 编码。

(5) 掌握 LCD1602 编程方法。

技能目标

(1) 学会制作 LCD 数字时钟。

(2) 能够编写 LCD 时钟运行程序。

项目描述

1602 液晶也叫 1602 字符型液晶，它是一种专门用来显示字母、数字、符号等的点阵型液晶模块。本项目将通过两个任务介绍如何用单片机控制 1602 液晶进行字符显示和时间显示。

任务6.1 控制 LCD1602 显示两行字符

任务描述

本任务以单片机为控制核心对 LCD1602 进行控制，实现让 LCD1602 显示两行字符，通过完成任务，掌握 LCD1602 的知识和单片机控制 LCD1602 显示字符的方法。

6.1.1 认识 LCD1602

LCD1602 是单片机开发人员常用的字符显示器件，显示器采用 LCD 液晶屏，可显示两行字符，每行可显示 16 个字符，故名 LCD1602。

1. 认识 LCD1602 外观与引脚

LCD1602 外观如图 6-2 所示。

图 6-2 LCD1602 外观图

LCD1602 引脚分布如图 6-3 所示。

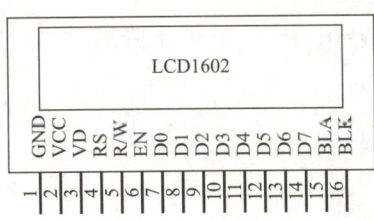

图 6-3 LCD1602 引脚分布图

LCD1602 引脚功能如表 6-1 所示。

表 6-1 LCD1602 引脚功能

引脚号	引脚名	电平	输入 / 输出	作用
1	VSS			电源地
2	VCC			电源（+5V）
3	VEE			对比调整电压
4	RS	0/1	输入	0= 输入指令 1= 输入数据
5	R/W	0/1	输入	0= 向 LCD 写入指令或数据 1= 从 LCD 读取信息
6	E	1,1 → 0	输入	使能信号，1 时读取信息，1 → 0（下降沿）执行指令
7	D0	0/1	输入 / 输出	数据总线 line0（最低位）
8	D1	0/1	输入 / 输出	数据总线 line1
9	D2	0/1	输入 / 输出	数据总线 line2
10	D3	0/1	输入 / 输出	数据总线 line3
11	D4	0/1	输入 / 输出	数据总线 line4
12	D5	0/1	输入 / 输出	数据总线 line5
13	D6	0/1	输入 / 输出	数据总线 line6
14	D7	0/1	输入 / 输出	数据总线 line7（最高位）
15	BLA	+VCC		LCD 背光电源正极
16	BLK	接地		LCD 背光电源负极

2．LCD1602 基本时序操作

1）读状态：RS=0，R/W=1，E=1，E=0 下降沿时执行操作。此操作单片机可以读取到液晶由 D0 ～ D7 输出的状态字。

2）读数据：RS=1，R/W=1，E=1，E=0 下降沿时执行操作。此操作单片机可以读取到液晶 D0 ～ D7 输出的数据。

3）写命令：RS=0，R/W=0，E=1，E=0 下降沿时执行操作。此操作单片机可以由 D0 到 D7 向液晶发送执行命令。

4）写数据：RS=1，R/W=0，E=1，E=0 下降沿时执行操作。此操作单片机可以由 D0 到 D7 向液晶发送显示数据。

3．LCD1602 基本指令解析

（1）工作方式设置指令

LCD1602 工作方式设置指令如表 6-2 所示。

表 6-2　LCD1602 工作方式设置

RS	R/W	D7	D6	D5	D4	D3	D2	D1	D0
0	0	0	0	1	DL	N	F	X	X

DL：设 1 为 8 位数据接口，0 为 4 位数据接口。

N：设 1 为两行显示，0 为一行显示。

F：设 1 为 5×10 点阵字符，0 为 5×8 点阵字符。

X：表示未知，无设定。

这里设置为 0×38。选择 8 位数据、两行显示、5×8 点阵字符方式工作。

（2）显示开关控制指令

LCD1602 显示开并控制指令如表 6-3 所示。

表 6-3　LCD1602 显示开关设置

RS	R/W	D7	D6	D5	D4	D3	D2	D1	D0
0	0	0	0	0	0	1	D	C	B

D：设 1 为开显示，0 为关显示。

C：设 1 为光标显示，0 为光标不显示。

B：设 1 为光标闪烁，0 为光标不闪烁。

这里设置为 0×0c。开显示、不显示光标、光标不闪烁。

（3）输入模式设置指令

LCD1602 输入模式设置指令如表 6-4 所示。

表 6-4　LCD1602 输入模式设置

RS	R/W	D7	D6	D5	D4	D3	D2	D1	D0
0	0	0	0	0	0	0	1	I/D	S

I/D：设为 1 时，AC 自动增一，即依次从左向右输入显示内容；为 0 时，AC 自动减一，即依次从右向左输入显示内容。

S：设为 1 时显示移动，0 时不显示移动。

这里设置为 0×06。从左向右输入显示内容、不显示移动。

（4）清屏指令

LCD1602 清屏指令如表 6-5 所示。

表 6-5　LCD1602 清屏设置

RS	R/W	D7	D6	D5	D4	D3	D2	D1	D0
0	0	0	0	0	0	0	0	0	1

清除屏幕显示内容，需要一定时间，光标返回左上角。

（5）显示位置说明

第一行第一个显示位置从 0×80 开始，到最后一个显示位置 0×8F 结束。

第二行第一个显示位置从 0×C0 开始，到最后一个显示位置 0×CF 结束。

6.1.2 ASCII 码简介

ASCII 码是现今最通用的单字节编码系统，标准 ASCII 码使用 7 位二进制数来表示所有英文字符的大写和小写字母、0～9 数字、标点符号，以及一些特殊的控制字符。标准 ASCII 码表如图 6-4 所示。

ASCII表
（ American Standard Code for Information Interchange 美国标准信息交换代码 ）

低四位		十进制	字符	Ctrl	代码	转义字符	字符解释	十进制	字符	Ctrl	代码	转义字符	字符解释	十进制	字符	十进制	字符	十进制	字符	十进制	字符	十进制	字符	十进制	字符	Ctrl
					0000						0001			0010		0011		0100		0101		0110		0111		
					0						1			2		3		4		5		6		7		
0000	0	0		^@	NUL	\0	空字符	16	►	^P	DLE		数据链路转义	32		48	0	64	@	80	P	96	`	112	p	
0001	1	1	☺	^A	SOH		标题开始	17	◄	^Q	DC1		设备控制1	33	!	49	1	65	A	81	Q	97	a	113	q	
0010	2	2	☻	^B	STX		正文开始	18	↕	^R	DC2		设备控制2	34	"	50	2	66	B	82	R	98	b	114	r	
0011	3	3	♥	^C	ETX		正文结束	19	‼	^S	DC3		设备控制3	35	#	51	3	67	C	83	S	99	c	115	s	
0100	4	4	♦	^D	EOT		传输结束	20	¶	^T	DC4		设备控制4	36	$	52	4	68	D	84	T	100	d	116	t	
0101	5	5	♣	^E	ENQ		查询	21	§	^U	NAK		否定应答	37	%	53	5	69	E	85	U	101	e	117	u	
0110	6	6	♠	^F	ACK		肯定应答	22	▬	^V	SYN		同步空闲	38	&	54	6	70	F	86	V	102	f	118	v	
0111	7	7	•	^G	BEL	\a	响铃	23	↨	^W	ETB		传输块结束	39	'	55	7	71	G	87	W	103	g	119	w	
1000	8	8	◘	^H	BS	\b	退格	24	↑	^X	CAN		取消	40	(	56	8	72	H	88	X	104	h	120	x	
1001	9	9	○	^I	HT	\t	横向制表	25	↓	^Y	EM		介质结束	41	)	57	9	73	I	89	Y	105	i	121	y	
1010	A	10	◎	^J	LF	\n	换行	26	→	^Z	SUB		替代	42	*	58	:	74	J	90	Z	106	j	122	z	
1011	B	11	♂	^K	VT	\v	纵向制表	27	←	^[	ESC	\e	溢出	43	+	59	;	75	K	91	[	107	k	123	{	
1100	C	12	♀	^L	FF	\f	换页	28	∟	^\	FS		文件分隔符	44	,	60	<	76	L	92	\	108	l	124			
1101	D	13	♪	^M	CR	\r	回车	29	↔	^]	GS		组分隔符	45	-	61	=	77	M	93	]	109	m	125	}	
1110	E	14	♫	^N	SO		移出	30	▲	^^	RS		记录分隔符	46	.	62	>	78	N	94	^	110	n	126	~	
1111	F	15	☼	^O	SI		移入	31	▼	^-	US		单元分隔符	47	/	63	?	79	O	95	_	111	o	127	⌂	^Backspace 代码: DEL

注：表中的 ASCII 字符可以用"Alt + 小键盘上的数字键"方法输入。

图 6-4　标准 ASCII 码表

ASCII 码为字符型编码，单个字符用单引号引起来，如'A'，两个以上字符构成字符串，用双引号引起来，如"ABC123"。

单片机开发可以使用字符进行代码编写，程序编译时会自动对照 ASCII 码表将字符替换成对应的数据。因此，字符使用与普通数据使用是一样的，一个字符为 1 个 8 位二进制数据，如'A'与十六进制的 0x41、十进制的 65 使用效果是一样的，是数据以字符型作为表现形式。因此，单个字符实质就是一个字节数据，一个字符串就是一个字节数组。

6.1.3　分析 LCD1602 显示驱动电路

LCD1602 显示驱动电路如图 6-5 所示。电路中 D0 ~ D7 为数据输入端口；RS、R/W、E 为控制端口，其中 RS 为数据命令选择控制端口、R/W 为读写操作选择控制端口、E 为操作使能控制端口。LED+、LED−为背光电源，VCC、GND 为电源。VL 外接电位器 R20 可以调节显示与背景的对比度，显示内容与背景对比太小会使显示不清晰甚至会无法显示。

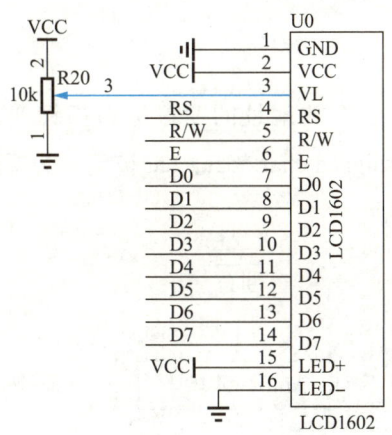

图 6-5　LCD1602 显示驱动电路

6.1.4　分析开发板 LCD1602 显示驱动电路

开发板 LCD1602 显示驱动电路如图 6-6 所示。U3 为显示器 LCD1602，D0 ~ D7 为数据输入端子，与 P0 端口相连；RS、R/W、EN 为控制端子，其中 RS 为数据命令选择端子，R/W 为读写命令选择端子，EN 为使能控制端子，分别与 P23、P24、P25 相连。J11 外接对比度调节电位器，使用时需要用跳线帽将 2、3 脚短接。

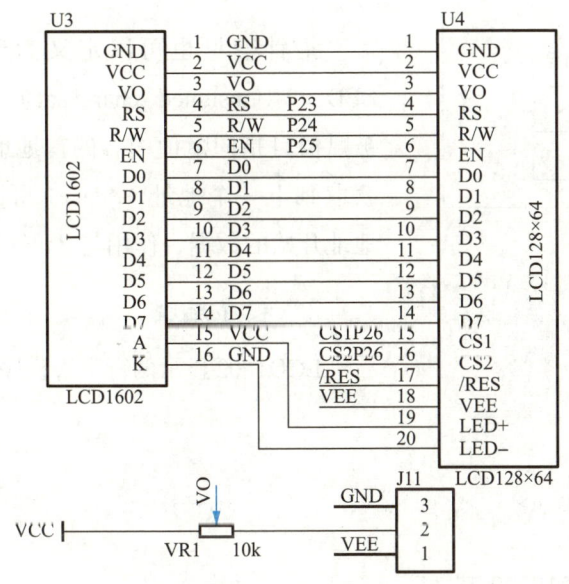

图 6-6　开发板 LCD1602 显示驱动电路

6.1.5　编写 LCD1602 显示两行字符程序

1. 指针变量

存放地址的变量称为指针变量。指针变量定义方法为：类型 * 变量名。比如，unsigned char *dat。dat 被定义为指针变量，但并没有赋值，默认值为 0，没有指向任何地址。

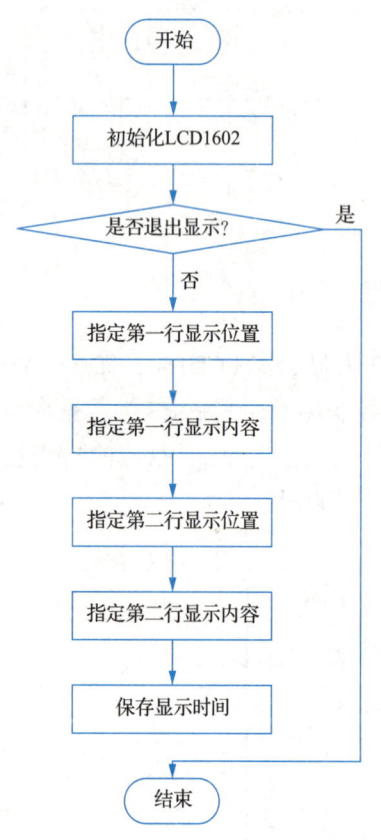

图 6-7　LCD1602 显示两行字符
程序流程图

指针使用时要运用到两个运算符 & 和 *。指针取数据存储的地址用 &，作用是给指针赋值，即把地址放进指针变量中。如数据 a 系统分配的首地址为 0xff00H，里面存放一个或一组数据，当指针变量 dat=&a 时，dat 指向 a 的首地址 0xff00H，即 dat 的值为数据 a 的首地址 0xff00H，dat+1 的值为数据 a 首地址后一个地址 0xff01H。指针取存放在该地址中的数据用 *（注意与定义指针时的符号相同，但意义不同），如 *dat 表示获取存放到 dat 里面那个地址的数据，若赋值为 a 的首地址 0xff00H，*dat 就是从地址 0xff00H 中取出存放的数据。

指针变量也可以定义为形式参数，如 void LED602（unsigned char *dat）。在调用函数时指针被赋值且指向赋值内容的首地址，dat++ 可以依次获取到下一个地址，*dat++ 可以依次获取到从首地址开始的数据，作用与 dat[i++] 相同。

2. 程序流程

LCD1602 显示两行字符程序流程如图 6-7 所示。

3. 编写程序

```
#include<reg52.h>
#define  Mydata  P0
#define uc  unsigned char
sbit  rs=P2^3; // 位定义数据命令选择端子 0 命令 1 数据
sbit  rw=P2^4; // 位定义读写命令选择端子 0 写入 1 读出
```

```
sbit  e=P2^5;  // 位定义使能控制端子，下降沿使能
void delay(uc t) // 延时函数
{
            while(t--);
}
void  lcd_reg(uc dat)  // 写命令的函数
{
   rs=0;// 选择命令
   rw=0;// 选择写入
   Mydata =dat;// 写入命令的内容
   e=1;
   delay(2);
   e=0;// 执行本条命令写入
}
void  lcd_dat(uc dat)  // 写数据的函数
{
   rs=1;// 选择数据
   rw=0;// 选择写入
   Mydata =dat;// 写入显示的内容
   e=1;
   delay(2);
   e=0;// 执行显示内容写入
}
void lcd1602_init()// 初始化液晶1602的函数
{
   lcd_reg(0x38);// 工作方式设置
   lcd_reg(0x0c);// 开显示
   lcd_reg(0x06);// 从左向右输入显示内容
   lcd_reg(0x01);// 清屏
   delay(1000); // 清屏需要一定时间
}
void lcd1602_disp(uc row,col,uc dat)// 在指定位置显示1个字符的函数
{
   if(row==0)    // 判断在第几行显示
          lcd_reg(0x80+col);// 指示显示位置在第一行第几位
   else
          lcd_reg(0xc0+col); // 指示显示位置在第二行第几位
   lcd_dat(dat);// 向指定的显示位置写入一个显示内容
}
void lcd1602_zfc(uc row,col,uc *dat)// 在指定行显示一个字符串的函数
{
```

```
      uc  i=0;
      for(i=0;*dat!=0;i++)// 依次执行到 dat 里面的数据写完为止
              lcd1602_disp(row,col+i,*dat++);// 两处 *dat++ 换成 dat[i] 也一样
}
void main()
{
   delay(5000);
   lcd1602_init();
   while(1)
   {
           lcd1602_zfc(0,0,"  Hello  World  ");
           lcd1602_zfc(1,0,"    2018-06-25   ");
           while(1);
   }
}
```

6.1.6　连接 LCD1602 显示两行字符电路

1）对比度跳线设置：使用跳线帽将 J11 的中间插针与 1602 一边的插针相短接。

2）安装 LCD1602：将 LCD1602 显示屏插入活动插座，注意引脚方向。安装完成效果如图 6-8 所示。

3）程序下载后若不能正常显示，需要调节电位器 VR3。

图 6-8　开发板 LCD1602 显示屏插入活动插座连接图

6.1.7　运行并调试程序

1）将编写好的程序烧写进芯片，观察运行情况。运行效果如图6-9所示。

图6-9　LCD1602显示运行效果

2）在主函数里调用单个字符指定位置显示函数，组成一行显示内容，比较各种写法的异同，如图6-10所示。

```
52  void main()
53  {
54      uchar i;
55      uchar str[]="QQ:1234567";
56      delay(5000);
57      lcd1602_init();
58      while(1)
59      {
60          lcd1602_disp(0,0,'T');
61          lcd1602_disp(0,1,'E');
62          lcd1602_disp(0,2,'L');
63          lcd1602_disp(0,3,':');  //单个字符送显示
64          lcd1602_disp(0,4,0x31);  //16进制单个字符送显示
65          lcd1602_disp(0,5,50);  //1U进制单个字符送显示
66          lcd1602_zfc(0,6,"34567890");
67          lcd_reg(0xc0+2);  //指定位置
68          for(i=0;i<10;i++)  //循环单个字符送显示
69              lcd_dat(str[i]);
70          while(1);
71      }
72
73  }
```

图6-10　单个字符指定位置显示函数使用

任务 6.2 LCD1602 显示数字时钟设计

任务描述

本任务以单片机为控制核心对 LCD1602 进行控制,实现让 LCD1602 显示数字时钟,通过完成该任务,掌握单片机控制 LCD1602 显示数字时钟的方法。

6.2.1 十进制数据与 ASCII 码字符的相互转换

LCD1602 显示的字符为 ASCII 码编码字符,若要把数字 16 显示在液晶屏上,需要先将数字 16 转换成相应的 ASCII 码编码字符。其方法为将 16 运用数位分离法分为两个数字 1 和 6,即 16/10、16%10。

将数字 1 和 6 替换成对应的 ASCII 码,即 1+0x30、6+0x30,将转换后的 ASCII 码送显示。

相反,把 '1' '6' 两个字符转换成数字 16 进行运算,方法为:将字符转换成数字,'1' 转换为 0x30,'6' 转换为 0x30;再将转换后的数字拼接成一个两位数('1'−0x30)× 10+('6'−0x30)=16。

6.2.2 分析开发板 LCD1602 显示驱动电路

与任务 6.1 相同(略)。

6.2.3 编写 LCD1602 数字时钟程序

1. 理解程序流程图

LCD1602 数字时钟程序编写流程如图 6-11 所示。

2. LCD1602 数字时钟程序编写

```
#include<reg52.h>
#define  Mydata  P0
#define uc  unsigned char
sbit  rs=P2^3; // 位定义数据命令选择端子 0 命令 1 数据
sbit  rw=P2^4; // 位定义读写命令选择端子 0 写入 1 读出
```

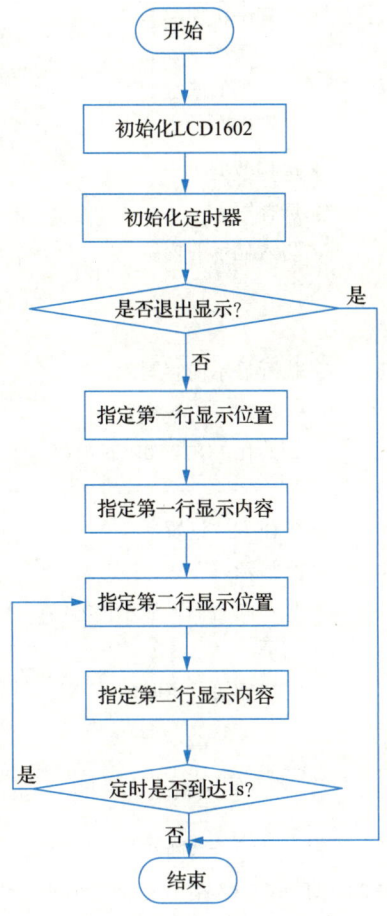

图 6-11　LCD1602 数字时钟程序编写流程图

```
sbit   e=P2^5;   // 位定义使能控制端子，下降沿使能
uc shi=23,fen=59,miao=30;
void delay(uc t) // 延时函数
{
        while(t--);
}
void  lcd_reg(uc dat) // 写命令的函数
{
   rs=0;                    // 选择命令
   rw=0;                    // 选择写入
   Mydata =dat;             // 写入命令的内容
   e=1;
```

```
    delay(5);
    e=0;                        // 执行本条命令写入
}
void  lcd_dat(uc dat)    // 写数据的函数
{
    rs=1;                       // 选择数据
    rw=0;                       // 选择写入
    Mydata =dat;                // 写入显示的内容
    e=1;
    delay(5);
    e=0;                        // 执行显示内容写入
}
void lcd1602_init()      // 初始化 LCD1602 的函数
{
    lcd_reg(0x38);              // 工作方式设置
    lcd_reg(0x0c);              // 开显示
    lcd_reg(0x06);              // 从左向右输入显示内容
    lcd_reg(0x01);              // 清屏
    delay(1000);                // 清屏需要一定时间
}
void lcd1602_disp(uc row,col,uc dat)    // 在指定位置显示 1 个字符的函数
{
    if(row==0)                      // 判断在第几行显示
            lcd_reg(0x80+col);   // 指示显示位置在第一行第几位
    else
            lcd_reg(0xc0+col);   // 指示显示位置在第二行第几位
    lcd_dat(dat);                   // 向指定的显示位置写入一个显示内容
}
void lcd1602_zfc(uc row,col,uc *dat)    // 在指定行显示一个字符串的函数
{
    uc i=0;
    for(i=0;*dat!=0;i++)// 依次执行到 dat 里面的数据写完为止
            lcd1602_disp(row,col+i,*dat++);// 两处 *dat++ 换成 dat[i] 也一样
}
void T1_init()  // 初始化定时器
{
    TMOD=0x01;
    TH0=65036/256;
```

```
    TL0=65036%256;
    ET0=TR0=EA=1;
}
void main()
{
    delay(5000);
    lcd1602_init();
    T1_init();
    while(1)
    {
        lcd1602_zfc(0,0,"   2018-10-12    ");
        lcd1602_zfc(1,0,"    23:59:30    ");// 显示时钟格式
        while(1);
    }
}
void timer0()interrupt 1
{
    uc ci;
    TH0=15536/256;
    TL0=15536%256;
    ci++;
    if(ci>=20)// 到达 1 秒
    {
        ci=0;
        miao++;
        if(miao>=60)// 到达 60 秒
        {
            miao=0;
            fen++;
            if(fen>=60)// 到达 60 分
            {
                fen=0;
                shi++;
                if(shi>=24)// 到达 24 小时
                    shi=0;

            }
```

```
                  }
        lcd1602_disp(1,4,shi/10+0x30);
        lcd1602_disp(1,5,shi%10+0x30);//刷新小时数
        lcd1602_disp(1,7,fen/10+0x30);
        lcd1602_disp(1,8,fen%10+0x30);
                                    // 刷新分数 lcd1602_disp(1,4,shi/10)
        lcd1602_disp(1,10,miao/10+0x30);
        lcd1602_disp(1,11,miao%10+0x30);//刷新秒数
            }
        }
```

6.2.4 连接 LCD1602 显示驱动电路

与任务 6.1 相同（略）。

6.2.5 运行并调试程序

1）编译下载程序，观察运行效果。运行效果如图 6-12 所示。

图 6-12 LCD1602 数字时钟程序运行效果

2）尝试加入暂停按键，调试运行。

提示：控制定时器开关或中断总开关即可实现。

6.2.6　LCD1602仿真电路设计

1．绘制仿真电路图

1）选取 LCD1602 显示仿真电路元器件，清单如表 6-6 所示。

表 6-6　LCD1602 显示仿真电路元器件清单

元器件名称	所属类	描述
AT89C51	Microproccessor ICs	AT89C51 单片机
LM016L	Optoelectronics	LCD1602
RESPACK-8	Resistors	8 位排阻

2）LCD1602 显示仿真电路原理图如图 6-13 所示。

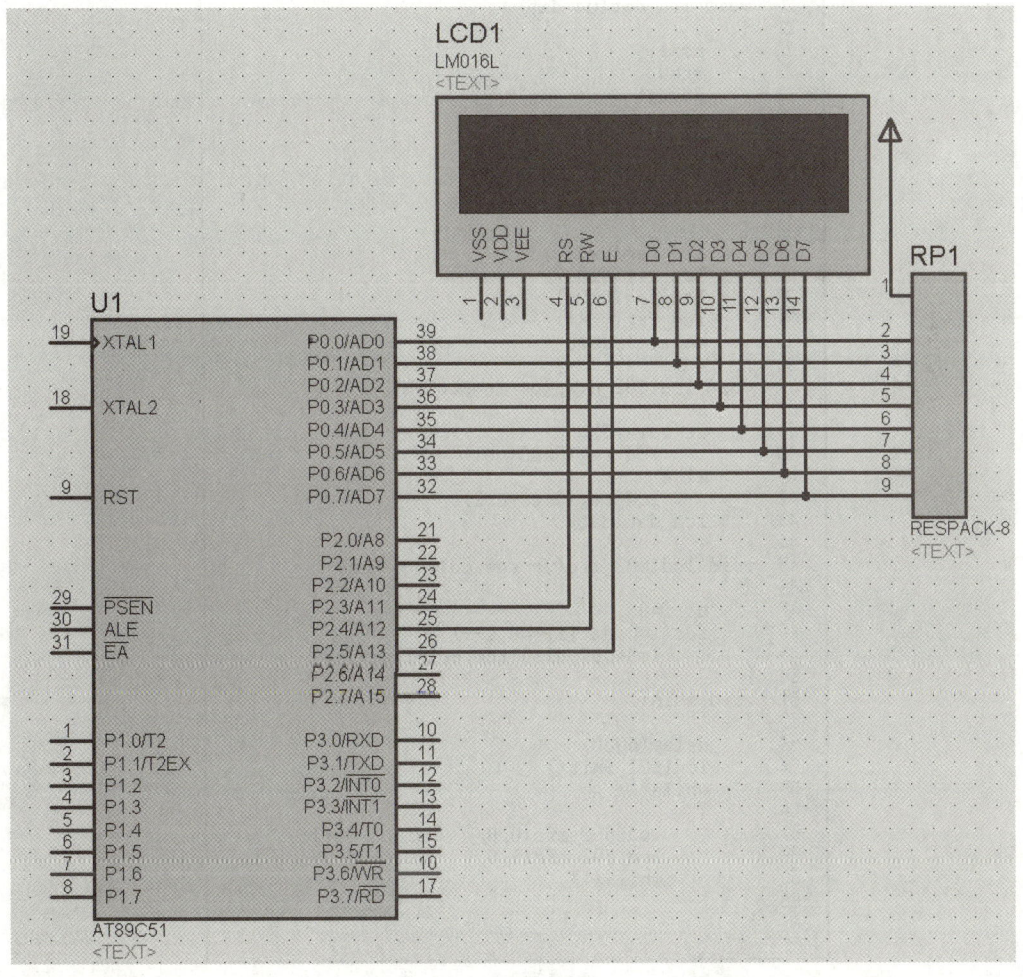

图 6-13　LCD1602 显示仿真电路原理图

2．程序编写

LCD1602 显示仿真程序编写，如图 6-14 所示。

```
01  #include<reg52.h>
02  #define uc unsigned char
03  #define ui unsigned int
04  sbit rs=P2^3;
05  sbit wr=P2^4;
06  sbit e=P2^5;
07  void delay(ui x)
08  {
09      while(x--);
10  }
11  void lcd_reg(uc dat)
12  {
13      rs=0;
14      wr=0;
15      P0=dat;
16      e=1;
17      delay(2);
18      e=0;
19  }
20  void lcd_dat(uc dat)
21  {
22      rs=1;
23      wr=0;
24      P0=dat;
25      e=1;
26      delay(2);
27      e=0;
28  }
29  void lcd1602_init()
30  {
31      lcd_reg(0x38);
32      lcd_reg(0x0c);
33      lcd_reg(0x06);
34      lcd_reg(0x01);
35      delay(1000);
36  }
37  void lcd1602_disp(uc row,col,uc dat)
38  {
39      if(row==0)
40          lcd_reg(0x80+col);
41      else
42          lcd_reg(0xc0+col);
43      lcd_dat(dat);
44  }
45  void lcd1602_zfc(uc row,col,uc *dat)
46  {
47      uc i=0;
48      for(i=0;dat[i]!=0;i++)
49          lcd1602_disp(row,col+i,dat[i]);
50  }
51  void main()
52  {
53      delay(5000);
54      lcd1602_init();
55      while(1)
56      {
57          lcd1602_zfc(0,0," Hello World ");
58          lcd1602_zfc(1,0," 2018-06-25 ");
59          while(1);
60      }
61  }
```

图 6-14　LCD1602 显示仿真程序

3. 调试运行

仿真调试运行，运行效果如图 6-15 所示。

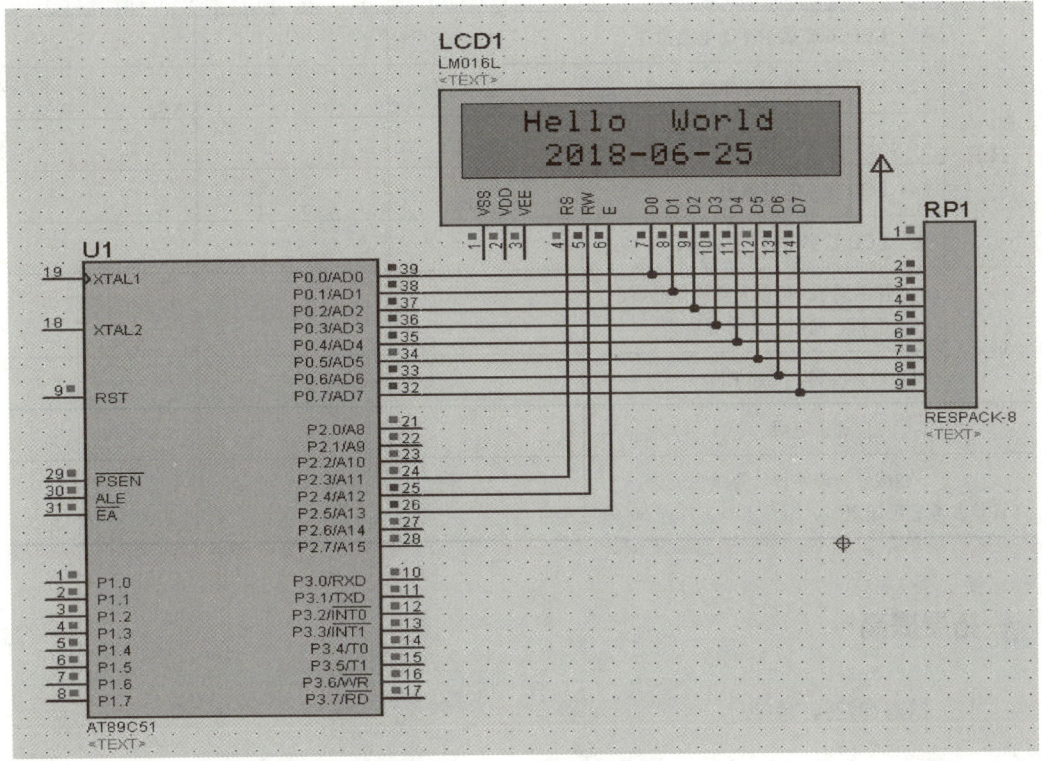

图 6-15　LCD1602 显示仿真运行效果

项目评价

项目评价由三个部分组成，即学生自评、小组评价和教师评价。按照自评占 20%，小组评价占 30%，教师评价占 50% 计入总分。评价内容详见表 6-7。

表 6-7　控制 LCD1602 显示应用评价表

评价内容		自评	小组评价	教师评价
		优☆　良△　中✓　差✕		
职业素养	（1）安全用电			
	（2）设备及器材的安全			
	（3）记录整理完整准确			
	（4）符合 6S 管理理念			

评价内容		自评	小组评价	教师评价
		优☆　良△　中✓　差✕		
知识与技能	（1）LCD1602 显示驱动电路搭建			
	（2）LCD 显示字符程序编写			
	（3）LCD 显示字符程序调试			
	（4）LCD 数字时钟编写			
	（5）LCD 数字时钟程序调试			
汇报展示	（1）作品展示（可以为实物作品展示、PPT 汇报、简报、作业等形式）			
	（2）语言流畅，思路清晰			
评价等级				
完成任务最终评价等级（评价参考：自评 20%、组评 30%、师评 50%）				

📈 拓展提高

1. TC1602A 特点

1）可与 8 位或 4 位微处理器直接连接。

2）自带内部存储器 ROM 可提供 160 种工业标准字符，包括全部大小写字母、阿拉伯数字及日文片假名，以及 32 个特殊字符或符号的显示。

3）自带内部存储器 RAM 可根据用户的需要，由用户自定义字符或符号。

4）+5V 单电源供电。

5）低功耗（10mW）。

2. 引脚及功能

TC1602A 共有 16 个引脚，其引脚及功能如表 6-8 所示。

表 6-8　TC1602A 引脚及功能

引脚	符号	输入 / 输出	功能说明
1	VSS		电源地：0V
2	VDD		电源：5V
3	V1 ～ V5		LCD 驱动电压：0 ～ 5V

引脚	符号	输入 / 输出	功能说明
4	RS	输入	寄存器选择：0 为指令寄存器，1 为数据寄存器
5	R/W	输入	1 为读操作；0 为写操作
6	E	输入	使能信号：E=1 时，使能；E=0 时，禁能
7 ～ 10	D0 ～ D3	输入 / 输出	数据总线的低 4 位，与 4 位 MCU 连接时不用
11 ～ 14	D4 ～ D7	输入 / 输出	数据总线的高 4 位
15 ～ 16	LED+/LED–		电源背光

3．TC1602A 的内部结构

TC1602A 的内部结构主要由 DDRAM、CGROM、CGRAM、IR、DR、BF、AC 等大规模集成电路组成。

1）DDRAM 为数据显示用的 RAM（data display RAM，DDRAM），用以存放要 LCD 显示的数据，只要标准的 ASCII 码放入 DDRAM，内部控制线路就会自动将数据传送到显示器上，并显示出该 ASCII 码对应的字符。

2）CGROM 为字符产生器 ROM（character generator ROM，CGROM），它存储了 192 个 5×7 的点阵字型，但只能读出，不能写入。

3）CGRAM 为字型、字符产生器的 RAM（character generator RAM，CGRAM），可供使用者存储特殊造型的造型码，CGRAM 最多可存 8 个造型。

4）IR 为指令寄存器（instruction register，IR），负责存储 MCU 要写给 LCD 的指令码，当 RS 及 R/W 引脚信号为 0 且 Enable 引脚信号由 1 变为 0 时，D0 ～ D7 引脚上的数据便会存入到 IR 寄存器中。

5）DR 为数据寄存器（data register，DR），它们负责存储微机要写到 CGRAM 或 DDRAM 的数据，或者存储 MCU 要从 CGRAM 或 DDRAM 读出的数据。因此，可将 DR 视为一个数据缓冲区，当 RS 及 R/W 引脚信号为 1 且 Enable 引脚信号由 1 变为 0 时，读取数据；当 RS 引脚信号为 1，R/W 引脚信号为 0 且 Enable 引脚信号由 1 变为 0 时，存入数据。

6）BF 为忙碌信号（busy flag，BF），当 BF 为 1 时，不接收微机送来的数据或指令；当 BR 为 0 时，接收外部数据或指令，所以在写数据或指令到 LCD 之前，必须查看 BF 是否为 0。

7）AC 为地址计数器（address counter，AC），负责计数写入 / 读出 CGRAM 或 DDRAM 的数据地址，AC 依照 MCU 对 LCD 的设置值而自动修改它本身的内容。

TC1602A 可分为两行共显示 32 个字符，每行显示 16 个字符。

内含 HD44780 控制器的液晶显示模块的 TC1602A 有两个寄存器：一个是命令寄存器，另一个数据寄存器。所有对 TC1602A 的操作必须先写命令字，再写数据。内含 HD44780 控制器的指令系统如表 6-9 所示。

表 6-9　TC1602A 指令系统

控制信号		指令代码								功能
RS	R/W	D7	D6	D5	D4	D3	D2	D1	D0	
0	0	0	0	0	0	0	0	0	1	清屏
0	0	0	0	0	0	0	0	1	*	软复位
0	0	0	0	0	0	0	1	I/D	S	内部方式设置
0	0	0	0	0	0	1	D	C	B	显示开关控制
0	0	0	0	1	S/C	R/L	*	*		位移控制
0	0	0	0	1	DL	N	F	*	*	系统方式设置
0	0	0	1	ACG						CGRAM 地址设置
0	0	1	ADD							显示地址设置
0	1	BF	AC							忙状态检查
1	0	写数据								MCU-LCD
1	1	读数据								LCD-MCU

TC1602A 的 CGROM 和 CGRAM 中字符代码与字符图形对应关系，如表 6-10 所示。

表 6-10　TC1602A CGROM 和 CGRAM 中字符代码与字符图形对应关系

低位	高位													
	0000	0010	0011	0100	0101	0110	0111	1010	1011	1100	1101	1110	1111
××××0000	(1)		0		P	\	p		一	夕	三	α	P
××××0001	(2)	!	1	A	Q	a	q	口	ア	チ	ム	ä	q
××××0010	(3)		2	B	R	b	r		イ	川	メ	β	θ
××××0011	(4)	#	3	C	S	c	s		ウ		モ	c	∞
××××0100	(5)	$	4	D	T	d	t	\	エ	ト	セ	μ	Ω
××××0101	(6)	%	5	E	U	e	u	口	オ	ナ	ユ	B	0
××××0110	(7)	&	6	F	V	f	v	テ	カ	二	ヨ	P	Σ
××××0111	(8)	>	7	G	W	g	w	ア	キ	ヌ	ラ	g	π
××××1000	(1)	(	8	H	X	h	x	イ	ケ	ネ	リ	∫	X
××××1001	(2)	)	9	I	Y	i	y	ヴ	ゲ	ノ	ル	-1	y
××××1010	(3)		:	J	Z	j	z	エ	コ	リ	レ	j	千
××××1011	(4)	+	;	K	[	k	{	オ	サ	ヒ	ロ	x	万
××××1100	(5)		<	L	¥	l			セ	シ	フ	ワ	€	
××××1101	(6)	一	=	M	]	m	}	ユ	ス	ヘ	ソ		+
××××1110	(7)	.	>	N	^	n		ヨ	セ	ホ	ハ	≠	
××××1111	(8)	/	?	O	-	o	←	ッ	ソ	マ	ロ	Ö	

检测与反思

练习题 A

1. LCD1602 一幅画面最多可以显示 _____ 个字符。

2. LCD1602 写数据时 RS 应为 _____，R/W 应为 _____。

3. LCD160 的清屏指令为 _____。

4. LCD1602 打开显示并显示光标且关闭闪烁的指令为 _____。

5. LCD1602 第一行首地址为 _____，第二行首地址为 _____。

6. ASCII 码的数字 '0' 对应的十六进制数值为 _____，十进制数值为 _____。

练习题 B

1. 请写出 LCD1602 的写命令函数。

2. 请写出 LCD1602 的写数据函数。

3. 请写出 LCD1602 的初始化函数。

4. 请写出 LCD1602 在指定位置显示 1 个字符的函数。

5. 请写出 LCD1602 在指定某行显示 1 个字符串的函数。

练习题 C

请用 LCD1602 为显示器，编写一个秒表程序，实现以下功能。

（1）界面初始显示 00:00。

（2）按下计时按键秒表开始计时，松开计时按键秒表停止计时。每秒前两位 00 加 1，每 10ms 后两位 00 加 1。

（3）为准确计时，请使用定时器。

（4）按下复位按键，程序显示 00:00。

项目 7　控制 LCD12864 显示

项目说明

  带中文字库的 LCD12864 是一种具有 4 位 /8 位并行、2 线或 3 线串行多种接口方式，内部含有国标一级、二级简体中文字库的点阵图形液晶显示模块；其显示分辨率为 128×64，内置 8192 个 16×16 点汉字和 128 个 16×8 点 ASCII 字符集。利用该模块灵活的接口方式和简单、方便的操作指令，可构成全中文人机交互图形界面。可以显示 8×4 行 16×16 点阵的汉字，也可完成图形显示。低电压低功耗是其又一显著特点。由该模块构成的液晶显示方案与同类型的图形点阵液晶显示模块相比，不论硬件电路结构或显示程序都要简洁得多，且该模块的价格也略低于相同点阵的图形液晶模块。LCD12864 显示效果如图 7-1 所示。

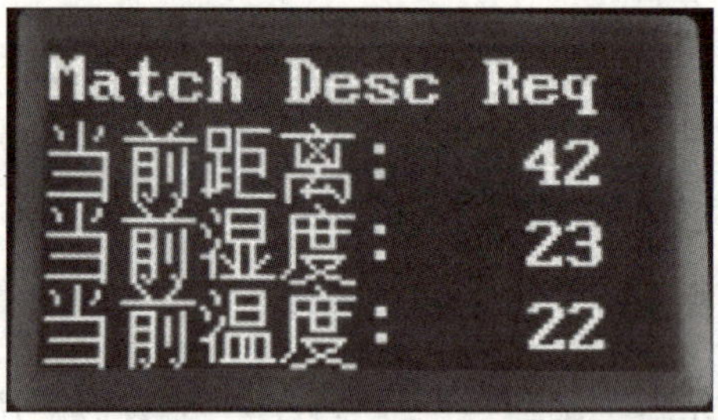

图 7-1　LCD12864 显示效果

教学目标

知识目标

(1) 认识 LCD12864 显示器件。

(2) 掌握 LCD12864 显示电路结构。

(3) 掌握 LCD12864 基本指令。

(4) 学会 LCD12864 编程方法。

技能目标

(1) 学会制作 LCD12864 欢迎界面。

(2) 能够编写 LCD12864 欢迎界面运行程序。

(3) 学会制作 LCD12864 显示图片。

(4) 能够编写 LCD12864 图片显示程序。

项目描述

LCD12864 低电压低功耗是其又一显著特点。由该模块构成的液晶显示方案与同类型的图形点阵液晶显示模块相比，不论硬件电路结构还是显示程序都要简洁得多，且该模块的价格也略低于相同点阵的图形液晶模块。本项目将使用单片机控制 LCD12864 完成各种显示任务。

任务 7.1　制作 LCD12864 欢迎界面

任务描述

本任务以单片机为控制核心对 LCD12864 进行控制，实现令 LCD12864 显示欢迎界面，通过完成该任务，掌握 LCD12864 知识和运用单片机控制 LCD12864 显示欢迎界面的方法。

7.1.1　认识 LCD12864

LCD12864 因横向有 128 列，纵向有 64 行而得名。LCD12864 有带中文字库与不带中文字库的区分，两者使用起来各有优劣。带字库使用简单方便，不需要使用取模软件取模，但字体和大小已被固定，若使用自定义字库方法弥补，与不带字库屏使用差异不大。带中文字库 LCD12864 液晶屏分辨率为 128×64，内置 8192 个 16×16 点的汉字和 128 个 16×8 点的 ASCII 字符集，可构成全中文人机交互图形界面，在显示内容较少的场合使用十分广泛。无特殊说明，项目中的知识、指令、例程中所涉及的内容均为带字库的 LCD12864 显示屏，不带字库 LCD12864 显示屏将在拓展中了解使用。

1．认识 LCD12864 外观与引脚

1）LCD12864 外观如图 7-2 所示。

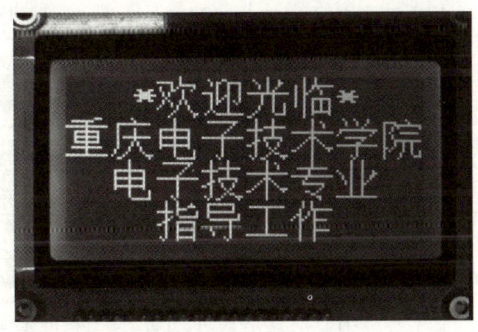

图 7-2　LCD12864 外观图

2）LCD12864引脚排列如图7-3所示。

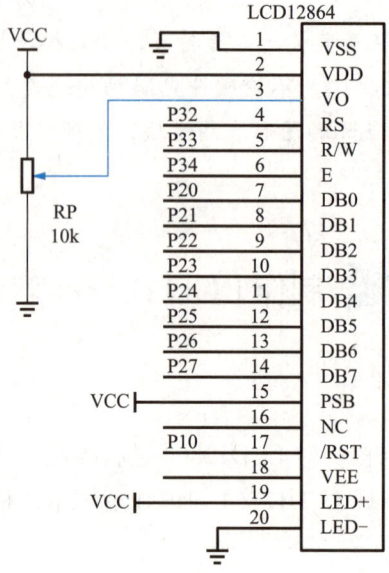

图7-3 LCD12864引脚排列

3）LCD12864引脚功能如表7-1所示。

表7-1 LCD12864引脚功能

引脚号	引脚名称	方向	功能说明
1	VSS	—	模块的电源地
2	VDD	—	模块的电源正端
3	VO	—	LCD驱动电压
4	RS（CS）	H/L	数据选择信号 / 并行的指令；串行的片选信号
5	R/W（SID）	H/L	并行的读写选择信号；串行的数据口
6	E（CLK）	H/L	并行的使能信号；串行的同步时钟
7	DB0	H/L	数据 0
8	DB1	H/L	数据 1
9	DB2	H/L	数据 2
10	DB3	H/L	数据 3
11	DB4	H/L	数据 4
12	DB5	H/L	数据 5
13	DB6	H/L	数据 6
14	DB7	H/L	数据 7
15	PSB	H/L	并 / 串行接口选择：H- 并行；L- 串行

引脚号	引脚名称	方向	功能说明
16	NC		空脚
17	/RST	H/L	复位　低电平有效
18	VEE		空脚
19	LED+	（LED+5V）	背光源正极
20	LED–	（LED-0V）	背光源负极

2. LCD12864 基本时序操作

与 LCD1602 相同（略）。

3. LCD12864 基本指令解析

（1）清除显示指令

LCD12864 清除显示指令如表 7-2 所示。

表 7-2　清除显示指令

RS	R/W	DB7	DB6	DB5	DB4	DB3	DB2	DB1	DB0
0	0	0	0	0	0	0	0	0	1

功能：清除显示屏幕，把 DDRAM 地址计数器复位到 00H。

（2）进入模式控制指令

LCD12864 进入模式控制指令如表 7-3 所示。

表 7-3　进入模式控制指令

RS	R/W	DB7	DB6	DB5	DB4	DB3	DB2	DB1	DB0
0	0	0	0	0	0	0	1	I/D	S

功能：从左向右或从右向左顺序显示。I/D 为 1 时，显示地址计数器加 1，游标右移；I/D 为 0 时，显示地址计数器减 1，游标左移。S 为 1 时显示画面状态整体位移；S 为 0 时显示画面不发生位移（提示：该指令后两位有的型号有差异）。

这里设置为 0x06，从左向右显示。

（3）显示开关指令

LCD12864 显示开关指令如表 7-4 所示。

表 7-4　显示开关指令

RS	R/W	DB7	DB6	DB5	DB4	DB3	DB2	DB1	DB0
0	0	0	0	0	0	1	D	C	B

功能：显示开关、游标开关。D 为 1 时开显示，D 为 0 时关显示；C 为 1 时游标显示开，C 为 0 时游标显示关；B 为 1 时游标位置反白显示，B 为 0 时游标位置正常显示。

这里设置为 0x0c，开显示、不显示游标。

（4）功能设置指令

LCD12864 功能设置指令如表 7-5 所示。

表 7-5　功能设置指令

RS	R/W	DB7	DB6	DB5	DB4	DB3	DB2	DB1	DB0
0	0	0	0	1	DL	X	RE	G	X

功能：MPU 接口与指令集设置。DL 为 1 时为 8 位并行接口，DL 为 0 时为 4 位并行接口；RE 为 0 时为基本指令集，RE 为 1 时为扩充指令集；G 值扩充指令时有效，当选择扩充指令集时，设置为 0 时关闭绘图显示，设置为 1 时开启绘图显示。

这里设置为 0x30，选择 8 位并行接口、使用基本指令集。

（5）显示位置（DDRAM 地址）设置指令

LCD12864 显示位置设置指令如表 7-6 所示。

表 7-6　显示位置设置指令

RS	R/W	DB7	DB6	DB5	DB4	DB3	DB2	DB1	DB0
0	0	1	0	A5	A4	A3	A2	A1	A0

功能：设定 DDRAM 地址到地址计数器（AC）。

第一行 AC 范围：80H ～ 87H。

第二行 AC 范围：90H ～ 97H。

第三行 AC 范围：88H ～ 8FH。

第四行 AC 范围：98H ～ 9FH。

7.1.2　分析 LCD12864 显示驱动电路

如图 7-4 所示电路中，DB0 到 DB7 为 8 位数据并行输入端口；RS、R/W、E 为控制端口，其中 RS 为数据命令选择，R/W 为读写操作控制选择，E 为操作使能控制端口。RST 为复位端口，可使用 I/O 端口控制，也可直接连接电源 GND 上电复位。PSB 为并行串行选择端口，直接连接 VCC 选择并行方式。LED+、LED- 为背光电源，VDD、VSS 为电源。VO 为偏压控制，调节外接电位器可调节屏幕与背景间的对比度。

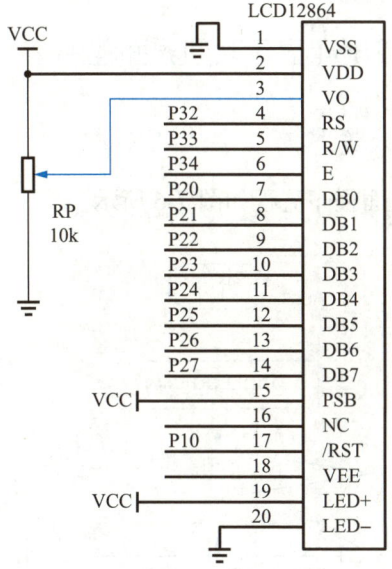

图 7-4 LCD12864 显示驱动电路

7.1.3 分析开发板 LCD12864 显示驱动电路

开发板 LCD12864 显示驱动电路如图 7-5 所示。图中 U4 为 LCD12864 显示模块；DB0 ～ DB7 为数据输入端，与 P0 端口接通；RS、R/W、EN 为控制端口，与 P23、P24、P25 分别相连，分别进行数据命令选择、读写命令选择、使能控制；LED+、LED- 为背光电源，VCC、GND 为模块电源。

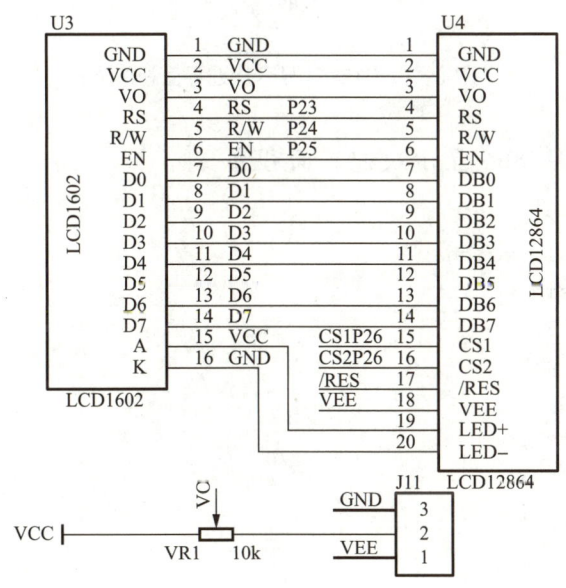

图 7-5 LCD12864 显示驱动电路

7.1.4 编写LCD12864显示欢迎界面程序

1. LCD12864显示欢迎界面程序流程

LCD12864显示欢迎界面程序流程如图7-6所示。

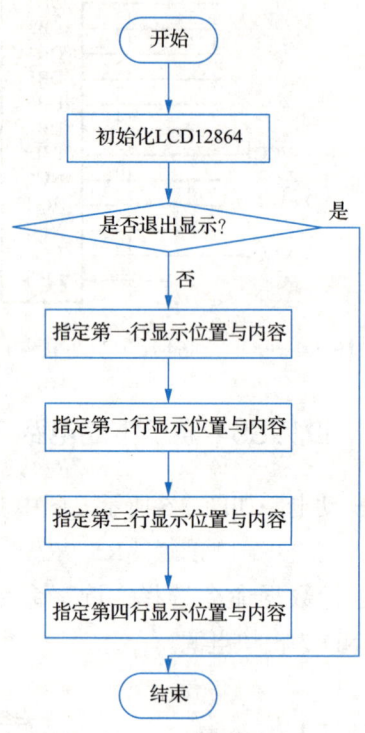

图7-6 LCD12864显示欢迎界面程序流程

2. 编写LCD12864显示欢迎界面程序

```
#include<reg52.h>
#define uc unsigned char
#define ui unsigned int
sbit rs = P2^3;
sbit wr = P2^4;
sbit e = P2^5;
sbit RES = P2^6;
sbit PSB = P2^7;
void delay(ui x)
{
    while(x--);
```

```
}
void mang()
{
    rs=0;
    wr=1;
    P0=0xff;
    e=1;
    while(P0&0x80);
    e=0;
}
void xml(uc dat)
{
    mang();
    rs=0;
    wr=0;
    P0=dat;
    e=1;
    e=0;
}
void xsj(uc dat)
{
    mang();
    rs=1;
    wr=0;
    P0=dat;
    e=1;
    e=0;
}
void init_12864()
{
    RES=1;
    PSB=0;
    xml(0x30);//8 位并行、基本指令集
    xml(0x0C);// 开显示、开游标、游标位置反白
    xml(0x06);
    xml(0x01);
}
void lcd(uc *dat)
{
    uc i=0;
    while(dat[i]!=0)
        xsj(dat[i++]);
}
```

```
void main()
{
    delay(10000);
    init_12864();
    delay(50000);
    while(1)
    {
        xml(0x80);                      // 指定显示位置：从第一行第一位开始
        lcd("    欢迎光临    ");          // 第一行内容：前后各空 3 个半角宽度
        xml(0x90);                      // 指定显示位置：从第二行第一位开始
        lcd("重庆电子技术学院");          // 第二行内容：占满该行
        xml(0x88);                      // 从第三行第一位开始
        lcd("  电子技术专业  ");          // 第三行内容：前后各空两个半角宽度
        xml(0x98);                      // 从第四行第一位开始
        lcd("    指导工作    ");          // 第四行内容：前后各空 4 个半角宽度
        while(1);                       // 保持显示
    }
}
```

7.1.5　连接 LCD12864 显示驱动电路

1）选择 LCD12864 端子排：使用跳线帽将 J11 的中间插针与 12864 一边的插针相短接。

2）安装 LCD12864：由于位置高度限制，先将 LCD12864 显示屏插入活动插座增加高度，再将它插入板上 LCD12864 插座中，注意引脚方向。安装完成效果如图 7-7 所示。

3）程序下载后若需要调整背光亮度，可以调节电位器 VR3。

图 7-7　开发板 LCD12864 显示驱动电路连接

7.1.6　运行并调试程序

1）将编写好的程序烧写进芯片，观察运行情况。运行效果如图 7-8 所示。

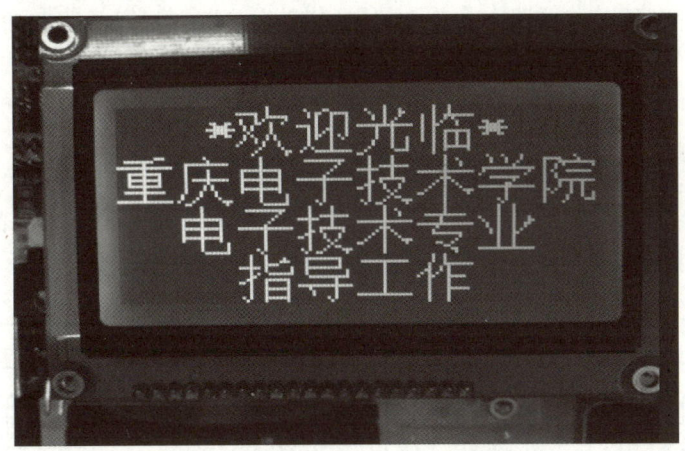

图 7-8　开发板 LCD12864 显示汉字效果

2）将显示位置和内容更换如下，观察运行情况。

```
lcd_reg(0x80);// 从第一行第一位开始
lcd_dat("欢迎大家来到中国Welcome To China山城重庆人美景美Beauty Of
Beauty");
```

任务 7.2　LCD12864 显示图片

任务描述

本任务以单片机为控制核心对 LCD12864 进行控制，实现让 LCD12864 显示图片，通过完成该任务，掌握 LCD12864 带字库知识和单片机控制 LCD12864 显示图片的方法。

7.2.1　51 单片机内部存储空间简介

51 单片机内部存储空间包含 4K 程序存储器 RAM、256B 数据存储器 ROM。256B 的数据存储器 ROM 又分为低 128B 和高 128B。高 128B 为特殊功能寄存器，用户不能修改。低 128B 中 00H ～ 1FH 的 32B 为工作寄存器区，用于临时存放信息；20H ～ 2FH 的 16B 为位寻址区，既可按字节寻址，也可按位寻址；30H ～ 7FH 的 80B 为用户区，是专门提供给用户使用的数据存储区域，这里定义的变量就是在这 80B 空间内部划分的区域。当程序较复杂且涉及变量较多时，必然导致数据存储空间不足，此时一般处理方法是将常数、表格等程序运行过程中不会改变的数据放入程序存储器中。具体实现是在数据名称前加入关键字 code，以表示该数据保存到数据存储器中。比如一幅图片含有大量数据，在定义数组时定义格式为 unsugned char code picture[]={…}，数组中的数据就将保存到程序存储器中。若空间仍然不足，还可以外加外部存储器满足要求。

7.2.2　带字库 LCD12864 图形显示知识

1）绘图区域（GDRAM）如图 7-9 所示，分为上下两个半区 16 块（水平地址），上半区 8 个块，分别为 0～7；下半区 8 块，分别为 8～15。上下半区都有 32 行（垂直位址）0～31，每行 128 个像素点，需要送 16 个显示数据。

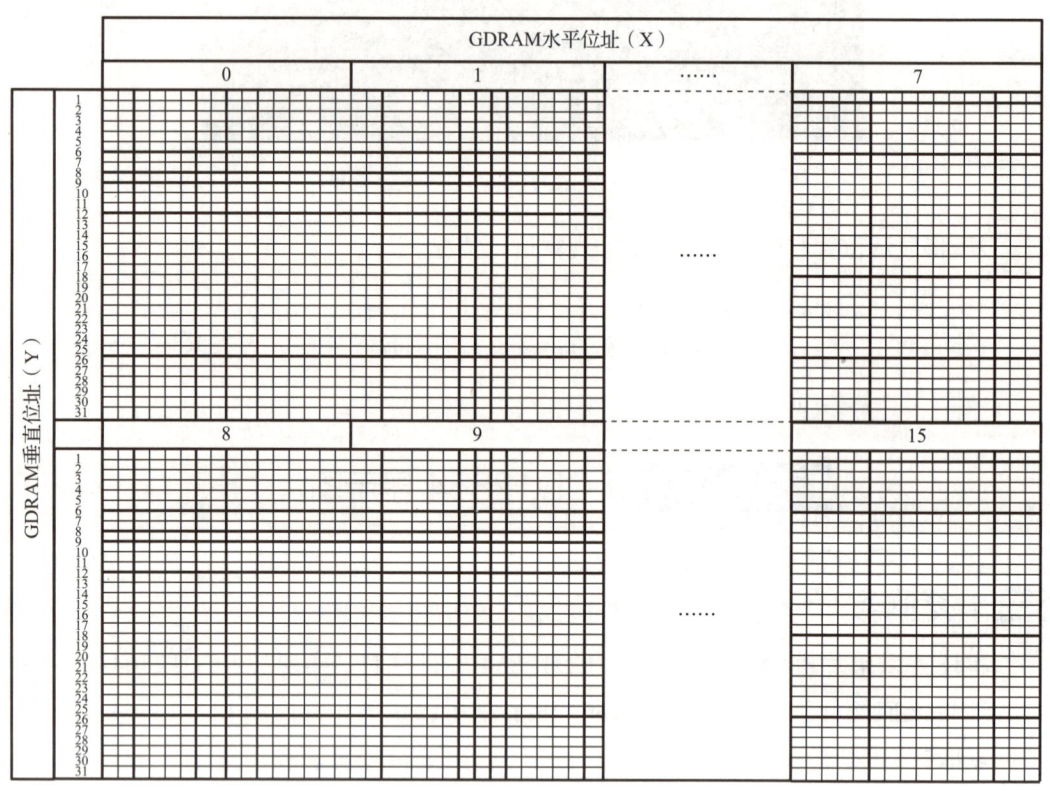

图 7-9　带字库 LCD12864 绘图区域（GDRAM）

2）LCD12864 显示图片，在绘制图片（写入 GDRAM）时需要使用扩充指令集，并且要关闭图片显示，因此绘图前需要写入命令 0x34。

3）写入时先将连续写入的行号（垂直位址坐标）、块号（水平位址坐标）起始坐标值写入 GDRAM 中，位地址 AC 会自增 1。

4）从图片编码数组中依次取出数据逐行绘制。

5）绘制完成后开启绘图显示，恢复使用基本指令集，便于其他操作。

6）清屏指令不能清除 GDRAM 中的内容，清除绘图内容与绘图过程相同，只是写入数据均置为 0。

7.2.3　分析开发板 LCD12864 显示驱动电路

与任务 7.1 相同（略）。

7.2.4　编写 LCD12864 显示图片程序

1. LCD12864 显示图片程序编写流程

LCD12864 显示图片程序编写流程如图 7-10 所示。

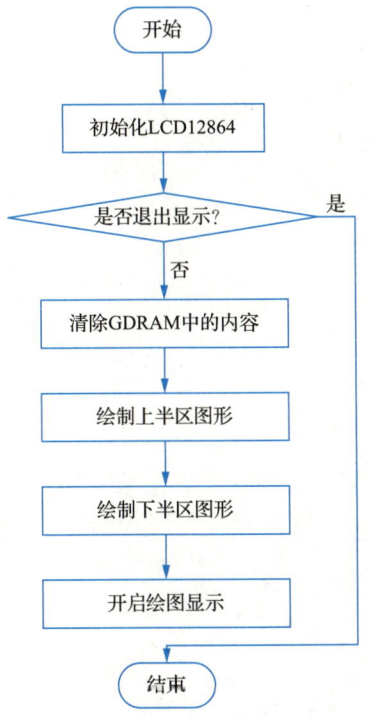

图 7-10　LCD12864 显示图片程序流程图

2. 编写 LCD12864 显示图片程序

```c
#include<reg52.h>
#define uc unsigned char
#define ui unsigned int
sbit rs = P2^3;
```

```
sbit wr = P2^4;
sbit e = P2^5;
sbit RES = P2^6;
sbit PSB = P2^7;
uc code tp[]={};//一匹马
void delay(ui x)
{
    while(x--);
}
void mang()
{
    rs=0;
    wr=1;
    P0=0xff;
    e=1;
    while(P0&0x80);
    e=0;
}
void xml(uc dat)
{
    mang();
    rs=0;
    wr=0;
    P0=dat;
    e=1;
    e=0;
}
void xsj(uc dat)
{
    mang();
    rs=1;
    wr=0;
    P0=dat;
    e=1;
    e=0;
}
void init_12864()
{
    RES=1;
    PSB=0;
    xml(0x30);//8位并行、基本指令集
    xml(0x0C);//开显示、开游标、游标位置反白
    xml(0x06);
```

```
        xml(0x01);
}
void  disp_BMP(uc *p)
{
    unsigned char i,j,k;
    xml(0x34);                  // 绘图前启用扩充指令集、关闭绘图显示
    for(i=0;i<32;i++)    // 绘制上半区域 32 行
    {
                xml(0x80+i); // 先指定绘制行号 0 ～ 31
                xml(0x80);    // 再指定绘制区域上半区域
                for(k=0;k<16;k++)    // 绘制一行需要 16 个数据
                    xsj(*p++);    // 依次取出需要的数据进行绘制
    }
    for(j=0;j<32;j++)  // 复制修改为绘制下半区域 32 行，也可把上面内容嵌套为 for
                       循环两遍
    {
                xml(0x80+j);// 先指定绘制行号 0 ～ 31
                xml(0x88);   // 再指定绘制区域下半区域
                for(k=0;k<16;k++)    // 绘制一行需要 16 个数据
                    xsj(*p++);    // 依次取出需要的数据进行绘制
    }
    xml(0x36); // 开启绘图显示
    xml(0x30); // 重新启用基本指令集
}
void  clear_BMP()
{
    unsigned char i,j,k;
    xml(0x34);                          // 绘图前启用扩充指令集、关闭绘图显示
    for(j=0;j<2;j++)
    {
        for(i=0;i<32;i++)          // 绘制半区域 32 行
        {
                xml(0x80+i);        // 先指定绘制行号 0 ～ 31
                xml(0x80+8*j);  // 再指定绘制区域：上半区域 80，下半区 88，j
                                取值 0、1
                for(k=0;k<16;k++)  // 绘制一行需要 16 个数据
                    xsj(0);      // 依次取出需要的数据进行绘制
        }
    }
    xml(0x36);// 开启绘图显示
    xml(0x30);
}
```

```
void main()
{
    delay(10000);
    init_12864();
    delay(50000);
    clear_BMP();
    disp_BMP(tp);
    clear_BMP();
    while(1);
}
```

7.2.5 连接 LCD12864 显示驱动电路

与任务 7.1 相同（略）。

7.2.6 运行并调试程序

1）将编写好的程序烧写进芯片，观察运行情况。运行效果如图 7-11 所示。

图 7-11 带字库 LCD12864 图形显示界面

2）修改主函数代码，显示汉字加一幅图片。

7.2.7 LCD12864 无字库液晶显示仿真电路设计

1．绘制仿真电路图

1）LCD12864 无字库液晶仿真电路元器件清单，如表 7-7 所示。

表 7-7 LCD12864 无字库液晶仿真电路元器件清单

元器件名称	所属类	描述
AT89C52	Microproccessor ICs	AT89C52 单片机
AMPIRE128×64	Optoelectronics	LCD12864
RESPACK-8	Resistors	8 位排阻
74LS04	TTL74LS series	非门

2）LCD12864 无字库液晶仿真电路搭建，如图 7-12 所示。

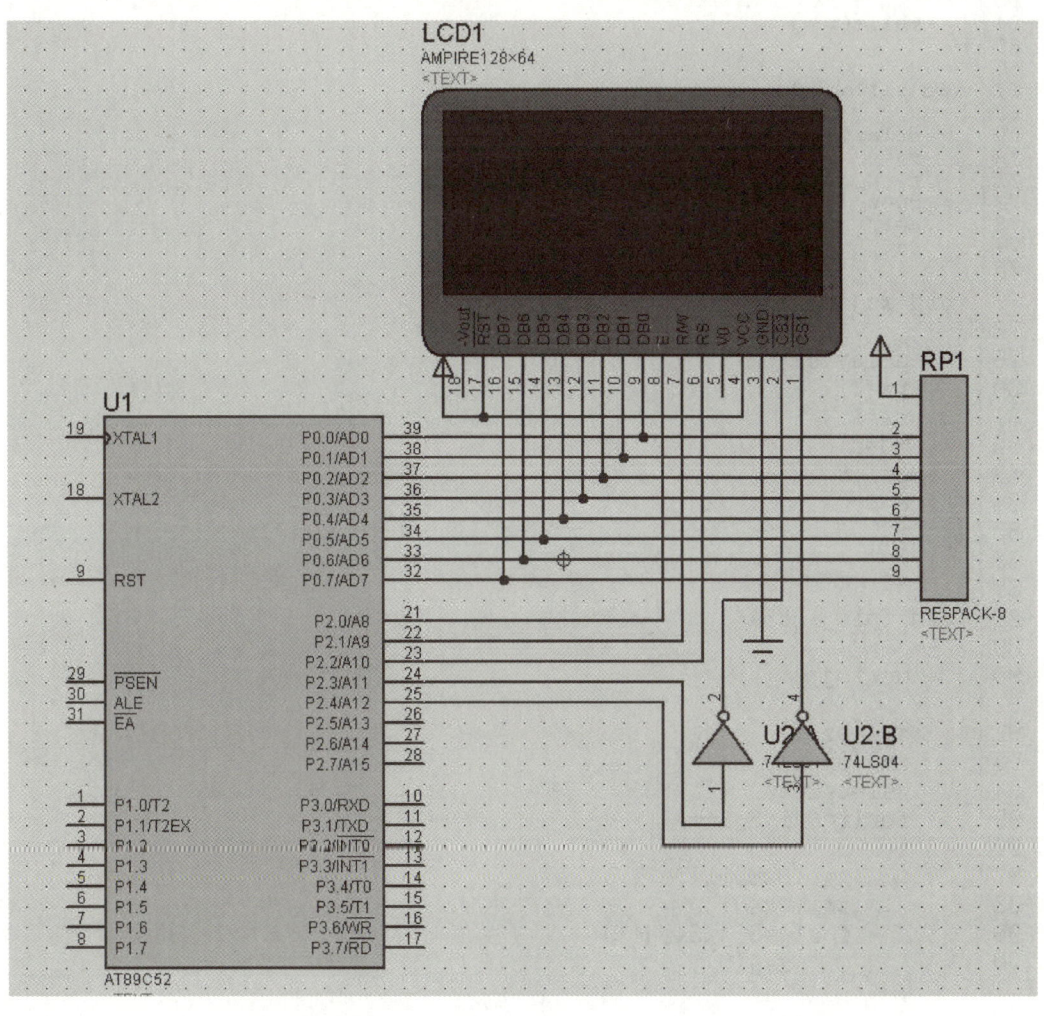

图 7-12 无字库 LCD12864 仿真电路原理图

2. 程序编写

LCD12864 无字库液晶仿真程序编写，如图 7-13 所示。

```
 1  #include<reg52.h>
 2  #define uc unsigned char
 3  #define ui unsigned char
 4
 5  sbit e=P2^0;
 6  sbit rw=P2^1;
 7  sbit rs=P2^2;
 8  sbit cs2=P2^3;
 9  sbit cs1=P2^4;
10
11  /*汉字字模 "液晶显示" 取模方式:字体大小16*16、阴码、逆向、列行式 */
12  uc code hz[][32]={
26  /*图片字模 "人物" 取模方式:图片大小64*64、阴码、逆向、列行式 */
27  uc code hz1[]={
62  void delay(ui x)
63  {
64      while(x--);
65  }
66
67  void xml(uc c)
68  {
69      delay(5);
70      rw=0;
71      rs=0;
72      P0=c;
73      e=1;
74      e=0;
75  }
77  void xsj(uc d)
78  {
79      delay(5);
80      rw=0;
81      rs=1;
82      P0=d;
83      e=1;
84      e=0;
85  }
86
87
88  void Init_12864()
89  {
90      uc i,j;
91
92      xml(0x3f);
93      xml(0xc0);
94      cs1=cs2=1;
95      for(i=0;i<8;i++)
96      {
97          xml(0xb8+i);
98          xml(0x40);
99          for(j=0;j<64;j++)
100             xsj(0);
101     }
102  }
103  …
```

图 7-13 LCD12864 无字库液晶仿真程序

```
104    void disp(uc r, c, x, y, uc *s)
105    {
106        uc i, j;
107        for(i=0;i<y;i++)
108        {
109            if(c<64)
110            {
111                cs1=1;
112                cs2=0;
113            }
114            else
115            {
116                cs1=0;
117                cs2=1;
118            }
119            xml(0xb8+r+i);
120            for(j=0;j<x;j++)
121            {
122                xml(0x40+(c+j)%64);
123                xsj(s[j+i*x]);
124            }
125        }
126    }

128    void main()
129    {
130
131        delay(5000);
132        Init_12864();
133        disp(0,0,16,2,hz[0]);//液
134        disp(2,16,16,2,hz[1]);//晶
135        disp(4,32,16,2,hz[2]);//显
136        disp(6,48,16,2,hz[3]);//示
137
138        disp(0,64,64,8,hz1);//图片"人物"
139
140
141        while(1)
142        {
143
144        }
145    }
```

图 7-13（续）

3．仿真调试运行

运行效果如图 7-14 所示。

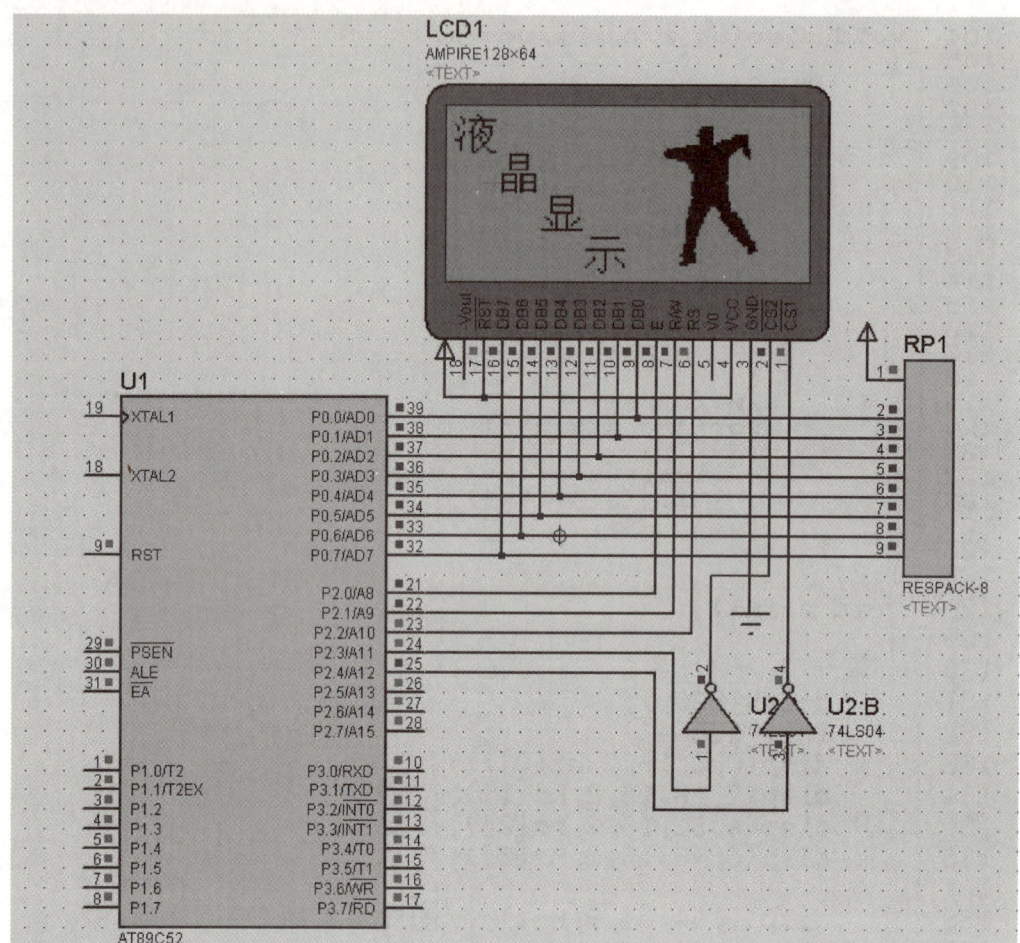

图 7-14   无字库 LCD12864 仿真运行效果图

项目评价

项目评价由三个部分组成，即学生自评、小组评价和教师评价。按照自评占 20%，小组评价占 30%，教师评价占 50% 计入总分。评价内容详见表 7-8。

表 7-8   控制 LCD12864 显示应用评价表

评价内容		自评	小组评价	教师评价
		优☆　良△　中√　差×		
职业素养	（1）安全用电			
	（2）设备及器材的安全			
	（3）记录整理完整准确			
	（4）符合 6S 管理理念			

评价内容		自评	小组评价	教师评价
		优☆　良△　中√　差×		
知识与技能	（1）LCD12864显示驱动电路搭建			
	（2）LCD12864显示程序编写			
	（3）LCD12864显示程序调试			
	（4）LCD12864显示图片程序编写			
	（5）LCD12864显示图片程序调试			
汇报展示	（1）作品展示（可以为实物作品展示、PPT汇报、简报、作业等形式）			
	（2）语言流畅，思路清晰			
评价等级				
完成任务最终评价等级（评价参考：自评20%、组评30%、师评50%）				

拓展提高

1．无字库LCD12864显示模块介绍

不带字库的图形点阵液晶显示模块，点阵数为128×64。它主要由行驱动器、列驱动器及128×64全点阵液晶显示器组成，可完成图形显示，也可以显示8×4个（16×16点阵）汉字。

主要技术参数和性能如下。

1）电源VDD+5V，模块内自带−10V负压用于LCD的驱动电压。

2）显示内容128（列）×64（行）点。

3）全屏幕点阵。

4）7种指令。

5）与CPU接口采用8位数据总线并行输入输出。

6）占空比1/64。

7）工作温度−10～+55℃，存储温度−20～+60℃。

模块主要硬件构成说明（结构框图），如图7-15所示。

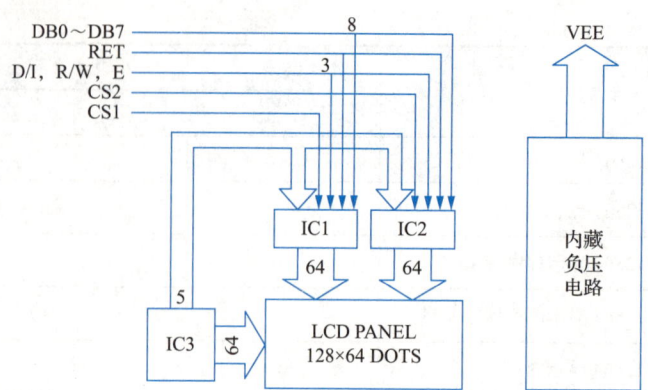

图 7-15 无字库 LCD12864 结构框图

IC1、IC2 为列驱动器，IC1 控制模块的右半屏，IC2 控制模块的左半屏，IC3 为行驱动器。IC1、IC2、IC3 含有以下主要功能器件。

（1）指令寄存器 (IR)

IR 是用于寄存指令码，与数据寄存器数据相对应，当 D/I=0 时在 E 信号下降沿的作用下指令码写入 IR。

（2）数据寄存器 (DR)

DR 用于寄存数据，与指令寄存器寄存指令相对应，当 D/I=1 时在该下降沿作用下，图形显示数据写入 DR，或在 E 信号高电平作用下，由 DR 读到 DB7 ~ DB0 数据总线，DR 和 DDRAM 之间的数据传输是模块内部自动执行的。

（3）忙标志 BF

BF 标志提供内部工作情况，BF=1 表示模块在内部操作，此时模块不接受外部指令和数据；BF=0 时模块为准备状态，随时可接受外部指令和数据。利用 STATUS READ 指令可以将 BF 读到数据总线从而检验模块的工作状态。

（4）显示控制触发器 DFF

用于模块屏幕显示开和关的控制，DFF=1 为开显示，DDRAM 的内容就显示在屏幕上；DFF=0 为关显示。

DDF 的状态是由指令 DISPLAY ON/OFF 和 RST 信号控制的。

（5）XY 地址计数器

XY 地址计数器是一个 9 位计数器，高 3 位是 X 地址计数器，低 6 位为 Y 地址计数器。XY 地址计数器实际上是作为 DDRAM 的地址指针，X 地址计数器为 DDRAM 的页指针，Y 地址计数器为 DDRAM 的 Y 地址指针。

X 地址计数器没有计数功能，只能用指令设置。

Y 地址计数器具有循环计数功能，各显示数据写入后 Y 地址自动加 1，Y 地址指针从 0 到 63。

（6）显示数据 RAM DDRAM

DDRAM 是存储图形显示数据的，数据为 1 表示显示选择，数据为 0 表示显示非选择。

（7）Z 地址计数器

Z 地址计数器是一个 6 位计数器，此计数器具备循环计数功能，用于显示行扫描同步。当一行扫描完成后，此地址计数器自动加 1，指向下一行扫描数据，RST 复位后 Z 地址计数器为 0。

Z 地址计数器可以用指令 DISPLAY START LINE 预置，因此显示屏幕的起始行就由此指令控制，即 DDRAM 的数据从哪一行开始显示在屏幕的第一行。此模块的 DDRAM 共 64 行，屏幕可以循环滚动显示 64 行。

2. 无字库 LCD12864 模块的引脚功能

无字库 LCD12864 模块的引脚功能如表 7-9 所示。

表 7-9 无字库 LCD12864 模块引脚功能

管脚号	管脚名称	LEVER	管脚功能描述
1	VSS	0	电源地
2	VDD	5.0V	电源电压
3	VO	5.0～13V	液晶显示器驱动电压
4	D/I	H/L	D/I= H 表示 DB7～DB0 为显示数据 D/I= L 表示 DB7～DB0 为显示指令数据
5	R/W	H/L	R/W= H E= H 数据被读到 DB7～DB0 R/W= L E= H L 数据被写到 IR 或 DR
6	E	H/L	R/W= L E 信号下降沿锁存 DB7～DB0 R/W= H E= H DDRAM 数据读到 DB7～DB0
7	DB0	H/L	数据线
8	DB1	H/L	数据线
9	DB2	H/L	数据线
10	DB3	H/L	数据线
11	DB4	H/L	数据线
12	DB5	H/L	数据线
13	DB6	H/L	数据线
14	DB7	H/L	数据线
15	CS1	H/L	H: 选择芯片（右半屏）信号
16	CS2	H/L	H: 选择芯片（左半屏）信号
17	RET	H/L	复位信号，低电平复位
18	VEE	−10V	LCD 驱动负电压
19	BLA	+5V	背光正极
20	BLK	接地	背光负极

3．指令说明

指令说明如表 7-10 所示。

表 7-10　无字库 LCD12864 指令表

指令	指令码										功能
	R/W	D/I	DB7	DB6	DB5	DB4	DB3	DB2	DB1	DB0	
显示 ON/OFF	0	0	0	0	1	1	1	1	1	1/0	控制显示器的开关 不影响 DDRAM 中数据和内部状态
显示起始行	0	0	1	1	显示起始行 0　　　　63						指定显示屏从 DDRAM 中哪一行开始显示数据
设置 X 地址	0	0	1	0	1	1	1	X　0		7	设置 DDRAM 中的页地址（X 地址）
设置 Y 地址	0	0	0	1	Y 地址　0　　　63						设置地址（Y 地址）
读状态	1	0	BUSY	0	ON/OFF	RST	0	0	0	0	读取状态 RST 1：复位 0：正常 ON/OFF 1：显示开 0：显示关 BUSY 0:READY 1:IN OPERATION
写显示数据	0	1	显示数据								将数据线上的数据 DB7　DB0 写入 DDRAM
读显示数据	1	1	显示数据								将 DDRAM 上的数据读入线数据 DB7　DB0

（1）显示开关控制 (DISPLAY ON/OFF)

无字库 LCD12864 显示开关控制如表 7-11 所示。

表 7-11　显示设置

R/W	D/I	DB7	DB6	DB5	DB4	DB3	DB2	DB1	DB0
0	0	0	0	1	1	1	1	1	D

D=1: 开显示 (DISPLAY ON)，意即显示器进行各种显示操作。

D=0: 关显示 (DISPLAY OFF)，意即不能对显示器进行各种显示操作。

（2）设置显示起始行

无字库 LCD12864 显示起始行设置如表 7-12 所示。

表 7-12　显示起始行设置

R/W	D/I	DB7	DB6	DB5	DB4	DB3	DB2	DB1	DB0
0	0	1	1	A5	A4	A3	A2	A1	A0

显示起始行是由 Z 地址计数器控制的，A5 ～ A0 的 6 位地址自动送入 Z 地址计数器，起始行的地址可以是 0 ～ 63 的任意一行。

例如选择 A5 ～ A0 是 62，则起始行与 DDRAM 行的对应关系如下：

DDRAM 行　62 63 0 1 2 3 …… 28 29

屏幕显示行　 1 2 3 4 5 6 …… 31 32

（3）设置页地址

无字库 LCD12864 页地址设置如表 7-13 所示。

表 7-13　页地址设置

R/W	D/I	DB7	DB6	DB5	DB4	DB3	DB2	DB1	DB0
0	0	1	0	1	1	1	A2	A1	A0

所谓页地址就是 DDRAM 的行地址，8 行为一页，模块共 64 行即 8 页，A2 ～ A0 表示 0 ～ 7 页。读写数据对地址没有影响。页地址由本指令或 RST 信号改变。复位后页地址为 0。页地址与 DDRAM 的对应关系见 DDRAM 地址表，如表 7-14 所示。

表 7-14　无字库 LCD12864DDRAM 地址表

	CS2=1					CS1=1					
Y=	0	1		62	63	0	1		62	63	行号
X=0	DB0	DB0	DB0	DB0	DB0	DB0	DB0	DB0	DB0	DB0	0
	DB7	DB7	DB7	DB7	DB7	DB7	DB7	DB7	DB7	DB7	7
	DB0	DB0	DB0	DB0	DB0	DB0	DB0	DB0	DB0	DB0	8
	DB7	DB7	DB7	DB7	DB7	DB7	DB7	DB7	DB7	DB7	55
X=7	DB0	DB0	DB0	DB0	DB0	DB0	DB0	DB0	DB0	DB0	56
	DB7	DB7	DB7	DB7	DB7	DB7	DB7	DB7	DB7	DB7	63

（4）设置 Y 地址 (SET Y ADDRESS)

无字库 LCD12864Y 地址设置如表 7-15 所示。

表 7-15　Y 地址设置

R/W	D/I	DB7	DB6	DB5	DB4	DB3	DB2	DB1	DB0
0	0	0	1	A5	A4	A3	A2	A1	A0

此指令的作用是将 A5 ～ A0 送入 Y 地址计数器，作为 DDRAM 的 Y 地址指针。在对 DDRAM 进行读写操作后，Y 地址指针自动加 1，指向下一个 DDRAM 单元。

（5）读状态 (STATUS READ)

无字库 LCD12864 读状态设置如表 7-16 所示。

表 7-16   读状态设置

R/W	D/I	DB7	DB6	DB5	DB4	DB3	DB2	DB1	DB0
0	0	BUSY	0	ON/OFF	RET	A3	A2	A1	A0

当 R/W=1，D/I=0 时，在 E 信号为 H 的作用下，状态数据分别输出到数据总线 DB7～DB0 的相应位。

ON/OFF 表示 DFF 触发器的状态。

RST RST=1 表示内部正在初始化，此时组件不接受任何指令和数据。

（6）写显示数据 (WRITE DISPLAY DATE)

无字库 LCD12864 写显示数据设置如表 7-17 所示。

表 7-17   写显示设置

R/W	D/I	DB7	DB6	DB5	DB4	DB3	DB2	DB1	DB0
0	1	D7	D6	D5	D4	D3	D2	D1	D0

D7～D0 为显示数据，此指令把 D7～D0 写入相应的 DDRAM 单元，Y 地指针自动加 1。

（7）读显示数据 (READ DISPLAY DATE)

无字库 LCD12864 读显示数据设置如表 7-18 所示。

表 7-18   读显示设置

R/W	D/I	DB7	DB6	DB5	DB4	DB3	DB2	DB1	DB0
1	1	D7	D6	D5	D4	D3	D2	D1	D0

此指令把 DDRAM 的内容 D7～D0 读到数据总线 DB7～DB0，Y 地址指针自动加 1。

检测与反思

练习题 A

1. LCD12864 屏幕上面一共有 ＿＿＿＿＿＿ 个像素点。

2. 带字库 LCD12864 的汉字字模规格为 ＿＿＿＿＿＿，ASCII 字符字模规格为 ＿＿＿＿＿＿。

3. 带字库 LCD12864 第一行的 DDRAM 地址为 ＿＿＿＿＿＿ 到 ＿＿＿＿＿＿，第三行的 DDRAM 地址为 ＿＿＿＿＿＿ 到 ＿＿＿＿＿＿。

4. 带字库 LCD12864 打开显示、不显示游标的指令为 ＿＿＿＿＿＿。

5. 在定义固定数组的变量名前加上关键字 ＿＿＿＿＿＿ 可以将数组中的数据保存到程序存储器中，不加将会保存到 ＿＿＿＿＿＿ 存储器中。

练习题 B

1. 写出 LCD12864 写命令函数。

2. 写出 LCD12864 写数据函数。

3. 请写出初始化带字库 LCD12864 的初始化函数。

4. 调用写命令、写数据函数，写出在带字库 LCD12864 的第 1 行居中显示 "** 晚安 **" 的语句。

5. 请写出带字库 LCD12864 图片显示函数。

练习题 C

1. 请在带字库 LCD12864 显示屏上设计一个每分钟更换 1 张显示图片的程序。

要求：

（1）在第一行显示 "定时更换图片"。

（2）在第二行显示 60s 倒计时数字。数字从 60 每秒减一。

（3）当减到 0 时，更换 1 张显示图片，重新从 60s 倒计时。

（4）图片显示在屏幕下半区，图片内容自取 2 张定时更换即可。

（5）为计时准确，请使用定时器。

提示：在定时器中让数字递减。

2. 将数字实现数位分离后显示到界面上。

3. 2 张图片数据可分别放置到 2 个数组中，也可使用二维数组方法放置在 1 个数组中。

模块 **3**
单片机控制智能小车运动

模块概述

　　智能汽车的行驶方向、启停以及速度的控制，是可以通过计算机编程来实现的，无须人工干预。作为一个集环境感知、规划决策、自动行驶等功能于一体的综合体，智能车辆是汽车工程研究的热点，也是目前汽车行业重点发展方向。智能汽车的研究和相关产品开发将有利于我国在汽车技术领域的发展和进步。

　　本项目采用一个智能小车模型，使学生掌握直流电动机、步进电动机的驱动方法，并通过红外线传感器、温度传感器、超声波传感器，结合单片机控制，实现小车进退、转向、循迹、避障等功能。

教学目标

知识目标

(1) 了解超声波传感器、温度传感器、红外线传感器工作原理。

(2) 理解直流信号放大方式。

(3) 理解直流电动机工作原理和正反转原理。

(4) 理解继电器工作原理。

(5) 掌握直流电动机、步进电动机的驱动方法。

技能目标

(1) 会正确使用超声波传感器、温度传感器、红外传感器、光电传感器采集模拟信号。

(2) 会编写程序控制智能小车实现进退、转向、循迹、避障等功能。

安全须知

(1) 在操作过程中，注意用电安全。

(2) 在编程过程中，注意电脑使用安全。

(3) 安装电池的极性必须正确，电池容量要符合要求。

(4) 每次使用结束，将智能小车模型妥善保管。

项目 8　控制智能小车方向

项目说明

　　为了检验智能小车中直流电动机及其驱动电路的性能，节约生产成本，将智能小车所有控制电路做成实验模型。在智能小车实验模型上测试小车进退控制能力和循迹控制能力，以便发现问题并及时修正。本项目将以单片机为控制核心对直流电动机进行控制，并利用传感器技术检测小车行径路线，以实现循迹控制功能。

教学目标

知识目标

（1）理解直流信号放大方式。

（2）理解直流电动机工作原理和正反转原理。

（3）掌握直流电动机的驱动方法。

技能目标

（1）会正确使用直流电动机。

（2）会编写单片机程序控制小车进退。

项目描述

　　本项目主要学习直流电动机、直流电动机驱动电路、直流电动机正反转控制程序的编写方法，以及红外线信号的处理方法。利用直流电动机正反转实现智能小车进退运动的控制，利用步进电动机正反转实现智能小车转向运动的控制，利用红外线探头实现智能小车循迹控制。

任务 8.1　控制智能小车进退

任务描述

　　本任务以单片机为控制核心对直流电动机进行控制，实现让直流电动机进行正反转，从而带动智能小车前进和后退，通过完成该任务，掌握直流电动机知识和单片机控制直流电动机的方法。

8.1.1 直流电动机正反转驱动电路原理

1．H 桥驱动电路

图 8-1 所示为一个典型的直流电动机驱动电路，电路得名于"H 桥驱动电路"是因为它的形状酷似字母 H。电路中的 4 个晶体管组成字母 H 的 4 条垂直的"腿"，而电动机就是 H 中的"横杠"。H 桥驱动电路示意图如图 8-2 所示，包括 4 个晶体管和一个直流电动机。要使电动机运转，必须导通对角线上的一对晶体管。根据不同晶体管对的导通情况，电流可能会从左至右或从右至左流过电动机，从而控制电动机的转向。

要使电动机运转，必须使对角线上的一对晶体管导通。H 桥电路驱动电动机顺时针转动示意图如图 8-3 所示，当 VT1 和 VT4 导通时，电流就从电源正极经 VT1 从左至右穿过电动机，然后再经 VT4 回到电源负极。按图中电流箭头所示，该流向的电流将驱动电动机顺时针转动。

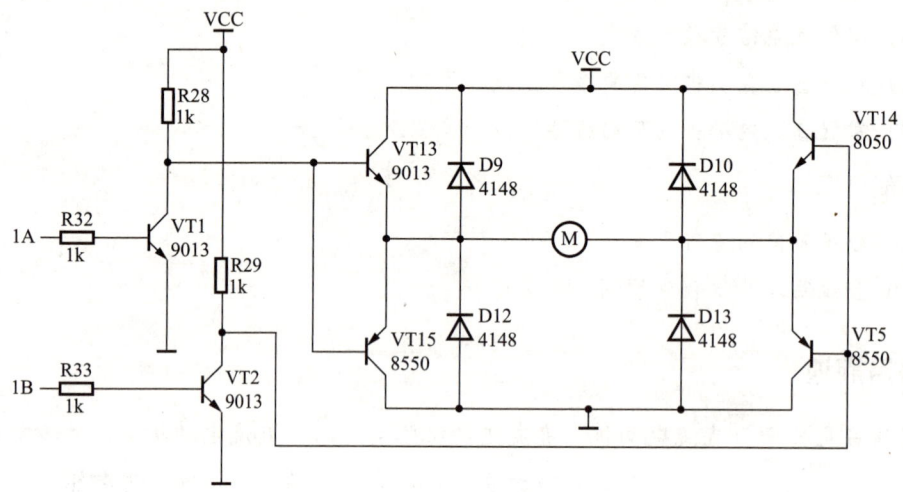

图 8-1　典型直流电动机驱动电路

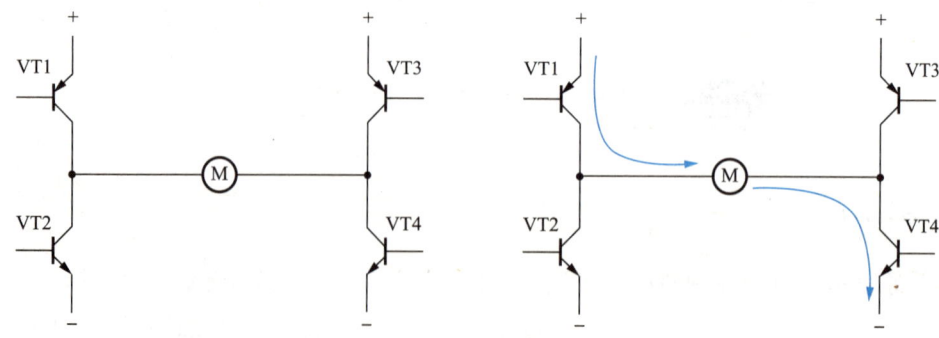

图 8-2　H 桥驱动电路示意图　　　图 8-3　H 桥电路驱动电动机顺时针转动示意图

H 桥电路驱动电动机逆时针转动示意图如图 8-4 所示，当 VT2 和 VT3 导通时，电流就从电源正极经 VT3 从右至左流过电动机，然后再经 VT2 回到电源负极。按图中电流箭头所示，该流向的电流将驱动电动机逆时针转动。

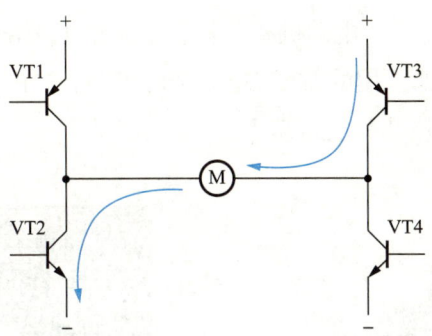

图 8-4　H 桥驱动电动机逆时针转动

2. 使能控制和方向逻辑

驱动电动机时，保证 H 桥上两个同侧的晶体管不会同时导通非常重要。如果晶体管 VT1 和 VT2 同时导通，那么电流就会从正极穿过两个晶体管直接回到负极。此时，电路中除了晶体管外没有其他任何负载，因此电路上的电流就可能达到最大值，甚至烧坏晶体管。因此，在实际驱动电路中通常要用硬件电路控制晶体管的开关。

图 8-5 是基于这种考虑的具有使能控制和方向逻辑的 H 桥电路示意图改进电路，它在基本 H 桥电路的基础上增加了 4 个与门和 2 个非门。4 个与门与一个"使能"导通信号相接，这样用这一信号就能控制整个电路的开关。而 2 个非门通过提供一种方向输入，可以保证任何时候在 H 桥的同侧"腿"上都只有一个晶体管能导通。

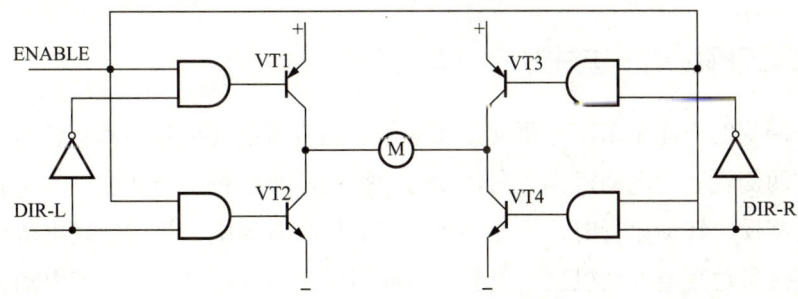

图 8-5　具有使能控制和方向逻辑的 H 桥电路示意图

采用以上方法，电动机的运转就只需要用三个信号控制：两个方向信号和一个使

能信号。如果 DIR-L 信号为 0，DIR-R 信号为 1，并且使能信号是 1，那么晶体管 VT1
和 VT4 导通，电流从左至右流经电动机；如果 DIR-L 信号变为 1，而 DIR-R 信号变为 0，
那么 VT2 和 VT3 将导通，电流则反向流过电动机。

实际使用的时候，用分立元器件制作 H 桥是很麻烦的，好在现在市面上有很多封装
好的 H 桥集成电路，接上电源、电动机和控制信号就可以使用了，在额定的电压和电流
内使用非常方便可靠。比如常用的 L293D、L298N、TA7257P、SN754410 等，图 8-6 所
示为 L298N 电动机驱动模块及其电路模块图。

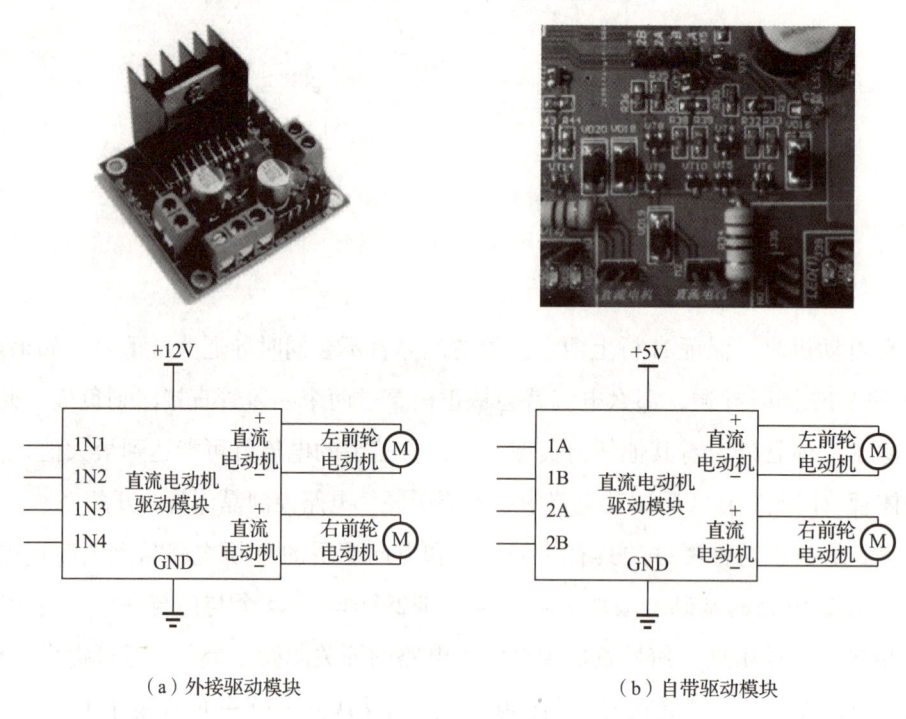

（a）外接驱动模块   （b）自带驱动模块

图 8-6 电动机驱动模块及其电路

8.1.2 理解智能小车进退控制原理图

本书所用到的智能小车车轮驱动方式采用的是直流电动机带动其旋转运动，当智
能小车左右两侧轮胎的电动机都正向转动时，智能小车前行；当智能小车左右两侧轮
胎的电动机都反向转动运行时，智能小车后退。但是直流电动机的驱动电流较大，单
片机不能直接带动直流电动机这个负载，因此需要在单片机外加上直流电动机驱动模
块，提高电路带负载能力。书中配套的智能小车自带电动机驱动模块电路图如图 8-7
所示。

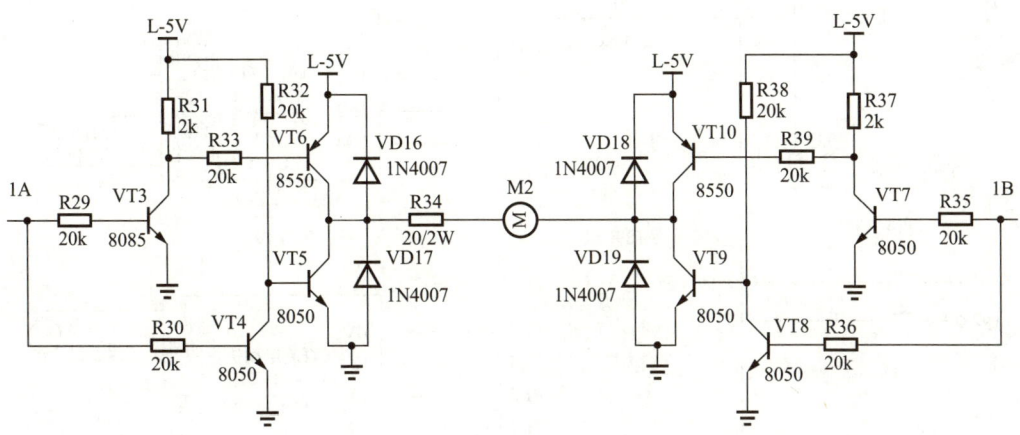

（a）小车自带电动机驱动模块电路图A

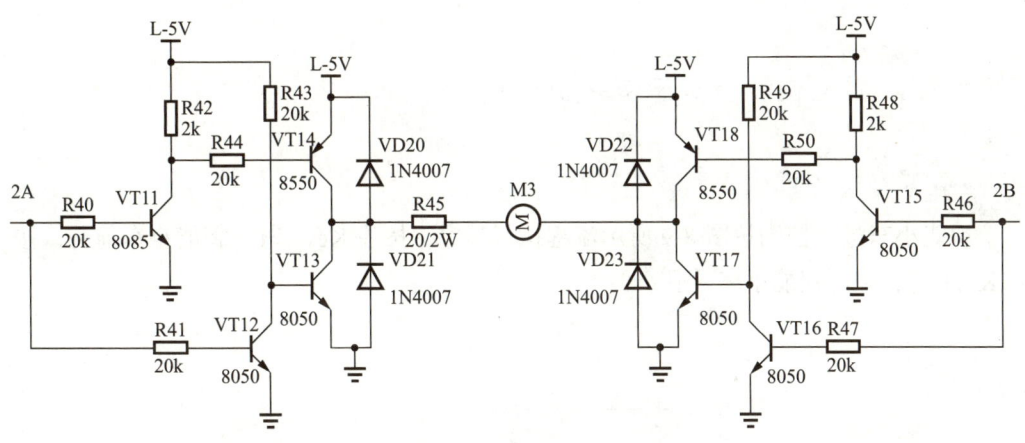

（b）小车自带电动机驱动模块电路图B

图 8-7 小车自带电动机驱动模块电路图

智能小车电动机控制电路图如图 8-8 所示，图中 4 个直流电动机分别拖动左轮胎和右轮胎运动，外接驱动模块驱动小车前轮、自带驱动模块驱动小车后轮。电路中 Key1 和 Key2 分别代表智能小车前进按钮和后退按钮，单片机的 P1.0 ～ P1.3 端口控制智能小车左前轮和右前轮转动，单片机的 P1.4 ～ P1.7 端口控制智能小车左后轮和右后轮转动。

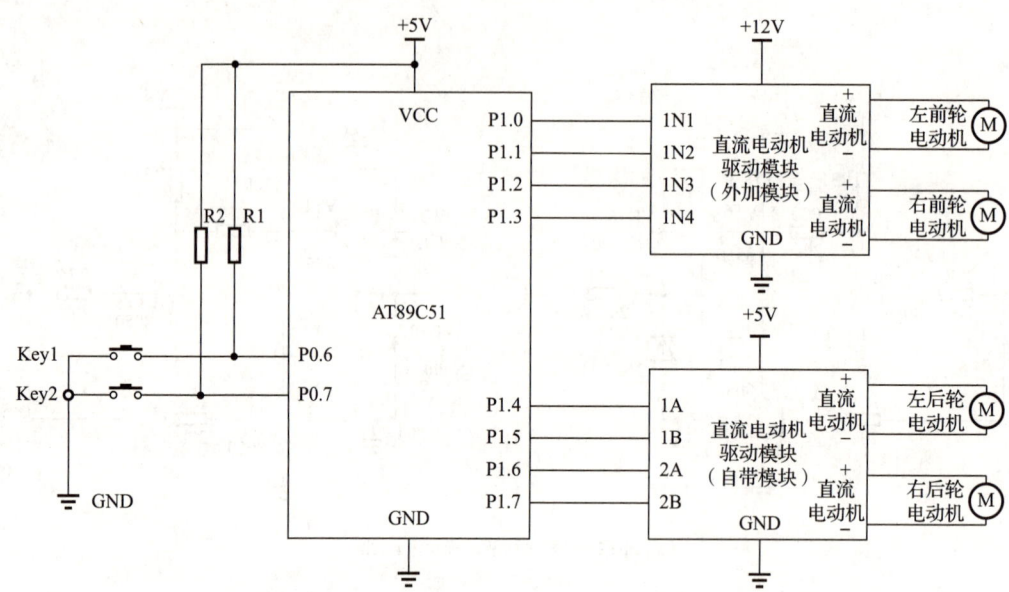

图 8-8　智能小车电动机控制电路图

8.1.3　编写智能小车进退控制程序

1. 智能小车进退控制流程

智能小车进退控制按图 8-9 所示流程执行程序，按住 Key0 时，智能小车前行，按住 Key1 时，控制智能小车后退。

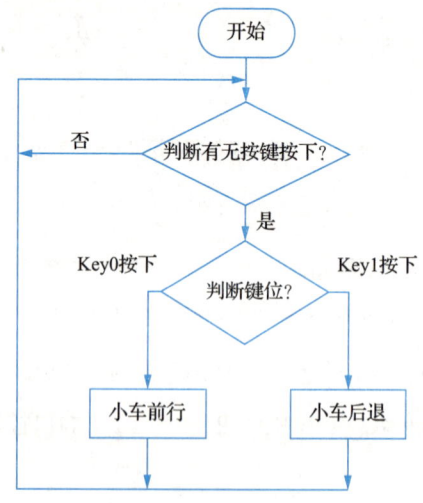

图 8-9　智能小车进退控制程序流程

2. 编写智能小车进退控制源程序

```
#include <reg51.h>
#include <intrins.h>
sbit a1 = P1^0; sbit·in1 = P1^4;// 左侧电动机控制
sbit b1 = P1^1; sbit in2 = P1^5;// 左侧电动机控制
sbit a2 = P1^2; sbit in3 = P1^6;// 右侧电动机控制
sbit b2 = P1^3; sbit in4 = P1^7;// 右侧电动机控制
sbit key1 = P2^6;      // 前进控制按钮
sbit key2 = P2^7;      // 后退控制按钮
void delay1s(void)     //1s 延时函数
{
    unsigned char a,b,c;
    for(c=167;c>0;c--)
        for(b=171;b>0;b--)
            for(a=16;a>0;a--);
    _nop_();  //if Keil,require use intrins.h
}
void portinit()   //I/O 端口初始化函数
{
    P1 = 0XF0;
}
void Goahead()    // 前进函数
{
  a1 = 1;       in1= 1;
  b1 = 0;       in2= 0;
  a2 = 1;       in3= 1;
  b2 = 0;       in4= 0;
}
void Backoff()    // 后退函数
{
  a1 = 0;       in1= 0;
  b1 = 1;       in2= 1;
  a2 = 0;       in3= 0;
  b2 = 1;       in4= 1;
}
void main()       // 主函数
{
  portinit();     // 调用初始化函数
  while(1)        // 无限循环
```

```
        {
                if(key1 == 0||key2 == 0)              // 判断有无按键按下
                {
                        if(key1 == 0&&key2 == 1)      // 判断键位
                        {
                                Goahead();
                                delay1s();            // 执行函数
                        }
                        else if(key1 == 1&&key2 == 0)
                        {
                                Backoff();
                                delay1s();
                        }
                }
                portinit();
        }
}
```

8.1.4　连接线路

将单片机的 P1 端口和按键与直流电动机驱动模块进行连接，驱动模块与直流电动机进行连接。单片机与直流电动机驱动模块连接的对应关系如表 8-1 所示。

表 8-1　小车进退控制电路连接表

控制端口	连接位置	实现功能
P1.0	外接电动机驱动模块 1 的 IN1	小车左前轮驱动
P1.1	外接电动机驱动模块 1 的 IN2	小车左前轮驱动
P1.2	外接电动机驱动模块 1 的 IN3	小车右前轮驱动
P1.3	外接电动机驱动模块 1 的 IN4	小车右前轮驱动
P1.4	外接电动机驱动模块 2 的 IN1	小车左后轮驱动
P1.5	外接电动机驱动模块 2 的 IN2	小车左后轮驱动
P1.6	外接电动机驱动模块 2 的 IN3	小车右后轮驱动
P1.7	外接电动机驱动模块 2 的 IN4	小车右后轮驱动
P2.6	独立键盘的 Key1	前进控制
P2.7	独立键盘的 Key2	后退控制

智能小车电路连接完成后，如图 8-10 所示。

图 8-10　智能小车电路连接

8.1.5　运行并调试程序

将程序下载到单片机，实现智能小车进退运行效果。

任务8.2　控制智能小车转向

任务描述

本任务介绍以单片机为控制核心对步进电动机和继电器进行控制，实现让步进电动机进行正反转，从而带动智能小车实现转换方向。通过完成本任务，掌握步进电动机和继电器知识以及单片机控制步进电动机的方法。

8.2.1　继电器

1. 继电器简介

继电器是一种电子控制器件，它具有控制系统和被控制系统，通常应用于自动控制电路中，它实际上是用较小的电流去控制较大电流的一种"自动开关"，故在电路中起着自动调节、安全保护、转换电路等作用。当电压、电流、温度等输入量达到规定值时，它使被控制的输出电路导通或断开，具有动作快、工作稳定、使用寿命长、体积小等优点，广泛应用于电力保护、自动化、运动、遥控、测量和通信等装置中。

（1）电磁继电器的工作原理和特性

电磁式继电器一般由铁芯、线圈、衔铁、触点簧片等组成，继电器结构示意图及其电路符号如图 8-11 所示。只要在线圈两端加上一定的电压，线圈中就会流过一定的电流，从而产生电磁效应，衔铁就会在电磁力作用下克服弹簧的拉力吸向铁芯，从而带动衔铁的动触点与常开触点吸合。当线圈断电后，电磁的吸力也随之消失，衔铁就会在弹簧的拉力下返回原来的位置，使动触点与原先已经接通的常开触点释放。这样吸合、释放，从而达到了在电路中导通、切断的目的。对于继电器的"常开触点""常闭触点"，可以这样来区分：继电器线圈未通电时处于断开状态的静触点，称为"常开触点"；处于接通状态的静触点称为"常闭触点"。

图 8-11　继电器结构示意图及其电路符号

（2）热敏干簧继电器的工作原理和特性

热敏干簧继电器是一种利用热敏磁性材料检测和控制温度的新型热敏开关。它由感温磁环、恒磁环、干簧管、导热安装片、塑料衬底及其他一些附件组成。热敏干簧继电器不用线圈励磁，而由恒磁环产生的磁力驱动开关动作。恒磁环能否向干簧管提供磁力是由感温磁环的温控特性决定的。

（3）固态继电器（SSR）的工作原理和特性

固态继电器是四端器件，其中有两个接线端为输入端，另两个接线端为输出端，中间采用隔离器件实现输入输出的电隔离。

固态继电器按负载电源类型可分为交流型和直流型。按开关型式可分为常开型和常闭型。按隔离型式可分为混合型、变压器隔离型和光电隔离型，光电隔离型使用最多。

（4）磁簧继电器

磁簧继电器由磁簧开关和线圈组成，它起到通断外的作用。磁簧开关是此类继电器的核心，是用磁性材料制成的，被密封于玻璃管内的一对或多个簧片而形成的开关元件，能在磁力驱动下使触点接通或断开，以达到控制外电路的目的。

磁簧继电器在线圈通电激励或永久磁铁的驱动下，簧片间的间隙处就会形成磁通并将簧片磁化，从而使两簧片间产生了磁性吸力。当整块铁磁金属或者其他导磁物质与之靠近的时候，发生动作，开通或者闭合电路。磁簧开关由永久磁铁和干簧管组成。永久磁铁、干簧管固定在一个不导磁也不带有磁性的支架上。以永久磁铁的南北极的连线为轴线，这个轴线应该与干簧管的轴线重合或者基本重合。由远及近地调整永久磁铁与干簧管之间的距离，当干簧管刚好发生动作（对于常开的干簧管，变为闭合；对于常闭的干簧管，变为断开）时，将磁铁的位置固定下来。这时当有整块导磁材料，例如铁板同时靠近磁铁和干簧管时，干簧管会再次发生动作，恢复到没有磁场作用时的状态；当该铁板离开时，干簧管即发生相反方向的动作。磁簧继电器结构坚固，触点为密封状态，耐用性高，可以作为机械设备的位置限制开关，也可以用来探测铁制门、窗等是否在指定位置。

（5）光继电器

光继电器为 AC/DC 并用的半导体继电器，指发光器件和受光器件一体化的器件。输入侧和输出侧电气性绝缘，但信号可以通过光信号传输。

其特点主要是寿命为半永久性、微小电流驱动信号、高阻抗绝缘耐压、超小型、光传输、无接点等。

主要应用于测量设备、通信设备、保全设备、医疗设备等。

2. 继电器主要产品技术参数

（1）额定工作电压

额定工作电压是指继电器正常工作时线圈所需要的电压，也就是控制电路的控制电压。根据继电器的型号不同，可以是交流电压，也可以是直流电压。

（2）直流电阻

直流电阻是指继电器中线圈的直流电阻，可以通过万用表测量。

（3）吸合电流

吸合电流是指继电器能够产生吸合动作的最小电流。在正常使用时，给定的电流必须略大于吸合电流，这样继电器才能稳定地工作。而对于线圈所加的工作电压，一般不要超过额定工作电压的 1.5 倍，否则会产生较大的电流而把线圈烧毁。

（4）释放电流

释放电流是指继电器产生释放动作的最大电流。当继电器吸合状态的电流减小到一定程度时，继电器就会恢复到未通电的释放状态。这时的电流远远小于吸合电流。

（5）触点切换电压和电流

触点切换电压和电流是指继电器允许加载的电压和电流。它决定了继电器能控制电压和电流的大小，使用时不能超过此值，否则很容易损坏继电器的触点。

3．继电器测试

（1）测量触点电阻

用万用表的电阻挡，测量常闭触点与动点电阻，其阻值应为 0；而常开触点与动点的阻值为无穷大。由此可以区别出常闭触点和常开触点。

（2）测量线圈电阻

可用万用表 $R \times 10\Omega$ 挡测量继电器线圈的阻值，从而判断该线圈是否存在开路现象。

（3）测量吸合电压和吸合电流

用可调稳压电源和电流表，给继电器输入一组电压，且在供电回路中串入电流表进行监测。慢慢调高电源电压，听到继电器吸合声时，记下该吸合电压和吸合电流。为求准确，可以多试几次求平均值。

（4）测量释放电压和释放电流

如上述那样连接测试，当继电器发生吸合后，再逐渐降低供电电压，当听到继电器发生释放声音时，记下此时的电压和电流，亦可多尝试几次求得平均的释放电压和释放电流。一般情况下，继电器的释放电压约为吸合电压的 10% ～ 50%，如果释放电压太小，则不能正常使用了，这样会对电路的稳定性造成威胁，工作不可靠。

4．继电器的电符号和触点形式

继电器线圈在电路中用一个长方框符号表示，如果继电器有两个线圈，就画两个并列的长方框，同时在长方框内或长方框旁标上继电器的文字符号"J"。继电器的触点有两种表示方法：一种是把它们直接画在长方框一侧，这种表示法较为直观。另一种是按照电路连接的需要，把各个触点分别画到各自的控制电路中，通常在同一继电器的触点与线圈旁分别标注上相同的文字符号，并将触点组编上号码，以示区别。继电器的触点有三种基本形式，具体如下。

1）动合型（H 型）线圈不通电时两触点是断开的，通电后两个触点就闭合。以"合"字的拼音字头 H 表示。

2）动断型（D 型）线圈不通电时两触点是闭合的，通电后两个触点就断开。用"断"字的拼音字头 D 表示。

3）转换型（Z 型）是触点组型。这种触点组共有 3 个触点，即中间是动触点，上下各一个静触点。线圈不通电时，动触点和其中一个静触点断开，和另一个闭合，线圈通电后，动触点就移动，使原来断开的成闭合，原来闭合的成断开状态，达到转换的目的。这样的触点组称为转换触点。用"转"字的拼音字头 Z 表示。

5．继电器的选用

1）必要条件

①控制电路的电源电压，能提供的最大电流；②被控制电路中的电压和电流；③被控电路需要几组、什么形式的触点。

选用继电器时，一般控制电路的电源电压可作为选用的依据。控制电路应能给继电器提供足够的工作电流，否则继电器吸合是不稳定的。

2）确定使用条件

查阅有关资料确定使用条件后，可查找相关资料，找出需要的继电器的型号和规格号。若已有继电器，可依据资料核对是否可以利用。最后考虑尺寸是否合适。

3）注意器具的容积

若是用于一般用电器，除考虑机箱容积外，小型继电器主要考虑电路板安装布局。对于小型电器，如玩具、遥控装置则应选用超小型继电器产品。

8.2.2 步进电动机的工作原理

本项目的步进电动机为四相步进电动机，采用单极性直流电源供电。只要对步进电动机的各相绕组按合适的时序通电，就能使步进电动机步进转动。图 8-12 是该四相反应式步进电动机工作原理示意图。

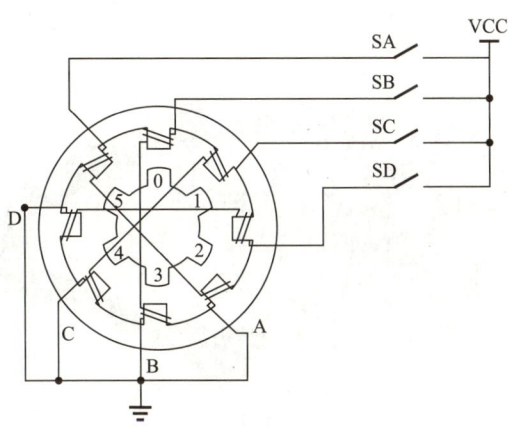

图 8-12　四相反应式步进电动机工作原理示意图

开始时，开关 SB 接通电源，SA、SC、SD 断开，B 相磁极和转子 0、3 号齿对齐，同时，转子的 1、4 号齿就和 C、D 相绕组磁极产生错齿，2、5 号齿就和 D、A 相绕组磁极产生错齿。

当开关 SC 接通电源，SB、SA、SD 断开时，由于 C 相绕组的磁力线和 1、4 号齿之间磁力线的作用，使转子转动，1、4 号齿和 C 相绕组的磁极对齐。而 0、3 号齿和 A、

B 相绕组产生错齿，2、5 号齿就和 A、D 相绕组磁极产生错齿。依次类推，A、B、C、D 四相绕组轮流供电，则转子会沿着 A、B、C、D 方向转动。

四相步进电动机按照通电顺序的不同，可分为单四拍、双四拍、八拍三种工作方式。单四拍与双四拍的步距角相等，但单四拍的转动力矩小。八拍工作方式的步距角是单四拍与双四拍的一半，因此，八拍工作方式既可以保持较高的转动力矩又可以提高控制精度。

单四拍、双四拍与八拍工作方式的电源通电时序与波形分别如图 8-13 所示。

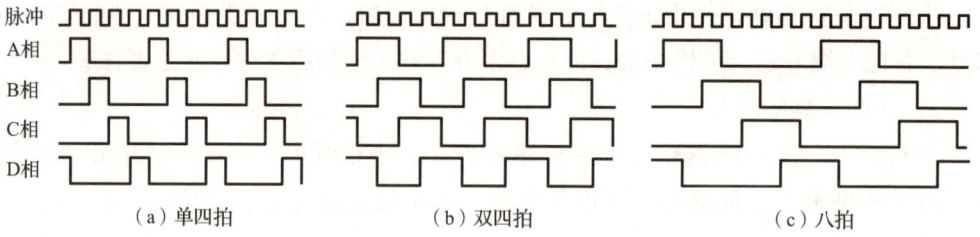

   （a）单四拍   （b）双四拍   （c）八拍

图 8-13 单四拍、双四拍与八拍工作方式的电源通电时序与波形

图 8-14 为一典型 6 线步进电动机，驱动电压为 12V、步进角为 7.5°、一圈 360°、需要 48 个脉冲完成，该步进电动机有 6 根引线，排列次序如下：1- 红色、2- 红色、3- 橙色、4- 棕色、5- 黄色、6- 黑色。可采用 51 单片机进行控制，只是单片机无法直接带动步进电动机运转，需在单片机与步进电动机间增加步进电动机驱动电路才能让电动机正常工作。

图 8-14 6 线步进电动机

8.2.3 理解智能小车转向控制原理图

智能小车转向控制原理图如图 8-15 所示，单片机的 P2.4 ～ P2.7 端口外接按钮 Key1、Key2、Key3、Key4 分别控制智能小车左转向、右转向、左转向灯闪烁、右转向灯闪烁，单片机的 P1.0 ～ P1.3 端口控制驱动模块实现智能左转向和右转向。

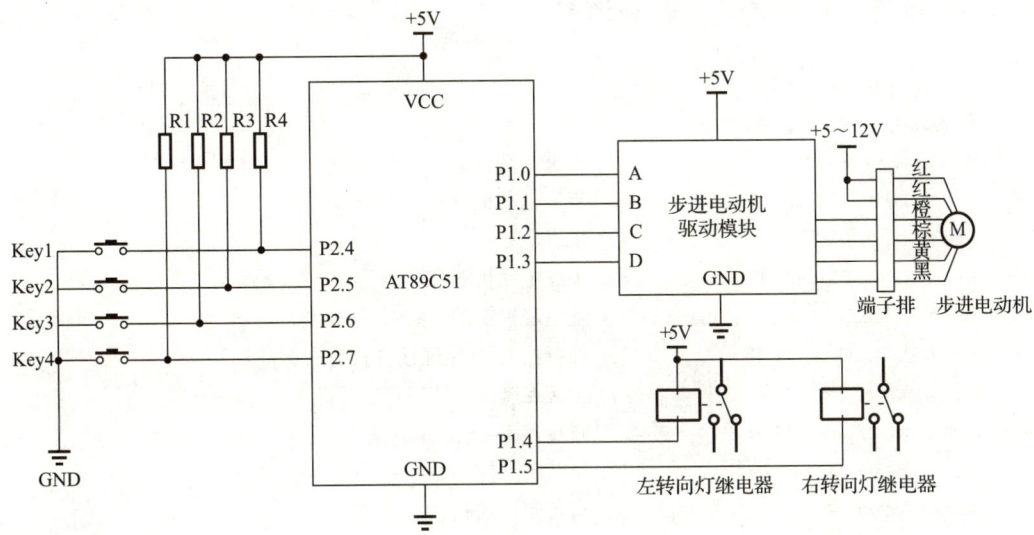

图 8-15　智能小车转向控制原理图

8.2.4　编写智能小车转向控制程序

1. 智能小车转向控制程序流程

智能小车转向控制按图 8-16 所示流程执行程序，开启电源后，判断小车是否有按键按下，若按下 Key1 时，智能小车左转向。按下 Key2 时，控制智能小车右转向。若按下 Key3 时，智能小车左转向灯闪烁。若按下 Key4 时，智能小车左转向灯闪烁。

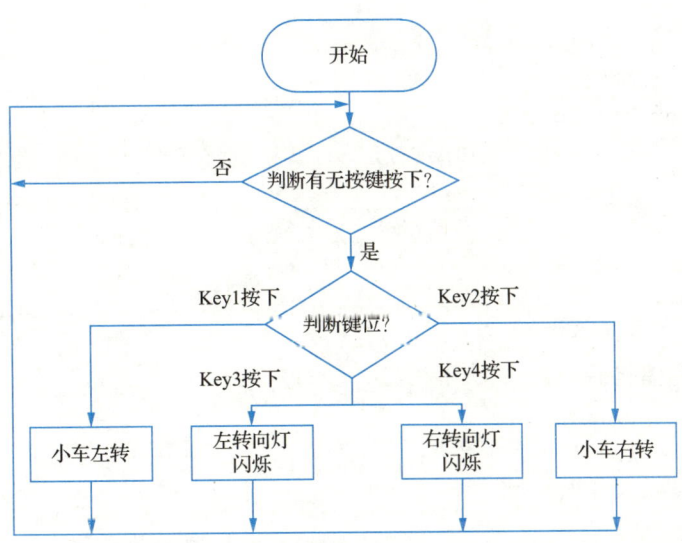

图 8-16　智能小车转向控制程序流程

2. 编写智能小车转向控制源程序

```c
#include <reg51.h>
#include <intrins.h>
sbit a = P1^0;              // 步进电动机 A 相
sbit b = P1^1;              // 步进电动机 B 相
sbit c = P1^2;              // 步进电动机 C 相
sbit d = P1^3;              // 步进电动机 D 相
sbit l_LED = P1^4;          // 继电器模块的 KA（代替左转向灯）
sbit r_LED = P1^5;          // 蜂鸣器 LS1 相连接（代替右转向灯）
sbit key1 = P2^4;           // 左转控制
sbit key2 = P2^5;           // 右转控制
sbit key3 = P2^6;           // 左转向灯控制
sbit key4 = P2^7;           // 右转向灯控制


void delay1s(void)          // 延时 1s
{
    unsigned char a,b,c;
    for(c=167;c>0;c--)
        for(b=171;b>0;b--)
            for(a=16;a>0;a--);
    _nop_();  //if Keil,require use intrins.h
}
void delay10ms(void)        // 延时 10ms
{
    unsigned char a,b,c;
    for(c=1;c>0;c--)
        for(b=38;b>0;b--)
            for(a=130;a>0;a--);
}
void left()                 // 左转
{
        d = 0;
        a = 1;
        delay10ms();
        a = 0;
        b = 1;
        delay10ms();
        b = 0;
        c = 1;
        delay10ms();
```

```
        c = 0;
        d = 1;
        delay10ms();
}
void right()                              // 右转
{
        a = 0;
        d = 1;
        delay10ms();
        d = 0;
        c = 1;
        delay10ms();
        c = 0;
        b = 1;
        delay10ms();
        b = 0;
        a = 1;
        delay10ms();
}
void initport()
{
        P1 = 0xf0;
        P2 = 0xff;
}
void main()
{
        initport();
        while(1)
        {
                if(key1 == 0||key2 == 0||key3 == 0||key4 == 0)
                {
                        delay10ms();
                        if(key1 == 0&&key2== 1)
                        {
                                        left();
                        }
                        else if(key2 == 0&&key1== 1)
                        {
                                        right();
                        }
                        else if(key3 == 0&&key4== 1)
                        {
```

```
                                                l_LED=0;
                                                delay1s();
                                                l_LED=1;
                                                delay1s();
                                }
                                else if(key3 == 1&&key4== 0)
                                {
                                                r_LED=0;
                                                delay1s();
                                                r_LED=1;
                                                delay1s();
                                }
                }
        }
}
```

8.2.5　连接线路

将单片机的端口与正反转按钮开关、步进电动机及其驱动电路等连接，智能小车转向电路连接对应关系如表 8-2 所示。

表 8-2　智能小车转向电路连接对应关系

控制端口	连接位置	实现功能
P1.0	步进电动机驱动模块 A	步进电动机 A 相控制
P1.1	步进电动机驱动模块 B	步进电动机 B 相控制
P1.2	步进电动机驱动模块 C	步进电动机 C 相控制
P1.3	步进电动机驱动模块 D	步进电动机 D 相控制
P1.4	继电器模块的 KA（代替左转向灯）	左转向灯
P1.5	蜂鸣器 LS1（代替右转向灯）	右转向灯
P2.4	独立键盘的 Key1	左转
P2.5	独立键盘的 Key2	右转
P2.6	独立键盘的 Key3	左转向灯按钮
P2.7	独立键盘的 Key4	右转向灯按钮

线路连接完成后，再接上 USB 电源，接通电源后的智能小车转向电路如图 8-17 所示。

图 8-17　智能小车转向电路连接图

8.2.6　运行并调试程序

将程序下载到单片机，实现小车转向运行效果。

任务 8.3　控制智能小车循迹运动

任务描述

本任务以单片机为控制核心对红外线传感器信号的处理，实现让智能小车在红外线传感信号引导下实现循迹运行。通过完成该任务，掌握红外线传感器知识和单片机对红外线传感器信号处理的方法。

8.3.1　红外线传感器

宇宙间的任何物体只要其温度超过零度就能产生红外辐射，事实上同可见光一样，其辐射能够进行折射和反射，这样便产生了红外技术，利用红外光探测器独有的优越性而得到广泛的重视，并在军事和民用领域得到了广泛的应用。军事上，红外探测用于制导、火控跟踪、警戒、目标侦查、热武器瞄准器、舰船导航等；在民用领域，广泛应用于工业设备监控、安全监视、救灾、遥感、交通管理以及医学诊断技术等。

在科技高度发达的今天，自动控制和自动检测在人们的日常生活和工业控制所占的比例也越来越重，人们的生活越来越舒适，工业生产的效率越来越高。而传感器是自动控制中的重要组成部件，是信息采集系统的重要部件，通过传感器将感受或响应的被测量转换成适合输送或检测的信号，再利用计算机或者电路设备对传感器输出的信号进行处理从而达到自动控制的功能，由于传感器的响应时间一般都比较短，所以可以通过计算机系统对工业生产进行实时控制。红外线传感器是传感器中常见的一类，由于红外线传感器是检测红外辐射的一类传感器，而自然界中任何物体只要其温度高于绝对零度（-273.15℃）都将对外辐射红外能量，所以红外线传感器成为非常实用的一类传感器，利用红外线传感器可以设计出很多实用的传感器模块，如红外测温仪、红外成像仪、红外人体探测报警器、自动门控制系统等。

图 8-18 所示为常用红外线传感器。

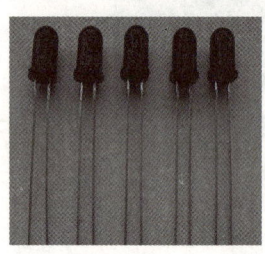  

图 8-18　常用红外线传感器

可见光光谱线如图 8-19 所示。

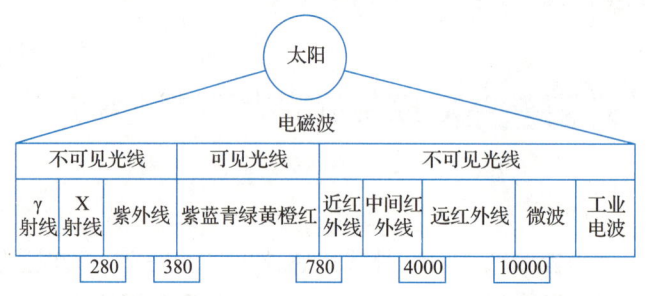

图 8-19　可见光光谱线 [单位：微米（μm）]

8.3.2　红外对管

红外对管是红外线发射管与光敏接收管、红外线接收管、红外线接收头配合在一起使用的总称。

1. 红外线接收管

红外线接收管是在 LED 行业中命名的，是专门用来接收和感应红外线发射管发出的红外线光线的。一般情况下都是与红外线发射管成套运用在产品设备当中。红外线接收管是将红外线光信号变成电信号的半导体器件，它的核心部件是一种特殊材料的 PN 结，和普通二极管相比，在结构上采取了大的改变，红外线接收管为了更大面积的接收入射光线，PN 结面积尽量做得比较大，电极面积尽量减小，而且 PN 结的结深很浅，一般小于 1μm。红外线接收二极管是在反向电压作用之下工作的。没有光照时，反向电流很小，称为暗电流。当有红外线光照时，携带能量的红外线光子进入 PN 结后，把能量传给共价键上的束缚电子，使部分电子挣脱共价键，从而产生电子——空穴对，简称光生载流子。它们在反向电压作用下参加漂移运动，使反向电流明显变大，光的强度越大，反向电流也越大。这种特性称为"光电导"。红外线接收二极管在一般照度的光线照射下，所产生的电流叫光电流。如果在外电路接上负载，负载上就获得了电信号，而且这个电信号随着光的变化而相应变化。

红外线接收管有两种，一种是光电二极管，另一种是光电晶体管。光电二极管就是将光信号转化为电信号，光电晶体管在将光信号转化为电信号的同时放大电流。因此，光电晶体管也分为两种，分别是 NPN 型和 PNP 型。

红外接收管的作用是进行光电转换，在光控、红外线遥控、光探测、光纤通信、光电耦合等方面有广泛的应用。红外线最重要的参数就是光电信号的放大倍率，通常有 1000～1300、1300～1800、1800～2500 等，放大倍率对灵敏度有决定作用。

2. 红外线发射管

红外线发射管也称红外线发射二极管，属于二极管类。它是可以将电能直接转换成近红外光（不可见光）并能辐射出去的发光器件，主要应用于各种光电开关、触摸屏及遥控发射电路中。红外线发射管的结构、原理与普通发光二极管相近，只是使用的半导体材料不同。红外发光二极管通常使用砷化镓（GaAs）、砷铝化镓（GaAlAs）等材料，采用全透明或浅蓝色、黑色的树脂封装。

红外线发射管在 LED 封装行业中主要有 850nm、875nm、940nm 三个常用的波段。根据波长的特性运用的产品也有很大的差异，850nm 波段主要用于红外线监控设备、875nm 波段主要用于医疗设备、940nm 波段主要用于红外线控制设备。常见红外线发射管如图 8-20 所示。

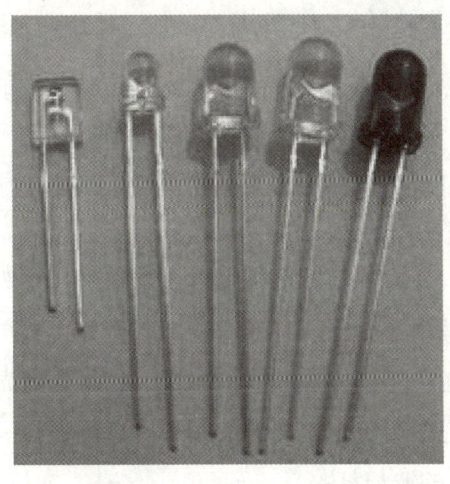

图 8-20　常见红外线发射管

3．红外对管的判断方法

人们习惯把红外线发射管和红外线接收管称为红外对管。红外对管的外形与普通圆形的发光二极管类似。初接触红外对管者，较难区分发射管和接收管。

1）用指针式万用表的 R×1k 电阻挡可测量红外对管的极间电阻，以判别红外对管。

判据一：在红外对管的端部不受光线照射的条件下调换表笔测量，发射管的正向电阻相对较小，反向电阻相对较大，且黑表笔接正极时，电阻相对较小的是发射管，正反向电阻都很大的是接收管。

判据二：黑表笔接负极时，电阻较大的是发射管，电阻较小且万用表指针随着光线强弱变化时，指针摆动的是接收管。

2）通电试验方法判别。用一只发光二极管和一只电阻与被测的对管串联，电阻起限流作用，阻值取 220 ～ 510Ω。LED 发光二极管用来显示被测红外管的工作状态。用电视机、机顶盒等遥控器对着被测管按下遥控器的任意键，若 LED 亮，则被测管是红外线接收管；若 LED 不亮，则被测管是红外线发射管。

测量红外发光二极管在发射器电路上的工作电压和工作电流，可以简便地判定其工作状态如何。测量管子两端的工作电压时，静态下通常为零，而动态下将跳变为一个较小的电压值，因遥控系统的编码方式、驱动电路的结构以及工作电源电压的不同，该电压值通常为 0.07 ～ 0.4V，而且表笔还应微微颤抖。当使用数字式万用表测量时，其测量值将普遍高于指针式万用表测得的数值，通常为 0.1 ～ 0.8V。如果出现静态时表针颤抖而动态时不抖、静态下和动态下都颤抖、静态下和动态下均不颤抖，以及动态电压与静态电压无明显差别等现象，可判定红外发光二极管工作异常，若驱动放大电路正常，则多为红外发光二极管损坏。

4．红外发光二极管使用注意事项

红外发光二极管应保持清洁、完好状态，尤其是其前端的球面形发射部分既不能存在脏垢之类的污染物，更不能受到摩擦损伤，否则从管芯发出的红外光将产生反射及散射现象，直接影响红外光的传播，轻者可能降低遥控的灵敏度，缩减控制距离，重者可能产生失灵，甚至遥控失效。

红外发光二极管在工作过程中其各项参数均不得超过极限值，因此在代换选型时应当注意原装管子的型号和参数，不可随意更换。另外，也不可任意变更红外发光二极管的限流电阻。由于红外光波长的范围相当宽，故红外发光二极管必须与红外接收二极管配对使用，否则将影响遥控的灵敏度，甚至造成失控。因此在代换选型时，需关注其所辐射红外光信号的波长参数。

　　红外发光二极管封装材料的硬度较低，它的耐高温性能更差，为避免损坏，焊点应当尽量远离引脚的根部，焊接温度也不能太高，焊接时间更不宜过长，最好用金属镊子夹住引脚的根部，以帮助散热。引脚弯折开关的定型应当在焊接之前完成，焊接期间管体与引脚均不得受力。

8.3.3　理解智能小车循迹运动原理图

　　智能小车循迹原理示意图如图 8-21 所示，图中步进电动机模拟智能小车对方向盘的控制。单片机的 P0.6 和 P0.7 端口外接左侧、右侧红外对管模块用于智能小车检测地上黑线位置，以便单片机根据红外对管检测到的黑线位置控制其 P1.0～P1.7 端口控制驱动模块实现智能小车循迹运动。

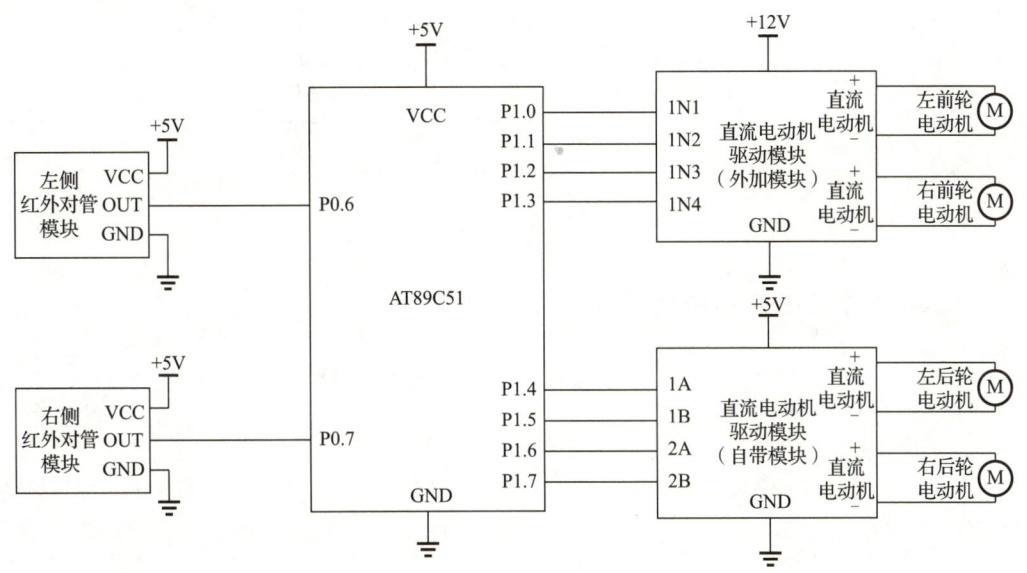

图 8-21　智能小车循迹原理示意图

8.3.4　编写智能小车循迹运动程序

1. 智能小车循迹运动程序流程

　　智能小车循迹运动控制按图 8-22 所示流程执行程序，开启电源后，判断小车是否偏离事先画出的运行轨迹，若偏离，则自动纠正错误运行方向，使小车朝着正确的方向运行。

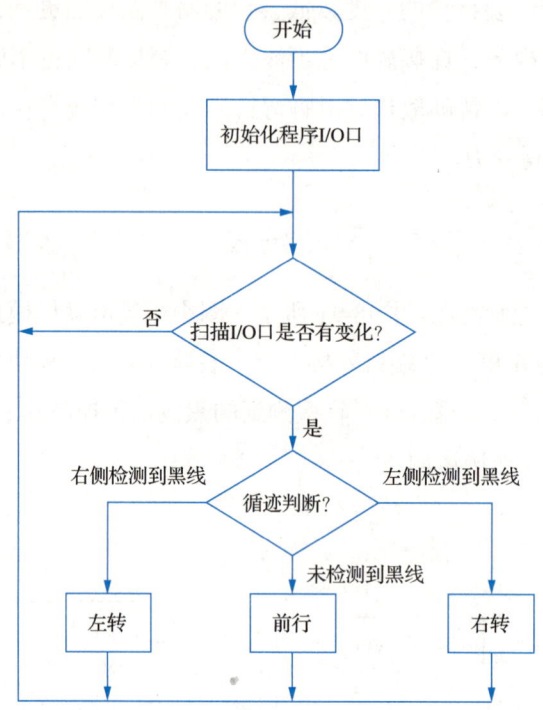

图 8-22　智能小车循迹运动控制流程图

2. 编写智能小车循迹运动源程序

```
/*********************************************************
***************
// 单片机实验
////////////////////////////////////////////////////////////
/////////////
// 实验题目：循迹运
// 接线方式：
//          (1)用1Pin线将P0.6、P0.7分别接到小车左右两侧的红外对管上。
//          (2)用1Pin线将P1.0、P1.1、P1.2、P1.3分别接到直流电动机驱动模块的
1A、1B、2A、2B。
*********************************************************
*************/
#include <reg51.h>
#include <intrins.h>

sbit R = P0^7;    // 右红外检测
sbit L = P0^6;    // 左红外检测
```

```
void delay200ms(void)    //
{
    unsigned char a,b,c;
    for(c=4;c>0;c--)
        for(b=116;b>0;b--)
            for(a=214;a>0;a--);
    _nop_();
}

void initport()                                    // 对 P0 I/O 端口初始化
{
    P0 = 0XF0;
}

void main()
{
    initport();
        while(1)
        {
                if(R == 0||L == 0)
                {
                    if(R != 0&&L == 0)      // 右侧无 0 信号返回（检测到黑色）
                    {
                        P1 = 0xaa;// 右转
                        delay200ms();
                    }
                    else if(L != 0&&R == 0)///左侧无 0 信号返回（检测到黑色）
                    {
                        P1 = 0x22;// 左转
                        delay200ms();
                    }
                    else
                    {
                        P1 = 0x99;// 前进
                        delay200ms();
                    }
                }
        }
}
```

8.3.5　连接线路

将单片机的端口与红外对管模块、电动机及其驱动电路等连接，智能小车循迹运动控制电路连接对应关系如表 8-3 所示。

表 8-3　智能小车循迹运动控制电路连接对应关系

控制端口	连接位置	实现功能
P0.6	左侧红外对管	左侧循迹
P0.7	右侧红外对管	右侧循迹
P1.0	外接电动机驱动模块的 IN1	小车左前轮驱动
P1.1	外接电动机驱动模块的 IN2	小车左前轮驱动
P1.2	外接电动机驱动模块的 IN3	小车右前轮驱动
P1.3	外接电动机驱动模块的 IN4	小车右前轮驱动
P1.4	直流电动机驱动输入端 1A	小车左后轮驱动
P1.5	直流电动机驱动输入端 1B	小车左后轮驱动
P1.6	直流电动机驱动输入端 2A	小车右后轮驱动
P1.7	直流电动机驱动输入端 2B	小车右后轮驱动

完成智能小车电路连接后如图 8-23 所示。

图 8-23　智能小车循迹电路连接图

8.3.6　运行并调试程序

将程序下载到单片机，实现智能小车循迹运行效果。

导师说

智能小车的循迹功能还可采取 4 个红外对管的方式，或者采用 PWM 的方式实现，循迹效果可以更加平稳。

项目评价

项目评价由三个部分组成，即学生自评、小组评价和教师评价。按照自评占 20%，小组评价占 30%，教师评价占 50% 计入总分。评价内容详见表 8-4。

表 8-4　智能小车方向控制评价表

评价内容		自评	小组评价	教师评价
		优☆　良△　中✓　差✕		
职业素养	（1）安全用电			
	（2）设备及器材的安全			
	（3）记录整理完整准确			
	（4）符合 6S 管理理念			
知识与技能	（1）电动机驱动电路的分析			
	（2）电动机驱动模块的选择			
	（3）驱动模块的正确使用			
	（4）红外线传感器的使用			
	（5）智能小车转向控制程序编写			
	（6）智能小车转向效果			
	（7）智能小车进退程序编写			
	（8）智能小车进退控制效果			
汇报展示	（1）作品展示（可以为实物作品展示、PPT 汇报、简报、作业等形式）			
	（2）语言流畅，思路清晰			
评价等级				
完成任务最终评价等级（评价参考：自评 20%、组评 30%、师评 50%）				

拓展提高

1. 差动放大器

从电路结构上说，差动放大电路由两个完全对称的单管放大电路组成。由于电路具有许多突出优点，因而成为集成运算放大器的基本组成单元。

最简单的差动放大电路如图 8-24 所示，它由两个完全对称的单管放大电路拼接而成。在该电路中，晶体管 VT_1、VT_2 型号一样、特性相同，R_{B1} 为输入回路限流电阻，R_{B2} 为基极偏流电阻，R_C 为集电极负载电阻。输入信号电压由两管的基极输入，输出电压从两管的集电极之间提取，也称双端输出。由于电路的对称性，在理想情况下，它们的静态工作点对应相等。差动放大器有可抑制共模信号、放大差动信号的优点。

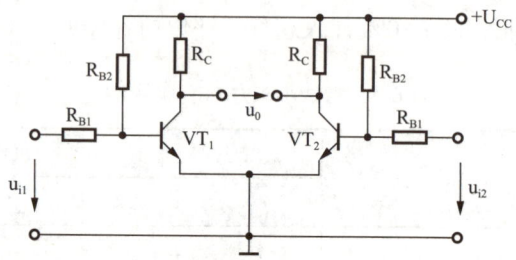

图 8-24　最简单的差动放大电路

2. 加速度传感器 ADXL345

常用加速度传感器如图 8-25 所示，ADXL345 是一款小而薄的超低功耗三轴加速度传感器，分辨率高达 13 位，测量范围达 ±16g。数字输出数据为 16 位二进制补码格式，可通过 SPI 或 I^2C 数字接口访问。ADXL345 非常适合移动设备应用。它可以在倾斜检测应用中测量静态重力加速度，还可以测量运动或冲击导致的动态加速度。其 3.9mg/LSB 的高分辨率，能够测量不到 1.0° 的倾斜角度变化。该器件提供多种特殊检测功能。主要应用于机器人控制、运动检测、过程控制、电池供电系统、硬盘驱动器（HDD）保护、单电源数据采集系统、手机、医疗仪器、游戏等。

图 8-25　常用加速度传感器

活动和非活动检测功能通过比较任意轴上的加速度与用户设置的阈值来检测有无运动发生。敲击检测功能可以检测任意方向的单振和双振动作。自由落体检测功能可以检测器件是否正在掉落。这些功能可以独立映射到两个中断输出引脚中的一个。正在申请专利的集成式存储器管理系统采用一个32级先进先出缓冲器，可用于存储数据，从而将主机处理器负荷降至最低，并降低整体系统功耗。低功耗模式支持基于运动的智能电源管理，从而以极低的功耗进行阈值感测和运动加速度测量。ADXL345采用3mm×5mm×1mm，14引脚小型超薄塑料封装。采用标准 I^2C 和 SPI 两种协议的引脚功能如表 8-5 所示。

表 8-5　采用标准 I^2C 和 SPI 两种协议的引脚功能

引脚编号	引脚名称	功能	
		I^2C	SPI
7	CS	连接到 VDD 以支持 I^2C	片选
12	SDO/ALT ADDRESS	备选地址选择	串行数据输出
13	SDA/SDI/SDIO	串行数据	串行数据输入（4 线式 SPI）
			串行数据输入和输出（2 线式 SPI）
14	SCL/SCLK	串行通信时钟	串行通信时钟

⚙ 检测与反思

练习题 A

一、填空题

1. 步进电动机具有 _____、_____、能将数字量直接转化为角度量的优点。

2. 步进电动机是机器人、绘图仪等智能机器 _____ 和实现 _____ 定位的重要执行元件，应用十分广泛。

3. 步进电动机有 _____、_____、_____ 等类型。

4. 常用的步进电动机二相、三相、四相、五相等，相数不同，_____ 也就不一样。

5. 步进电动机 _____ 转化为角位移或线位移的开环控制元件。

6. 步进电动机通常用 _____ 来驱动。

7. 在非超载的情况下，步进电动机驱动器每接收一个脉冲，步进电动机就转动一个固定角度，这个固定角度被称为 _____。

8. 脉冲的 _____ 控制着步进电动机的转速及加速。

9. 脉冲的 _____ 控制着步进电动机的转动角度或位移量。

10. 一般二相步进电动机的半步角和整步角分别是 _____、_____。

二、判断题

1. 宇宙间的任何物体只要其温度超过零度就能产生红外辐射。 （　　）

2. 红外辐射能够进行折射和反射。 （　　）

3. 红外对管是红外线发射管与光敏接收管、红外线接收管、红外线接收头配合在一起使用的总称。 （　　）

4. 所有高于 −273.15℃ 的物质都可以产生红外线。 （　　）

5. 红外线也称为热射线。 （　　）

6. 红外线接收管是将红外线光信号变成电信号的半导体器件。 （　　）

7. 红外线接收管的核心部件是一个特殊材料的 PN 结。 （　　）

8. 红外接收二极管 PN 结比普通二极管 PN 结面积大，结深浅，电极面小。 （　　）

9. 红外接收二极管是在反向电压作用之下工作的，没有光照时，反向电流很小，称为暗电流。 （　　）

10. 红外线发射管也称红外发射二极管，可以将电能直接转换成近红外光并能辐射出去的发光器件。 （　　）

练习题 B

1. 建立以"智能小车转向"为名的工程文件。

2. 建立以"智能小车转向"为名的 C 语言程序文件。

3. 建立以"智能小车转向"为名的汇编语言程序文件。

4. 请画出四相步进电动机单四拍工作方式通电时序图。

5. 将直流电动机驱动转向的智能小车左右前轮改装为同一轴承以方便实现步进电动机驱动转向功能。

（1）建立以"智能小车循迹"为名的工程文件。

（2）建立以"智能小车循迹"为名的 C 语言程序文件。

（3）建立以"智能小车循迹"为名的汇编语言程序文件。

（4）请画出红外对管电路符号。

（5）请列出红外对管中，接收管的种类并写出工作原理。

练习题 C

1. 阅读以下程序，描述程序实现的功能。

```c
#include <REGX51.H>
#define uchar unsigned char
#define uint unsigned int
sbit clk=P3^6; sbit dir=P3^7;
void delay(uint i);
void Init1602(void);
void sTo1602(char r,char c,uchar *s);
void nTo1601(char r,char c,uchar *num);
uchar stepCount=0;
uchar code stepABCD[8]={0xF3,0xF1,0xF9,0xF8,0xFc,0xF4,0xF6,0xF2};
main(){
        uchar i=0;
        P3=stepABCD[i];
        Init1602();
        while(1){
            if(clk==0){
                delay(200);
                if(clk==0){
                    if(dir){i=(i+1)%sizeof(stepABCD);stepCount++;}
                    else {i=(i==0)?sizeof(stepABCD)-1:--i;stepCount--;}
                    P3=stepABCD[i];
                    while(clk==0);
                }
            }
            if(dir)sTo1602(0,0,"step CW ");
            else    sTo1602(0,0,"step CCW");
            nTo1601(1,13,&stepCount);
        }
}
```

2. 编写程序并下载到实验模型验证，实现以下功能：按住左转按钮，步进电动机左转 45°，松开按钮，步进电动机恢复 0° 位置。

3. 编写程序并下载到实验模型验证，实现以下功能：按一次右转向灯按钮后，智能小车右转向灯闪烁 5s 后停止闪烁。

4. 编写程序并下载到实验模型验证，实现以下功能：按一次启动按钮，步进电动机左转 90°，然后右转 90° 后恢复 0° 位置。

5. 编写程序并下载到实验模型验证，实现以下功能：将直流电动机转向功能的智能小车改装为步进电动机转向功能的智能小车。

6. 编写程序并下载到实验模型验证，并调整红外对管位置实现以下功能：智能小车能跟踪前方、左前方和右前方物体的方向前行。

7. 编写程序并下载到实验模型验证，并调整红外对管位置实现以下功能：智能小车检测到前方无障碍物则前进，检测到右侧有障碍物则左转，检测到左侧有障碍物则右转。

8. 编写程序并下载到实验模型验证，并调整红外对管位置实现自动避障功能的同时，发出相应提示音。

项目 9 控制智能小车安全行驶

👤 项目说明

汽车安全性是指汽车在行驶中避免事故，保障行人和乘员安全的性能，一般分为主动安全性、被动安全性、事故后安全性和生态安全性。在道路交通事故中，汽车本身的安全性能也是不可忽视的因素。超声波传感器在汽车安全性能中扮演着重要角色。

📖 教学目标

知识目标

(1) 理解超声波传感器工作原理。

(2) 掌握超声波传感器的应用方法。

技能目标

(1) 会正确使用超声波传感器。

(2) 会编写单片机控制小车自动避障的程序。

📺 项目描述

为了检验智能小车自动避障和超温制动的性能，节约生产成本，将智能小车自动避障和超温制动电路做成实验模型。在智能小车实验模型上测试小车自动避障和超温制动能力，以便发现问题能及时修正。本项目主要学习超声波传感器信号采集程序的编写方法，使用超声波传感器探测前方信息传送至单片机，从而用单片机控制核心对电动机进行控制，以便实现对小车前进方向的联动控制。常用超声波传感器如图9-1所示。

图 9-1 常用超声波传感器

任务 9.1 控制智能小车自动避障

任务描述

本任务以单片机为控制核心对超声波传感器信号处理，实现让智能小车在超声波传感信号引导下实现自动避障运行。通过完成该任务，掌握超声波传感器知识和单片机对超声波传感器信号处理的方法。

9.1.1 认识超声波

波是指振动的传播，物体的机械振动是产生波的源泉，波的频率取决于物体的振动频率。由图 9-2 可见，整个声波频谱是比较宽的，其中只有可听声波才能被人耳所听到，而次声波、超声波虽然属于声波，却不能被人耳所察觉。

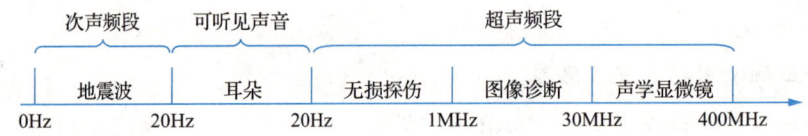

图 9-2 声波频率范围示意图

在自然界存在着多种多样的超声波，如某些昆虫和哺乳动物就能发出超声波，又如风声、海浪声、喷气飞机的噪声中都含有超声波成分。在医学诊断上所使用的超声波是由压电晶体一类材料制成的超声探头产生的。眼科方面所使用的超声频率在 5 ～ 15MHz 范围内，心和腹部所使用的超声频率在 2 ～ 10MHz 范围内。

超声波和可听声波一样，也是一种机械波，它是由介质中的质点受到机械力的作用而发生周期性振动产生的。依据质点振动方向与波的传播方向的关系，超声波亦有纵波和横波之分，纵波和横波的传播方向如图 9-3 所示。

纵波是质点的振动方向与波的传播方向相同的波。例如，音叉在空气介质中振动所产生的声波，空气介质中的质点沿水平方向振动，振动的方向与声波的传播方向一致，传播时介质的质点疏密发生变化。纵波可以在固体、液体、气体介质中传播。

横波是质点振动方向与波的传播方向垂直的波。一个典型的例子便是软绳上的波，我们不妨把软绳看成密集质点的集合，如果不断地摆动软绳的一头，则一系列的横向振动的波就由绳子的左端向右端移去，而绳上各质点并不随波的传播方向移动，只是在各自的平衡位置附近作横向的振动。因为液体和气体无切变弹性，所以横波不能在液体及气体介质中传播。

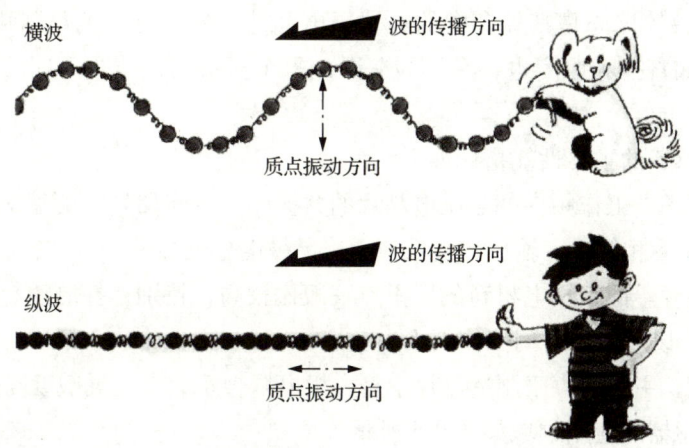

图 9-3　纵波和横波的传播方向

由超声诊断仪所发射的超声波，在人体组织中是以纵波的方式传播的。因为人体软组织基本无切变弹性，所以横波在人体组织中不能传播。

超声波除了在不同介质中传播速度不一样这一点和可闻声波一样外，在其反射、折射、衍射等传播规律上也和可闻声波一致。不过它有很特别的奇异特性，具体如下。

1）由于其频率高所以具有的功率更大，相对于可闻声波它的功率非常大。所以超声波在传播时方向性强，能够易于集中，穿透本领大。

2）频率越高其声场指向性越好，与光波的反射、折射特性就越接近。

9.1.2　超声波传感器

利用超声波在超声场中的物理特性和各种效应而研制的装置称为超声波传感器、探测器或换能器，也称为探头。

超声波探头按其工作原理可分为压电式、磁致伸缩式、电磁式等，其中以压电式最为常用。压电式超声波探头常用的材料是压电晶体和压电陶瓷，这种传感器统称为压电式超声波探头。它是利用压电材料的压电效应来工作的。

压电效应有正向压电效应和逆向压电效应。

超声波发送器——是利用逆向压电效应制成，即在压电元件上施加电压，元件就变形（也称应变）引起空气振动产生超声波，超声波以疏密波形式传播，传送给超声波接收器。

超声波接收器——是利用正向压电效应制成，即接收到的超声波促使接收器的振子随着相应频率进行振动，由于存在正向压电效应，就产生与超声波频率相同的高频电压。

小功率超声波探头多为探测作用，它有许多不同的结构，可分直探头（纵波）、斜探头（横波）、表面探头（表面波）、兰姆波探头（兰姆波）、双探头（一个探头反射、一个探头接收）。

超声波探头的核心是其外套中的一块压电晶片，构成晶片的材料可以有许多种。晶片的大小，如直径和厚度也各有不同，因此每个探头的性能是不同的，使用前必须预先了解它的性能。

超声波传感器的主要性能指标如下。

1）工作频率。工作频率就是压电晶片的共振频率。当加到它两端交流电压的频率和晶片的共振频率相等时，输出的能量最大，灵敏度也最高。

2）工作温度。由于压电材料的居里点一般比较高，特别是探测用超声波探头，其工作温度低，所以可以长时间工作而不失效。

3）灵敏度。主要取决于制造晶片本身，机电耦合系数大，灵敏度高。

超声波传感器的应用领域如图 9-4 所示。

（a）汽车倒车雷达

（b）物件安装错误检测

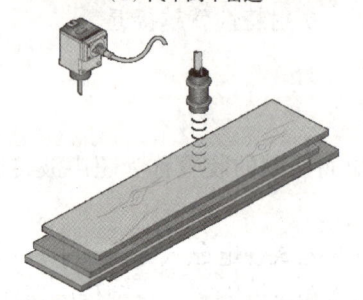

（c）叠放高度测量

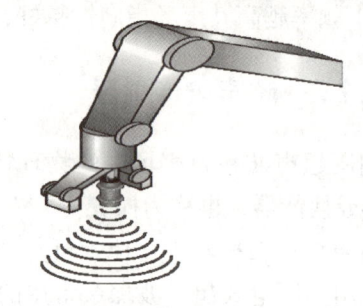

（d）机械手定位

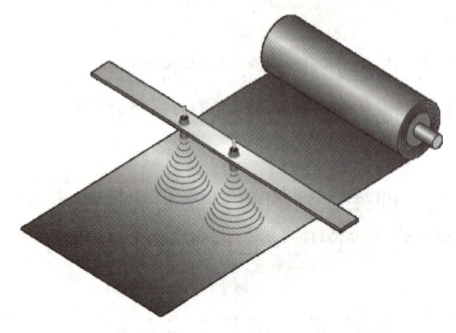

（e）平整度测量

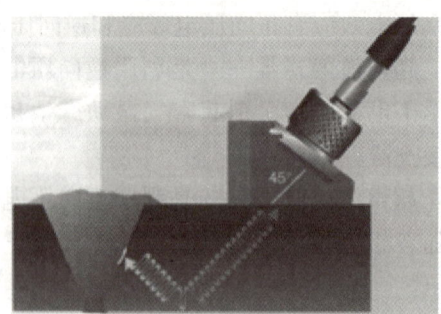

（f）无损探伤

图 9-4　超声波传感器应用领域

9.1.3 理解智能小车自动避障原理图

智能小车自动避障原理图如图9-5所示，单片机的P3.2、P3.7端口外接超声波测距模块的IN、OUT端口，采集超声波测距模块返回的距离信息，以便实现对智能小车前进方向的控制，单片机的P1.0～P1.7端口控制电动机驱动模块实现对智能小车车轮转动方向的控制。

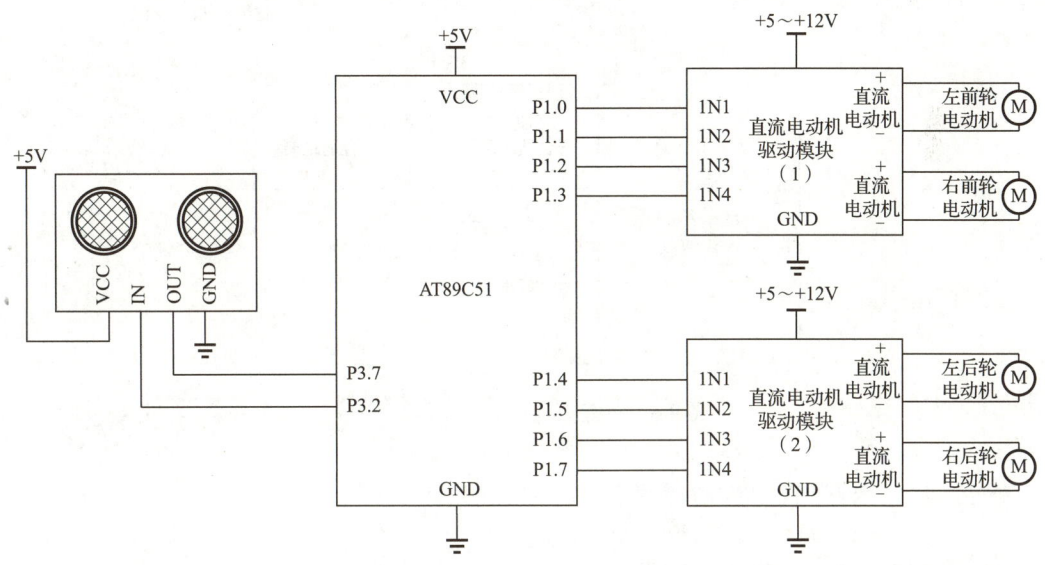

图9-5 智能小车自动避障原理图

9.1.4 编写智能小车自动避障程序

1 智能小车自动避障程序流程

智能小车自动避障程序按图9-6所示流程执行，开启电源初始化程序I/O端口后，判断超声波传感器开始测量小车前方障碍物距离。若前方障碍物大于40cm，则智能小车前行一合适距离；若前方障碍物小于30cm，则智能小车先后退一合适距离，再向右转一合适角度，重新判断小车前方障碍物距离，实现智能小车自动避障功能。

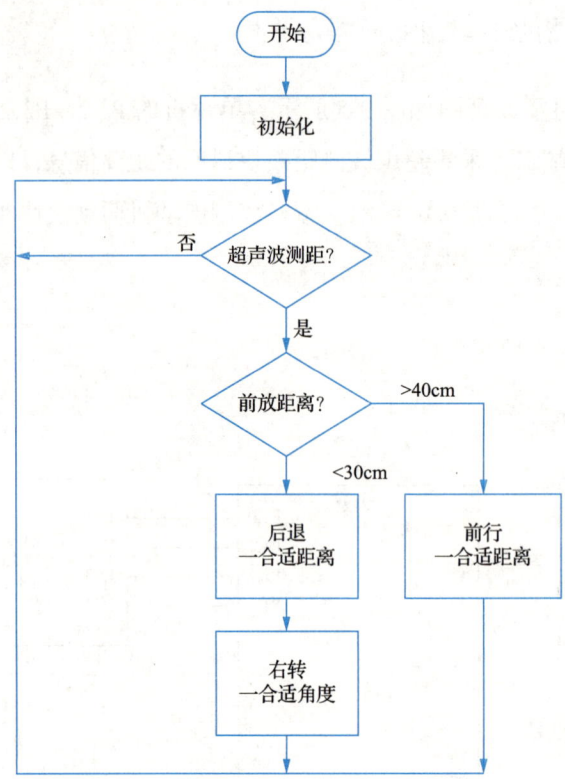

图9-6 智能小车自动避障程序流程

2. 编写智能小车自动避障源程序

```
#include   <AT89X51.H>
   #include   <intrins.h>
#include   <STDIO.H>
#define uchar unsigned  char
#define uint  unsigned   int
   #define   RX   P3_2
#define   TX   P3_7
   sbit IN1=P0^0 ;
   sbit IN2=P0^1;
   sbit IN3=P0^2;
   sbit IN4=P0^3;
   unsigned int   time=0;
   unsigned int   timer=0;
   float          S=0;
```

```c
bit              flag =0;

void qian()// 前进
{
    IN1=1;
        IN2=0;

        IN3=1;
        IN4=0;
}

void hou()// 后退
{
    IN1=0;
        IN2=1;

        IN3=0;
        IN4=1;
}

void stop()// 停止
{
    IN1=0;
        IN2=0;

        IN3=0;
        IN4=0;
}

void you()// 右转
{
    IN1=1;
        IN2=0;

        IN3=0;
        IN4=1;
}

/****************************************************/
void delayms(unsigned int ms)
```

```
{
        unsigned char i=100,j;
        for(;ms;ms--)
        {
                while(--i)
                {
                        j=10;
                        while(--j);
                }
        }
}


/**********************************************************/
    void zd0() interrupt 1   //T0 中断用来计数器溢出，超过测距范围
  {
    flag=1;                           // 中断溢出标志
  }


/**********************************************************/
  void   StartModule()            //T1 中断用来扫描数码管和计 800ms 启动模块
  {
        TX=1;                      //800ms   启动一次模块
        _nop_();_nop_();_nop_();_nop_();_nop_();_nop_();_nop_();_
nop_(); _nop_(); _nop_();_nop_(); _nop_(); _nop_(); _nop_();_nop_();
_nop_();_nop_();_nop_();_nop_();_nop_(); _nop_();
        TX=0;
  }


/**********************************************************/
    void Conut(void)
      {
                        time=TH0*256+TL0;
                        TH0=0;
                        TL0=0;
                        S=(time*1.7)/100;          // 算出来是厘米
                        if(flag==1)                // 超出测量
                        {
                                flag=0;
                        }
      }
```

```
/*******************************************************/
void main(void)
{


    TMOD=0x21;                      // 设 T0 为方式 1，GATE=1；
        SCON=0x50;

        TH0=0;
        TL0=0;
        TR0=1;
        ET0=1;                      // 允许 T0 中断
        TR1=1;                      // 开启定时器
        TI=1;

        SCON|=0X50;                 // 设置为工作方式 1
        TMOD|=0X20;                 // 设置计数器工作方式 2
        PCON=0X80;                  // 波特率加倍
        TH1=0XF3;                   // 计数器初始值设置，注意波特率是 4800 波特
        TL1=0XF3;
        ES=1;                       // 打开接收中断
        EA=1;                       // 开启总中断

        delayms(2000);
        while(1)
        {
        StartModule();
        while(!RX);                 // 当 RX 为零时等待
        TR0=1;                      // 开启计数
        while(RX);                  // 当 RX 为 1 计数并等待
        TR0=0;                      // 关闭计数
    Conut();                        // 计算

        if(S<30)
        {
            delayms(2);
            if(S<30)
            {
                stop();                     // 停止
```

```
                    delayms(4);
                    hou();                  // 后退
                    delayms(30);
                        B:you();        // 右转
                        delayms(20);
                        stop();        // 停止
                        StartModule();
                    while(!RX);        // 当RX为零时等待
                    TR0=1;             // 开启计数
                    while(RX);         // 当 RX 为 1 计数并等待
                    TR0=0;             // 关闭计数
                    Conut();           // 计算
                            if(S>40)
                            {
                                    qian();          // 前进
                                    delayms(8);
                            stop();   // 停止
                                    delayms(4);
                        }
                                    else
                                    {
                                    goto B;
                                    }
            }
                    else
                    {
                    qian();
                    }
            }
            else
            {
            qian();
            }
        delayms(10);
        }


    }
```

9.1.5　连接线路

将单片机的端口分别与电动机驱动模块和超声波测距模块相应端口进行连接。对应关系如表 9-1 所示。

表 9-1　单片机与外接模块端口对应关系表

控制端口	连接位置	实现功能
P1.0	外接电动机驱动模块的 IN1	小车左前轮驱动
P1.1	外接电动机驱动模块的 IN2	小车左前轮驱动
P1.2	外接电动机驱动模块的 IN3	小车右前轮驱动
P1.3	外接电动机驱动模块的 IN4	小车右前轮驱动
P1.4	外接电动机驱动模块的 IN1	小车左后轮驱动
P1.5	外接电动机驱动模块的 IN2	小车左后轮驱动
P1.6	外接电动机驱动模块的 IN3	小车右后轮驱动
P1.7	外接电动机驱动模块的 IN4	小车右后轮驱动
P3.2	外接超声波测距模块 IN 端	超声波模块输入端
P3.7	外接超声波测距模块 OUT 端	超声波模块输出端

电路连接完成后如图 9-7 所示。

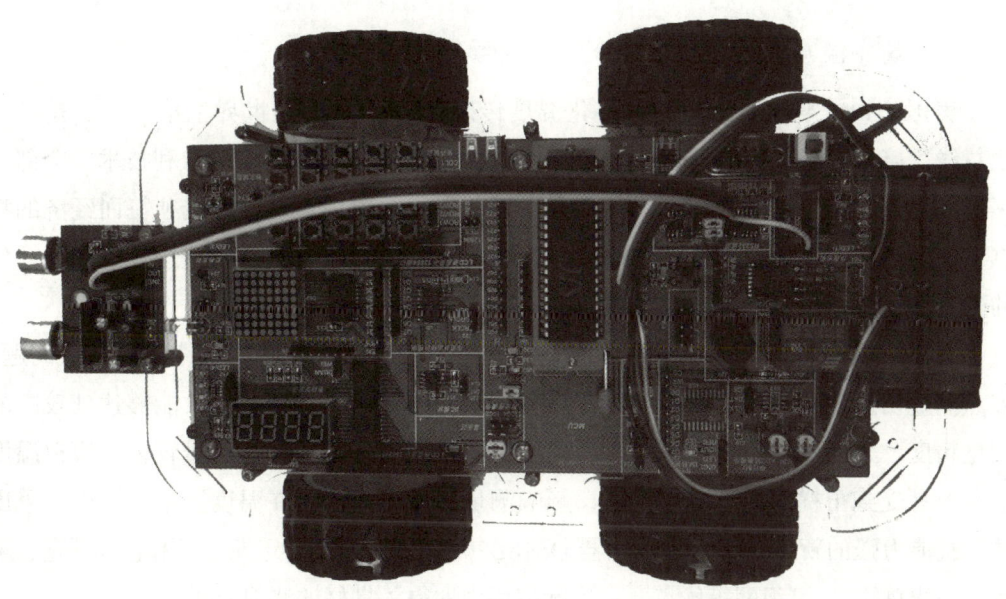

图 9-7　智能小车自动避障电路连接图

9.1.6 程序下载与运行

将程序下载到单片机实现智能小车自动避障运行效果。

导师说

> 智能小车的自动避障功能还可采取加装舵机配合超声波传感器的方式，在智能小车前进运动前，先判别左方、前方、右方障碍物距离，然后控制智能小车运行方向，自动避障效果更好。

任务 9.2 控制智能小车超温制动

任务描述

本任务以单片机为控制核心对温度传感器信号处理，实现让智能小车在温度传感器信号引导下实现超温制动。通过完成该任务，掌握温度传感器知识和单片机对温度传感器信号处理的方法。

9.2.1 认识数字温度传感器 DS18B20

1. 数字温度传感器 DS18B20 的主要特征

美国 Dallas 半导体公司的数字化温度传感器 DS18B20 是世界上第一片支持"一线总线"接口的温度传感器，在其内部使用了在板（ON-BOARD）专利技术。全部传感器元件及转换电路集成在形如一只晶体管的集成电路内。一线总线独特而经济的特点，使用户可轻松地组建传感器网络，为测量系统的构建引入全新概念。现在新一代的 DS18B20 体积更小，更经济，更灵活。

在传统的模拟信号远距离温度测量系统中，需要很好地解决引线误差补偿问题、多点测量切换误差问题和放大电路零点漂移误差问题等技术问题，才能够达到较高的测量精度。另外一般监控现场的电磁环境都非常恶劣，各种干扰信号较强，模拟温度信号容易受到干扰而产生测量误差，影响测量精度。因此，在温度测量系统中，采用抗干扰能力强的新型数字温度传感器 DS18B20 体积小、精度更高、适用电压更宽、采用"一线总线"、可组网等优点，在实际应用中取得了良好的测温效果。

2．数字温度传感器 DS18B20 的外形和内部结构

数字温度传感器 DS18B20 的外形及电路符号示意图如图 9-8 所示。引脚 DQ 为数字信号输入 / 输出端，引脚 GND 为电源地，引脚 VDD 为外接供电电源输入端，在寄生电源接线接地。

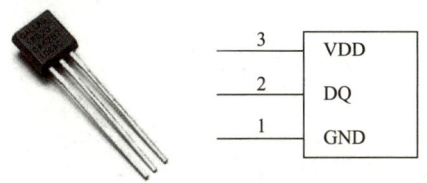

图 9-8　DS18B20 的外形及电路符号示意图

图 9-9 为数字温度传感器 DS18B20 内部结构图，主要由 64 位光刻 ROM、温度传感器、非挥发的温度报警触发器 TH 和 TL、配置寄存器 4 部分组成。

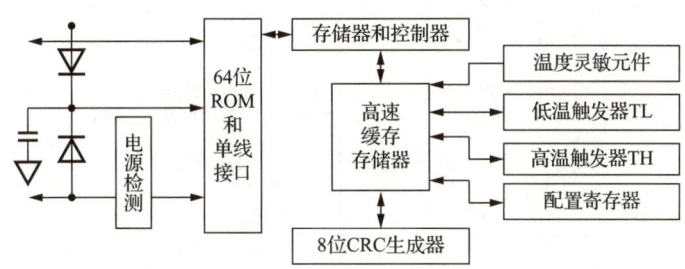

图 9-9　数字温度传感器 DS18B20 内部结构图

3．数字温度传感器 DS18B20 工作原理

数字温度传感器 DS18B20 的测温原理框图如图 9-10 所示。图中低温度系数晶振的振荡频率受温度影响很小，用于产生固定频率的脉冲信号送给计数器 1，高温度系数晶振随温度变化其震荡率明显改变，所产生的信号作为计数器 2 的脉冲输入。计数器 1 和温度寄存器被预置在 −55℃所对应的一个基数值。计数器 1 对低温度系数晶振产生的脉冲信号进行减法计数，当计数器 1 的预置值减到 0 时，温度寄存器的值将加 1，计数器 1 的预置值将重新被装入，计数器 1 重新开始对低温度系数晶振产生的脉冲信号进行计数，如此循环直到计数器 2 计数到 0 时，停止温度寄存器值的累加，此时温度寄存器中的数值即为所测温度。图中的斜率累加器用于补偿和修正测温过程中的非线性，其输出用于修正计数器 1 的预置值。

4．数字温度传感器 DS18B20 的操作流程

数字温度传感器 DS18B20 的操作流程如图 9-11 所示，主要分为如下五个步骤对检测到的温度值进行处理和传输。

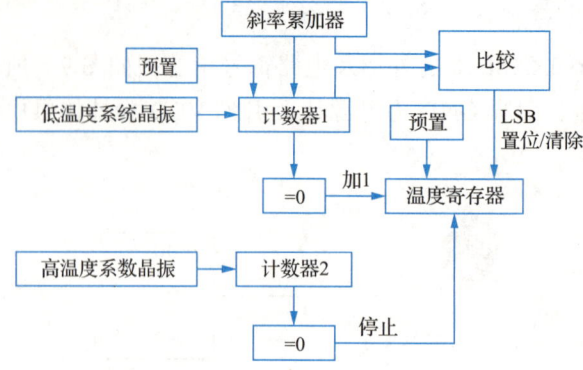

图 9-10　DS18B20 测温原理框图

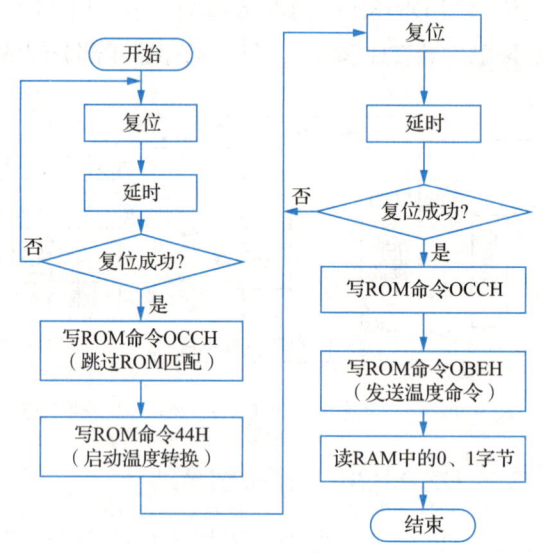

图 9-11　DS18B20 操作流程图

1）复位。复位时序图如图 9-12 所示，首先必须对 DS18B20 芯片进行复位，复位就是由控制器给 DS18B20 单总线至少 480μs 的低电平信号。当 DS18B20 接到此复位信号后则会在 15 ～ 60μs 后回发一个芯片的存在脉冲。

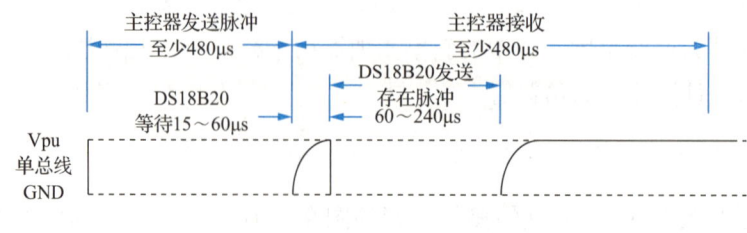

图 9-12　复位时序图

2）存在脉冲。在复位电平结束之后，控制器应该将数据单总线拉高，以便于在 15～60μs 后接收存在脉冲，存在脉冲为一个 60～240μs 的低电平信号。至此，通信双方已经达成了基本的协议，接下来将会是控制器与 DS18B20 间的数据通信。如果复位低电平的时间不足或是单总线的电路断路都不会接到存在脉冲，在设计时要注意意外情况的处理。

3）控制器发送 ROM 指令。双方打完了招呼之后就要进行交流了，ROM 指令共有 5 条，每一个工作周期只能发一条，ROM 指令分别是读 ROM 数据、指定匹配芯片、跳跃 ROM、芯片搜索、报警芯片搜索。ROM 指令为 8 位长度，功能是对片内的 64 位光刻 ROM 进行操作，其主要目的是为了分辨一条总线上所挂接的多个器件并作处理。单总线上可以同时挂接多个器件，并通过每个器件上所独有的 ID 号来区别，一般只挂接单个 DS18B20 芯片可以跳过 ROM 指令。需要注意的是，跳过 ROM 指令并非不发送 ROM 指令，而是用特有的一条"跳过指令"。

4）控制器发送存储器操作指令。在 ROM 指令发送给 DS18B20 之后，紧接着就是发送存储器操作指令了。操作指令同样为 8 位，共 6 条，存储器操作指令分别是写 RAM 数据、读 RAM 数据、将 RAM 数据复制到 EEPROM、温度转换、将 EEPROM 中的报警值复制到 RAM、工作方式切换。存储器操作指令的功能是命令 DS18B20 做什么样的工作，是芯片控制的关键。

5）执行或数据读写。一个存储器操作指令结束后则将进行指令执行或数据的读写，这个操作要视存储器操作指令而定。如执行温度转换指令则控制器必须等待 DS18B20 执行其指令，一般转换时间为 500μs。如执行数据读写指令则需要严格遵循 DS18B20 的读写时序来操作。

若要读出当前的温度数据需要执行两次工作周期，第一个周期为复位、跳过 ROM 指令、执行温度转换存储器操作指令、等待 500μs 温度转换时间。紧接着执行第二个周期为复位、跳过 ROM 指令、执行读 RAM 的存储器操作指令、读数据，最多为 9 个字节中途可停止，只读简单温度值则读前两个字节即可。

操作指令及数据读、写时序如图 9-13 和图 9-14 所示。静态时，总线必须为高电平，所有操作都是由拉低总线开始的，只是保持拉低的时间隙不一样。

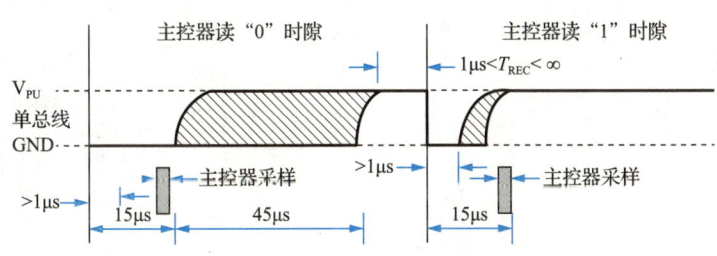

图 9-13　读时序图

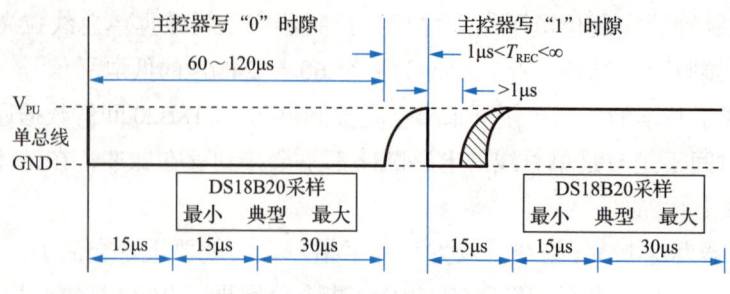

图 9-14　写时序图

主机写 0 时，由高电平拉低总线 60 ～ 120μs，然后拉高 1μs 以上。

主机写 1 时，由高电平拉低总线 1 ～ 15μs，然后拉高，总时间 60μs 以上。

主机读总线时，首先将总线由高拉低作为读开始，总线保持拉低 1μs 以上。DS18B20 会在拉低后 15μs 以内保持数据输出有效，所以必须在 15μs 内拉高总线，接着读总线状态。读每一位的总持续时间不得少于 60μs。

9.2.2　理解智能小车超温制动控制原理图

智能小车超温制动控制原理图如图 9-15 所示。图中 4 个直流电动机分别拖动左轮胎和右轮胎运动，外接驱动模块驱动小车前轮、自带驱动模块驱动小车后轮。电路中 Key1 和 Key2 分别代表智能小车前进按钮和后退按钮，单片机的 P1.0 ～ P1.3 端口控制智能小车左前轮和右前轮转动，单片机的 P1.4 ～ P1.7 端口控制智能小车左后轮和右后轮转动。当小车温度超过预置温度值时，小车制动并使小车控制按钮失效。

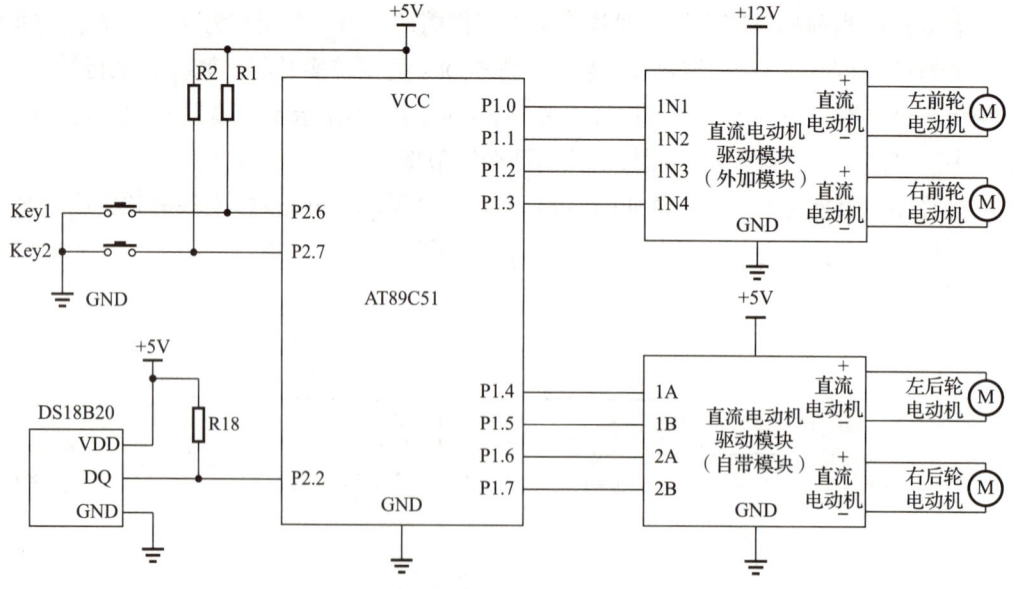

图 9-15　智能小车超温制动控制原理图

9.2.3 编写智能小车超温制动控制程序

1. 智能小车超温制动控制程序流程

智能小车进退控制按图 9-16 所示流程执行程序，开启电源后，判断小车是否超过预置温度，若未超过预置温度，则进退控制按钮有效，即按下 Key0 时，智能小车前行，按下 Key1 时，控制智能小车后退。若超过预置温度，则进退控制按钮失效。

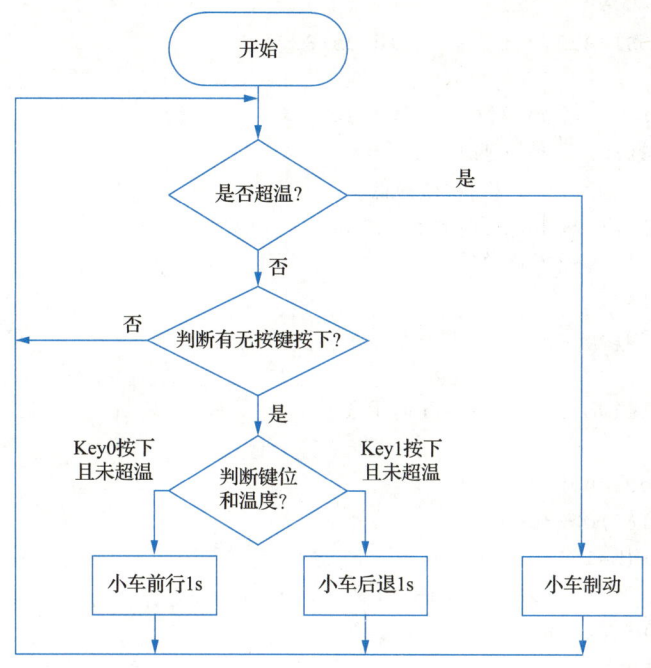

图 9-16　智能小车超温制动控制

2. 编写智能小车超温制动控制源程序

```
#include <REG51.h>
#include <intrins.h>
#define uchar unsigned char
#define uint  unsigned int
#define _Nop() _nop_()
#define set_temp 24
sbit DQ = P2^2 ;                        // 定义 ds18B20 总线 IO
sbit a1 = P1^0; sbit in1 = P1^4;        // 左侧电动机控制
sbit a2 = P1^1; sbit in2 = P1^5;        // 左侧电动机控制
sbit b1 = P1^2; sbit in3 = P1^6;        // 右侧电动机控制
sbit b2 = P1^3; sbit in4 = P1^7;        // 右侧电动机控制
```

```
sbit key1 = P2^6;    // 前进控制按钮
sbit key2 = P2^7;    // 后退控制按钮
sbit SM_duan = P2^0 ;
sbit SM_wei = P2^1 ;
uchar led_dat[16] ={0xC0,0xF9,0xA4,0xB0,0x99,0x92,0x82,0xF8,0x80,0x90,
0x88,0x83,0xC6,0xA1,0x86,0x8E};  // 数码管段码
 void Delay(uint num)
{
    while(num--) ;
}
void Init_DS18B20(void)// 初始化 ds1820
{
    DQ = 1;     //DQ 复位
    Delay(8);   // 稍做延时
    DQ = 0;     // 单片机将 DQ 拉低
    Delay(80);  // 精确延时大于 480μs
    DQ = 1;     // 拉高总线
    Delay(14);
    Delay(20);
}
void delay1s(void)    //1s 延时函数
{
    unsigned char a,b,c;
    for(c=167;c>0;c--)
        for(b=171;b>0;b--)
            for(a=16;a>0;a--);
    _nop_();
}
void portinit()       // 驱动端口初始化函数
{
    P1 = 0XF0;
}
void Goahead()        // 前进函数
{
    a1 = 1;     in1= 1;
    a2 = 0;     in2= 0;
    b1 = 1;     in3= 1;
    b2 = 0;     in4= 0;
}
void Backoff()        // 后退函数
{
    a1 = 0;     in1= 0;
    a2 = 1;     in2= 1;
```

```
    b1 = 0;        in3= 0;
    b2 = 1;        in4= 1;
}
uchar ReadOneChar(void)// 读一个字节
{
    uchar i=0;
    uchar dat = 0;
    for (i=8;i>0;i--)
    {
            DQ = 0; // 给脉冲信号
        dat>>=1;
        DQ = 1;        // 给脉冲信号
        if(DQ)
        dat|=0x80;
        Delay(4);
    }
    return(dat);
}
void WriteOneChar(uchar dat)  // 写一个字节
{
    uchar i=0;
    for (i=8; i>0; i--)
    {
            DQ = 0;
        DQ = dat&0x01;
        Delay(5);
        DQ = 1;
        dat>>=1;
    }
}
uint ReadTemperature(void)     // 读取温度
{
    uchar a=0,b=0;
    uint  t=0;
    Init_DS18B20();
    WriteOneChar(0xCC);        // 跳过读序号列号的操作
    WriteOneChar(0x44);        // 启动温度转换
            Init_DS18B20();
    WriteOneChar(0xCC);        // 跳过读序号列号的操作
    WriteOneChar(0xBE);        // 读取温度寄存器
            a=ReadOneChar();  // 读低 8 位
    b=ReadOneChar();          // 读高 8 位
    t=b;
```

```
        t<<=8;
        t=t|a;
        t=(t>>4) & 0x00FF;
        return(t);
    }
void display_led(uint number)
{
        uchar buffer[4]={0,0,0,0};
        uchar i;
        buffer[0]=(unsigned int)(number/1000)%10;
        buffer[1]=(unsigned int)(number/100)%10;
        buffer[2]=(unsigned int)(number/10)%10;
        buffer[3]=(unsigned int)(number)%10;
        for(i=0;i<4;i++)
        {
                SM_duan = 1;
                P0 = led_dat[buffer[i]];// 显示 0～3 数值
                SM_duan = 0;
                        SM_wei = 1;
                P0 =1<<(3-i);
                SM_wei = 0;
                Delay(200);
        }
        SM_wei = 1;
        P0 =0xFF;
        SM_wei = 0;
        SM_duan = 1;
        SM_wei = 1;
    }
 void main(void)
{
        uint count=0,temp=0;
        portinit();
        while(1)
        {
                if(count==100)
                {
                        count=0;
                    temp=ReadTemperature();            // 读 DS18B20 的温度
                if ( temp > set_temp)
                        {
                        P1=0;                           // 小车制动
                        }
                        else
```

```
        {
        if(key1 == 0||key2 == 0)                // 判断有无按键按下
        {
                if(key1 == 0&&key2 == 1)         // 判断键位
                {
                        Goahead();
                        delay1s();               // 执行函数
                }
                else if(key1 == 1&&key2 == 0)
                {
                        Backoff();
                        delay1s();
                }
        }
        }
    }
        count++;
    display_led(temp);
    }
}
```

9.2.4 连接线路

将单片机相关端口和按键、直流电动机驱动模块、数码管显示模块进行连接，驱动模块与直流电动机进行连接。单片机各端口与按键、直流电动机驱动模块、数码管显示模块的对应关系如表 9-2 所示。

表 9-2 智能小车超温制动电路连接表

控制端口	连接位置	实现功能
P1.0	外接电动机驱动模块 1 的 IN1	小车左前轮驱动
P1.1	外接电动机驱动模块 1 的 IN2	小车左前轮驱动
P1.2	外接电动机驱动模块 1 的 IN3	小车右前轮驱动
P1.3	外接电动机驱动模块 1 的 IN4	小车右前轮驱动
P1.4	外接电动机驱动模块 2 的 IN1	小车左后轮驱动
P1.5	外接电动机驱动模块 2 的 IN2	小车左后轮驱动
P1.6	外接电动机驱动模块 2 的 IN3	小车右后轮驱动
P1.7	外接电动机驱动模块 2 的 IN4	小车右后轮驱动
P2.6	独立键盘的 Key1	前进控制
P2.7	独立键盘的 Key2	后退控制
P2.2	数字温度传感器 DS18B20	小车温度检测

连接上 USB 电源并接通后，智能小车超温制动电路连接如图 9-17 所示。

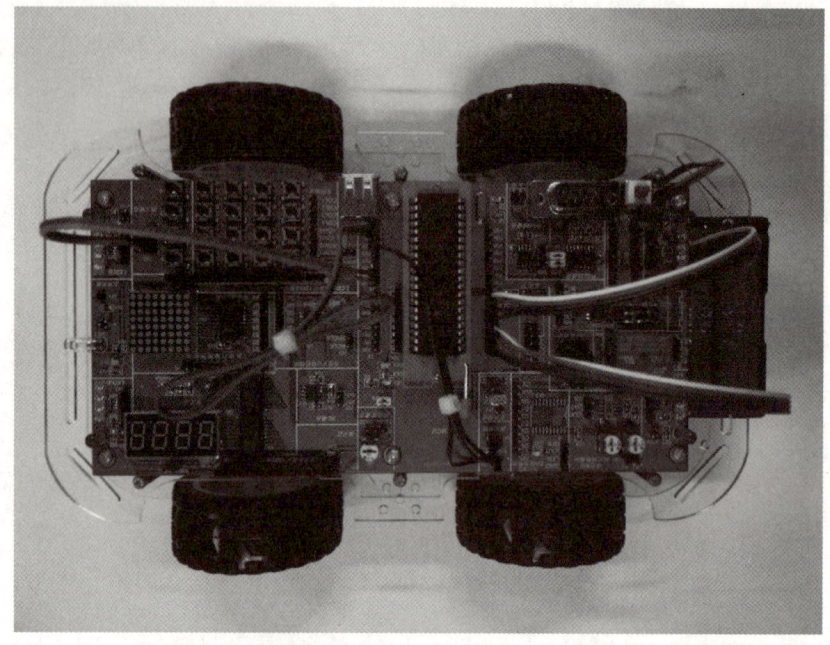

图 9-17　智能小车超温制动电路连接图

9.2.5　程序下载与运行

将程序下载到单片机实现智能小车超温制动运行效果。

导师说

外接电动机驱动模块的电源，电源电压可接 5 ～ 12V，为更好地实现驱动效果，建议将外驱动模块接 12V 电源。超温制动参考程序中编写了数码管显示温度的程序，将单片机 P0 端口接到数码管，并将单片机 P2.0、P2.1 端口接到段选端、位选端，即可将 DS18B20 检测到的温度值实时显示在数码管中。

项目评价

项目评价由三个部分组成，即学生自评、小组评价和教师评价。按照自评占 20%，小组评价占 30%，教师评价占 50% 计入总分。评价内容详见表 9-3。

表 9-3　智能小车超温制动评价表

评价内容		自评	小组互评	教师评价
		优☆　良△　中✓　差✕		
职业素养	（1）安全用电			
	（2）设备及器材的安全			
	（3）记录整理完整准确			
	（4）符合 6S 管理理念			
知识与技能	（1）超声波的认识			
	（2）超声波传感器的选择			
	（3）超声波模块的应用			
	（4）小车自动避障程序编写			
	（5）小车自动避障效果			
汇报展示	（1）作品展示（可以为实物作品展示、PPT 汇报、简报、作业等形式）			
	（2）语言流畅，思路清晰			
评价等级				
完成任务最终评价等级（评价参考：自评 20%、组评 30%、师评 50%）				

📈 拓展提高

1. 温度传感器 LM35

温度传感器 LM35 的输出电压与摄氏温标呈线性关系，即 0℃时输出为 0V，每升高 1℃，则输出电压增加 10mV，这使得 A/D 转换后的"电压 – 温度"换算非常简单。LM35 有多种封装方式，如图 9-18 所示为其不同封装的引脚排列；常温下，无须校准即可达到 ±0.25℃的精度和 0.5℃的精度；可单电源供电，也可正、负双电源供电，如图 9-19 所示；双电源供电可以测量负温度，温度范围 –55 ～ 150℃。

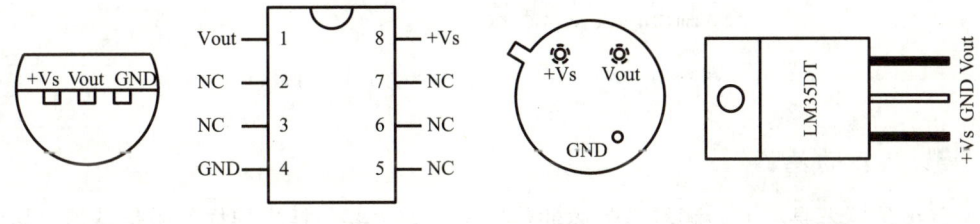

图 9-18　引脚排列

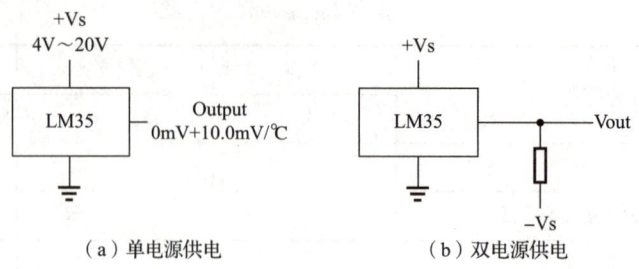

（a）单电源供电　　　　　　　　（b）双电源供电

图 9-19　LM35 的供电形式

2．压力传感器

压力传感器是工业实践中最为常用的一种传感器，一般普通压力传感器的输出为模拟信号，模拟信号是指信息参数在给定范围内表现为连续的信号。或在一段连续的时间间隔内，其代表信息的特征量可以在任意瞬间呈现为任意数值的信号。而通常使用的压力传感器主要是利用压电效应制造而成的，这样的传感器也称为压电传感器。其可用于机械手末端夹持器感测夹持物品有无，仿生机器人足下行走地面感测，动物咬力测试生物实验，应用范围极其广泛。

图 9-20 所示为压力传感器 MPX4105，主要以气压测量为主，可以产生与所加气压呈线性关系的高精度模拟输出电压，它具有以下特点。

1）供电电压：4.85 ～ 5.35V，典型值 5.1V。

2）测量范围：15 ～ 105kPa。

3）工作温度：0 ～ 85℃。

4）温度补偿：-40 ～ 125℃。

5）测量精度：±1.7%V_{FSS}。

最低气压对应的输出电压为 0.184 ～ 0.428V，典型值为 0.306V；最高气压对应的输出电压为 4.804 ～ 4.988V，典型值为 4.986V。满刻度输出电压间距典型值为 4.590V。

压力传感器 MPX4105 的引脚分布如图 9-20 所示。

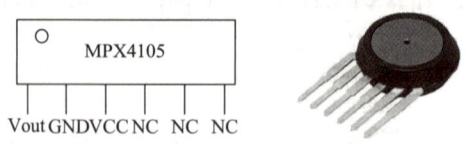

Vout GND VCC NC　NC　NC

图 9-20　MPX4105 压力传感器及引角分布图

3．气敏传感器

气敏传感器是一种检测特定气体的传感器。它主要包括半导体气敏传感器、接触燃烧式气敏传感器和电化学气敏传感器等，其中用的最多的是半导体气敏传感器。气敏传感器的应用主要有一氧化碳气体的检测、瓦斯气体的检测、煤气的检测、氟利昂（R11、R12）的检测、呼气中乙醇的检测、人体口腔口臭的检测等。它将气体种类及其与浓度有关的信息转换成电信号，根据这些电信号的强弱就可以获得与待测气体在环境中的存在情况有关的信息，从而可以进行检测、监控、报警；还可以通过接口电路与计算机组成自动检测、控制和报警系统。

声表面波器件的波速和频率会随外界环境的变化而发生漂移。气敏传感器就是利用这种性能在压电晶体表面涂覆一层选择性吸附某气体的气敏薄膜，当该气敏薄膜与待测气体相互作用（化学作用或生物作用，或者是物理吸附），使气敏薄膜的膜层质量和导电率发生变化时，引起压电晶体的声表面波频率发生漂移；气体浓度不同，膜层质量和导电率变化程度亦不同，即引起声表面波频率的变化也不同。通过测量声表面波频率的变化就可以获得准确的反应气体浓度的变化值。如酒精传感器、烟雾报警器等。

酒精传感器可采用 MQ-3 型气敏元件，对酒精的灵敏度高，可以抵抗汽油、烟雾、水蒸气的干扰，可以很灵敏地检测到空气中的乙醇气体。MQ-3 型气敏元件所采用的材料是在清洁空气中电导率较低的二氧化锡（SnO_2）。当传感器所处环境中存在酒精蒸发气体时，传感器的电导率随空气中酒精气体浓度的增加而增大。MQ-3 型气敏元件如图 9-21 所示。

烟雾传感器采用 MQ-2 型气敏元件，可以很灵敏地检测到空气中的烟雾以及甲烷气体。通过 3P 传感器连接线连接控制器，结合蜂鸣器模块与继电器模块，可以制作烟雾报警器、甲烷泄漏报警器、自动烟雾排风机等产品，是使室内的空气达到环保标准的理想传感器。MQ-2 型气敏元件如图 9-22 所示。

图 9-21 MQ-3 型气敏元件　　　　　　　图 9-22 MQ-2 型气敏元件

4. 数字温湿度传感器 SHT21

数字温度传感器 SHT21 如图 9-23 所示，是新一代 Sensirion 温度和湿度传感器，在尺寸与智能方面建立了新的标准，即加入了适于回流焊的双列扁平无引脚 DFN 封装，底面 3mm×3mm，高度 1.1mm，输出是经过标定的数字信号，I^2C 标准格式。该传感器配有一个全新设计的 CMOSens® 芯片、一个经过改进的传感元件，其性能已经大大提升甚至超出了前一代传感器的可靠水平。

 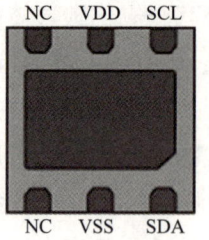

图 9-23　数字温度传感器 SHT21

SHT21 引脚功能如表 9-4 所示,配有 4C 代 CMOSeens® 芯片。除了有电容式相对湿度传感器和能隙温度传感器外,该芯片还包含一个放大器、A/D 转换器、OTP 内存和数字处理单元。

表 9-4　SHT21 引脚功能

引脚	名称	释义
1	SDA	串行数据,双向
2	VSS	地
3	NC	不连接
4	NC	不连接
5	VDD	供电电压
6	SCL	串行时钟,双向

检测与反思

练习题 A

一、判断题

1. 波是指振动的传播,物体的机械振动是产生波的源泉,波的频率取决于物体的振动频率。　　　　　　　　　　　　　　　　　　　　　　　　　　　　　(　　)

2. 次声波、超声波虽然属于声波,却不能被人耳所察觉。　　　　　　(　　)

3. 超声波和可听声波一样,也是一种机械波,它是由介质中的质点受到机械力的作用而发生周期性振动产生的。　　　　　　　　　　　　　　　　　　(　　)

4. 能被人耳所听到的声波频率范围是 20Hz ～ 20kHz。　　　　　　　(　　)

5. 依据质点振动方向与波的传播方向的关系,超声波亦有纵波和横波之分。

　　　　　　　　　　　　　　　　　　　　　　　　　　　　　　　　(　　)

6. 纵波是质点的振动方向与波的传播方向相同的波。　　　　　　　　(　　)

7. 横波是质点振动方向与波的传播方向垂直的波。　　　　　　　（　　）

8. 超声波传感器的工作频率就是压电晶片的共振频率。　　　　　（　　）

9. 超声波的能量消耗较缓慢，在介质中传播的距离比较远，穿透性强，测距的方法简单，成本低。　　　　　　　　　　　　　　　　　　　　　（　　）

10. 在车速很高情况下，超声波传感器测量距离有一定的局限性，是因为超声波的传输速度容易受天气情况的影响，在不同的天气情况下，超声波的传输速度不同，而且传播速度较慢，当汽车高速行驶时，使用超声波测距无法跟上汽车的车距实时变化，误差较大。　　　　　　　　　　　　　　　　　　　　　　　　（　　）

练习题 B

1. 建立以"智能小车自动避障"为名的工程文件。
2. 建立以"智能小车自动避障"为名的 C 语言程序文件。
3. 建立以"智能小车自动避障"为名的汇编语言程序文件。
4. 请描述超声波测距模块应用领域。
5. 请描述超声波测距模块电路工作原理。

练习题 C

1. 阅读以下程序，描述程序实现的功能。

```
#include<AT89c51.H>
  #include <intrins.h>
#define  ECHO  P2_4              // 超声波接口定义
#define  TRIG  P2_5              // 超声波接口定义

#define Left_moto_go     {P1_4=1,P1_5=0,P1_6=0,P1_7=1;}
                                 // 左边两个电动机向前走
#define Left_moto_back   {P1_4=0,P1_5=1,P1_6=1,P1_7=0;}
                                 // 左边两个电动机向后转
#define Left_moto_Stop   {P1_4=0,P1_5=0,P1_6=0,P1_7=0;}
                                 // 左边两个电动机停转
#define Right_moto_go    {P1_0=1,P1_1=0,P1_2=0,P1_3=1;}
                                 // 右边两个电动机向前走
#define Right_moto_back  {P1_0=0,P1_1=1,P1_2=1,P1_3=0;}
                                 // 右边两个电动机向后走
#define Right_moto_Stop  {P1_0=0,P1_1=0,P1_2=0,P1_3=0;}
                                 // 右边两个电动机停转
```

```
        unsigned char const discode[] ={ 0xC0,0xF9,0xA4,0xB0,0x99,0x92,
0x82,0xF8,0x80,0x90,0xBF,0xff/*-*/};
        unsigned char const positon[3]={ 0xfe,0xfd,0xfb};
        unsigned char disbuff[4]        ={ 0,0,0,0,};
    unsigned char posit=0;

    unsigned char pwm_val_left  = 0;// 变量定义
    unsigned char push_val_left =14;// 舵机归中，产生约，1.5ms 信号
  unsigned long S=0;
  unsigned long S1=0;
  unsigned long S2=0;
  unsigned long S3=0;
  unsigned long S4=0;
  unsigned int  time=0;            // 时间变量
  unsigned int  timer=0;           // 延时基准变量
  unsigned char timer1=0;          // 扫描时间变量
/********************************************************************/
            void delay(unsigned int k)    // 延时函数
{
    unsigned int x,y;
        for(x=0;x<k;x++)
          for(y=0;y<2000;y++);
}
/********************************************************************/
    void Display(void)                        // 扫描数码管
      {
        if(posit==0)
        {P0=(discode[disbuff[posit]])&0x7f;}// 产生点
        else
        {P0=discode[disbuff[posit]];}

         if(posit==0)
        { P2_1=0;P2_2=1;P2_3=1;}
        if(posit==1)
        {P2_1=1;P2_2=0;P2_3=1;}
        if(posit==2)
        {P2_1=1;P2_2=1;P2_3=0;}
        if(++posit>=3)
        posit=0;
      }
/********************************************************************/
    void  StartModule()        // 启动测距信号
```

```
    {
        TRIG=1;
        _nop_();
        _nop_();
        _nop_();
        _nop_();
        _nop_();
        _nop_();
        _nop_();
        _nop_();
        _nop_();
        _nop_();
        _nop_();
        _nop_();
        _nop_();
        _nop_();
        _nop_();
        _nop_();
        _nop_();
        _nop_();
        _nop_();
        _nop_();
        TRIG=0;
    }
/***************************************************/
    void Conut(void)          // 计算距离
    {
        while(!ECHO);         // 当 RX 为零时等待
        TR0=1;                // 开启计数
        while(ECHO);          // 当 RX 为 1 计数并等待
        TR0=0;                // 关闭计数
        time=TH0*256+TL0;     // 读取脉宽长度
        TH0=0;
        TL0=0;
        S=(time*1.7)/100;            // 算出来是 cm
        disbuff[0]=S%1000/100;    // 更新显示
        disbuff[1]=S%1000%100/10;
        disbuff[2]=S%1000%10 %10;
    }
/***********************************************************************/
// 前速前进
```

```
    void   run(void)
{
    Left_moto_go ;         // 左电动机往前走
    Right_moto_go ;        // 右电动机往前走
}
/*********************************************************************/
// 前速后退
    void   backrun(void)
{
    Left_moto_back ;       // 左电动机往前走
    Right_moto_back ;      // 右电动机往前走
}
/*********************************************************************/
// 左转
    void   leftrun(void)
{
    Left_moto_back ;       // 左电动机往前走
    Right_moto_go ;        // 右电动机往前走
}
/*********************************************************************/
// 右转
    void   rightrun(void)
{
    Left_moto_go ;         // 左电动机往前走
    Right_moto_back ;      // 右电动机往前走
}
/*********************************************************************/
//STOP
    void   stoprun(void)
{
    Left_moto_Stop ;       // 左电动机停走
    Right_moto_Stop ;      // 右电动机停走
}
/*********************************************************************/
/*****************************************************/
///*TIMER1 中断服务子函数产生 PWM 信号 */
    void time1()interrupt 3    using 2
{
    TH1=(65536-100)/256;          //100μs 定时
    TL1=(65536-100)%256;
    timer++;                      // 定时器 100μs 为准。在这个基础上延时
```

```
    timer1++;                    //2ms 扫一次数码管
    if(timer1>=20)
    {
    timer1=0;
    Display();
    }
 }
/*****************************************************/
///*TIMER0 中断服务子函数产生 PWM 信号 */
    void timer0()interrupt 1    using 0
{

 }

 /*****************************************************/

    void main(void)
{

    TMOD=0X11;
    TH1=(65536-100)/256;       //100μs 定时
    TL1=(65536-100)%256;
    TH0=0;
    TL0=0;
    TR1= 1;
    ET1= 1;
    ET0= 1;
    EA = 1;

    while(1)                    /* 无限循环 */
    {

      if(timer>=1000)           //1000*100μs 检测一次
       {
          timer=0;
            StartModule();      // 启动检测
         Conut();               // 计算距离
         if(S<30)               // 距离小于 20cm
             {
```

```
            backrun();              // 小车后退
            }
            else
            if(S>35)                // 距离大于 35cm 往前走
            run();
        }


    }
```

2. 阅读以下程序，描述程序实现的功能及实现过程。

```
#include<AT89c51.H>
        #include <intrins.h>

        #define Sevro_moto_pwm      P2_7        // 接舵机信号端输入 PWM 信号调节速度

        #define  ECHO  P2_4                      // 超声波接口定义
        #define  TRIG  P2_5                      // 超声波接口定义
        #define Left_moto_go      {P1_4=1,P1_5=0,P1_6=0,P1_7=1;}
                                                 // 左边两个电动机向前走
        #define Left_moto_back    {P1_4=0,P1_5=1,P1_6=1,P1_7=0;}
                                                 // 左边两个电动机向后转
        #define Left_moto_Stop    {P1_4=0,P1_5=0,P1_6=0,P1_7=0;}
                                                 // 左边两个电动机停转
        #define Right_moto_go     {P1_0=1,P1_1=0,P1_2=0,P1_3=1;}
                                                 // 右边两个电动机向前走
        #define Right_moto_back   {P1_0=0,P1_1=1,P1_2=1,P1_3=0;}
                                                 // 右边两个电动机向后走
        #define Right_moto_Stop   {P1_0=0,P1_1=0,P1_2=0,P1_3=0;}
                                                 // 右边两个电动机停转

        unsigned char const discode[] ={ 0xC0,0xF9,0xA4,0xB0,0x99,0x92
,0x82,0xF8,0x80,0x90,0xBF,0xff/*-*/};
        unsigned char const positon[3]={ 0xfe,0xfd,0xfb};
        unsigned char disbuff[4]        ={ 0,0,0,0,};
    unsigned char posit=0;
```

```c
    unsigned char pwm_val_left  = 0;       // 变量定义
    unsigned char push_val_left =14;       // 舵机归中，产生约，1.5ms 信号
unsigned long S=0;
    unsigned long S1=0;
    unsigned long S2=0;
    unsigned long S3=0;
    unsigned long S4=0;
    unsigned int  time=0;                  // 时间变量
    unsigned int  timer=0;                 // 延时基准变量
    unsigned char timer1=0;                // 扫描时间变量
/*******************************************************************/
          void delay(unsigned int k)    // 延时函数
{
    unsigned int x,y;
        for(x=0;x<k;x++)
          for(y=0;y<2000;y++);
}
/*******************************************************************/
    void Display(void)                     // 扫描数码管
      {
       if(posit==0)
       {P0=(discode[disbuff[posit]])&0x7f;}// 产生点
       else
       {P0=discode[disbuff[posit]];}

        if(posit==0)
      {  P2_1=0;P2_2=1;P2_3=1;}
       if(posit==1)
       {P2_1=1;P2_2=0;P2_3=1;}
       if(posit==2)
       {P2_1=1;P2_2=1;P2_3=0;}
       if(++posit>=3)
       posit=0;
      }
/*******************************************************************/
    void  StartModule()              // 启动测距信号
  {
      TRIG=1;
      _nop_();
      _nop_();
      _nop_();
```

```
                _nop_();
                _nop_();
                _nop_();
                _nop_();
                _nop_();
                _nop_();
                _nop_();
                _nop_();
                _nop_();
                _nop_();
                _nop_();
                _nop_();
                _nop_();
                _nop_();
                _nop_();
                _nop_();
                _nop_();
                _nop_();
                TRIG=0;
        }
/************************************************/
        void Conut(void)              // 计算距离
        {
        while(!ECHO);                 // 当 RX 为零时等待
        TR0=1;                        // 开启计数
        while(ECHO);                  // 当 RX 为 1 计数并等待
        TR0=0;                        // 关闭计数
        time=TH0*256+TL0;             // 读取脉宽长度
        TH0=0;
        TL0=0;
        S=(time*1.7)/100;             // 算出来是 cm
        disbuff[0]=S%1000/100;        // 更新显示
        disbuff[1]=S%1000%100/10;
        disbuff[2]=S%1000%10 %10;
        }
/******************************************************************/
// 前速前进
        void  run(void)
{
        Left_moto_go ;                // 左电动机往前走
        Right_moto_go ;               // 右电动机往前走
}
```

```
/********************************************************************/
// 前速后退
    void  backrun(void)
{
        Left_moto_back ;              // 左电动机往后走
        Right_moto_back ;             // 右电动机往后走
}
/********************************************************************/
// 左转
    void  leftrun(void)
{
        Left_moto_back ;              // 左电动机往后走
        Right_moto_go ;               // 右电动机往前走
}
/********************************************************************/
// 右转
    void  rightrun(void)
{
        Left_moto_go ;                // 左电动机往前走
        Right_moto_back ;             // 右电动机往后走
}
/********************************************************************/
//STOP
    void  stoprun(void)
{
        Left_moto_Stop ;              // 左电动机停走
        Right_moto_Stop ;             // 右电动机停走
}
/********************************************************************/
 void  COMM( void )                   // 方向函数
  {


                push_val_left=5;      // 舵机向左转 90°
                timer=0;
                while(timer<=4000);   // 延时 400ms 让舵机转到其位置 4000
                StartModule();        // 启动超声波测距
            Conut();                  // 计算距离
                S2=S;

                push_val_left=23;     // 舵机向右转 90°
                timer=0;
```

```
            while(timer<=4000);  // 延时 400ms 让舵机转到其位置
            StartModule();       // 启动超声波测距
        Conut();                 // 计算距离
            S4=S;


            push_val_left=14;    // 舵机归中
            timer=0;
            while(timer<=4000);  // 延时 400ms 让舵机转到其位置

            StartModule();       // 启动超声波测距
        Conut();                 // 计算距离
            S1=S;

        if((S2<20)||(S4<20))     // 只要左右各有距离小于 20cm 小车后退
            {
            backrun();           // 后退
            timer=0;
            while(timer<=4000);
            }

            if(S2>S4)
            {
                    rightrun();  // 车的左边比车的右边距离小，右转
                timer=0;
                while(timer<=4000);
            }
              else
            {
              leftrun();         // 车的左边比车的右边距离大，左转
              timer=0;
              while(timer<=4000);
            }


    }


/********************************************************************/
/*                  PWM 调制电动机转速                              */
/********************************************************************/
/*                  左电动机调速                                    */
/* 调节 push_val_left 的值改变电动机转速，占空比                   */
```

```
          void pwm_Servomoto(void)
{

    if(pwm_val_left<=push_val_left)
            Sevro_moto_pwm=1;
        else
            Sevro_moto_pwm=0;
        if(pwm_val_left>=200)
        pwm_val_left=0;


}
/*****************************************************/
///*TIMER1 中断服务子函数产生 PWM 信号 */
      void time1()interrupt 3    using 2
{
    TH1=(65536-100)/256;         //100μs 定时
       TL1=(65536-100)%256;
       timer++;                  // 定时器 100μs 为准。在这个基础上延时
       pwm_val_left++;
       pwm_Servomoto();

       timer1++;                 //2ms 扫一次数码管
       if(timer1>=20)
       {
       timer1=0;
       Display();
       }
}
/*****************************************************/
///*TIMER0 中断服务子函数产生 PWM 信号 */
      void timer0()interrupt 1    using 0
{

 }


 /*****************************************************/

      void main(void)
{

      TMOD=0X11;
      TH1=(65536-100)/256;          //100μs 定时
```

```
        TL1=(65536-100)%256;
        TH0=0;
        TL0=0;
        TR1= 1;
        ET1= 1;
        ET0= 1;
        EA = 1;

        delay(100);
    push_val_left=14;                // 舵机归中


        while(1)                     /* 无限循环 */
        {

         if(timer>=1000)             //100ms 检测启动检测一次
           {
               timer=0;
                 StartModule();  // 启动检测
            Conut();                  // 计算距离
            if(S<20)                  // 距离小于 20cm
                {
                stoprun();       // 小车停止
                COMM();          // 方向函数
                }
                else
                if(S>30)         // 距离大于 30cm 往前走
                run();
            }

        }

    }
```

3. 安装舵机和超声波测距模块在智能小车实验模型的合适位置，并编写程序实现以下功能：智能小车显示距前方、左前方和右前方物体的距离。

4. 安装舵机和超声波测距模块在智能小车实验模型的合适位置，并编写程序实现以下功能：智能小车检测到前方无障碍物则前进，检测到右侧有障碍物则左转，检测到左侧有障碍物则右转。

5. 安装舵机和超声波测距模块在智能小车实验模型的合适位置，并编写程序在实现自动避障功能的同时，实时显示障碍距离。

参考文献

辜小兵，韩光勇，2010．单片机与基础应用 [M]．重庆：重庆大学出版社．

辜小兵，尹金，2012．单片机应用技术 [M]．重庆：重庆大学出版社．

侯玉宝，陈忠平，李成群，2008．基于 PROTEUS 的 51 系列单片机设计与仿真 [M]．北京：电子工业出版社．

李广第，2006．单片机技术 [M]．北京：中央广播电视大学出版社．

刘鲲，孙春亮，2008．单片机 C 语言入门 [M]．北京：人民邮电出版社．

马忠梅，等，1999．单片机的 C 语言应用程序设计 [M]．北京：北京航空航天大学出版社．

求是科技，2006．8051 系列单片机 C 程序设计完全手册 [M]．北京：人民邮电出版社．

谭浩强，2005．C 程序设计 [M]．3 版．北京：清华大学出版社．

徐玮，徐富军，沈建良，2006．C51 单片机高效入门 [M]．北京：机械工业出版社．

张义和，王敏男，许宏昌，等，2008．例说 51 单片机 [M]．北京：人民邮电出版社．

赵亮，侯国锐，2003．单片机 C 语言编程与实例 [M]．北京：人民邮电出版社．

周坚，2006．单片机 C 语言轻松入门 [M]．北京：北京航空航天大学出版社．

周兴华，2008．手把手教你学单片机 C 程序设计 [M]．北京：北京航空航天大学出版社．

朱永金，成友才，2007．单片机应用技术 [M]．北京：中国劳动社会保障出版社．